Forschung zur Digitalisierung der Wirtschaft | Advanced Studies in Business Digitization

Reihe herausgegeben von
Volker Nissen, Ilmenau, Deutschland
Udo Bankhofer, Ilmenau, Deutschland
Dirk Stelzer, Ilmenau, Deutschland
Steffen Straßburger, Ilmenau, Deutschland

Digitalisierung verändert Unternehmen und Behörden, unser Privatleben und unsere Gesellschaft. Organisationen, die wettbewerbsfähig bleiben wollen, müssen die dadurch notwendigen Veränderungen aktiv mitgestalten. Die Rolle der IT muss sich in diesem Zusammenhang vom Kostenfaktor zum Werttreiber wandeln. Weiterentwicklungen der IT-Kernkompetenzen sind nötig. In dieser Reihe werden wissenschaftlich fundierte und praktisch relevante Erkenntnisse zur Digitalisierung veröffentlicht. Praktiker finden darin vielfältige Anregungen für die Gestaltung und Verbesserung von Strukturen, Prozessen und IT-Systemen. Wissenschaftler erhalten Impulse für die Beschreibung, Erklärung, Prognose und Gestaltung der Digitalisierung.

Digitalization is changing businesses and governments, our private lives and our societies. Organizations that want to remain competitive must actively shape the changes that are necessary as a result. In this context, the role of IT must change from a cost factor to a value driver. Further developments of the IT core competencies are necessary. This series publishes scientifically sound and practically relevant findings on digitization. Practitioners will find many suggestions for the design and improvement of structures, processes and IT systems. Scientists receive impulses for the description, explanation, prediction and design of digitisation.

Weitere Bände in der Reihe http://www.springer.com/series/16416

Thomas Müllerleile

Prozessakzeptanz

Theoretische und empirische Untersuchung der Akzeptanz und Ablehnung betrieblicher Prozesse

Springer Gabler

Thomas Müllerleile
Fachgebiet Wirtschaftsinformatik
Technische Universität Ilmenau
Ilmenau, Deutschland

Dissertation Technische Universität Ilmenau, Deutschland, 2018
Tag der Einreichung: 16.11.2017
Tag der wissenschaftlichen Aussprache: 14.8.2018

Fakultät: Wirtschaftswissenschaften und Medien
Fachgebiet: Wirtschaftsinformatik für Dienstleistungen
1. Gutachter: Univ.-Prof. Dr. rer. pol. Volker Nissen (Technische Universität Ilmenau)
2. Gutachter: Univ.-Prof. Dr. rer. pol. habil. Andreas Will (Technische Universität Ilmenau)

ISSN 2662-4788 ISSN 2662-4796 (electronic)
Forschung zur Digitalisierung der Wirtschaft | Advanced Studies in Business Digitization
ISBN 978-3-658-27102-2 ISBN 978-3-658-27103-9 (eBook)
https://doi.org/10.1007/978-3-658-27103-9

Die Deutsche Nationalbibliothek verzeichnet diese Publikation in der Deutschen Nationalbibliografie; detaillierte bibliografische Daten sind im Internet über http://dnb.d-nb.de abrufbar.

Springer Gabler

Springer Gabler ist ein Imprint der eingetragenen Gesellschaft Springer Fachmedien Wiesbaden GmbH und ist ein Teil von Springer Nature
Die Anschrift der Gesellschaft ist: Abraham-Lincoln-Str. 46, 65189 Wiesbaden, Germany

Vorwort

Geschäftsprozessmanagement ist für viele Unternehmen ein Weg, um die aktuellen wirtschaftlichen Herausforderungen zu meistern. Dadurch sollen Prozessinnovationen ermöglicht, die Kundenzufriedenheit gesteigert, Durchlaufzeiten reduziert und Kostensenkungspotenziale ausgeschöpft werden. Diese positiven Effekte können jedoch nur Eintreten, wenn die entsprechenden Prozesse akzeptiert und somit wie spezifiziert ausgeführt werden. Wenn Mitarbeiter Prozessvorgaben ignorieren, kann dies zu ernsten Konsequenzen in puncto Sicherheit, Qualität und betriebswirtschaftlichem Nutzen führen. Die vorliegende Monografie untersucht die Frage, welche Faktoren auf die Prozessakzeptanz einwirken und wie diese untersucht, gemessen und verbessert werden kann.

Die Arbeit entstand während meiner Zeit als wissenschaftlicher Mitarbeiter am Fachgebiet Wirtschaftsinformatik für Dienstleistungen der TU Ilmenau. Für die Möglichkeit, meine Dissertation anfertigen zu können, bedanke ich mich herzlich bei meinem Doktorvater, Herrn Univ.-Prof. Dr. rer. pol. Volker Nissen. Erst durch das große Vertrauen und durch die zahlreichen eingeräumten Freiheiten, sowie seinen fachlichen Rat, konnte diese Arbeit entstehen. Ebenso bedanken möchte ich mich bei Herrn Univ.-Prof. Dr. rer. pol. habil. Andreas Will für die Übernahme des Zweitgutachtens und seine konstruktiven Hinweise und Anregungen.

Ein besonderer Rückhalt in der Zeit als Doktorand war das Team des Fachgebiets WID. Allen voran danke ich Dr. Mathias Petsch und Dr. Frank Termer, die mich mit wertvollen Hinweisen bei der Anfertigung der Arbeit unterstützten. Weiterhin danke ich Vessela Natchkova und Gerlinde Franz, die mir in den Jahren stets mit ihrer Kollegialität eine große Unterstützung waren.

Besonders bedanken möchte ich mich bei Prof. Dr. Dieter Joenssen, Sören Stelzer, Andreas Müllerleile und Dr. Dean Martinovic, die die gemeinsam durchgeführten Forschungs- und Entwicklungsarbeiten an der TU Ilmenau und der Universität Stuttgart, sowie die daraus entstandenen Publikationen, erst ermöglichten. Sanaz Hesamedini, Dr. Wolfgang von Heßling und Margarete Müllerleile danke ich für die große Unterstützung und die wertvollen Diskussionen während der Anfertigung der Arbeit.

Ilmenau Thomas Müllerleile

Inhaltsverzeichnis

Abbildungsverzeichnis

Tabellenverzeichnis

Quellcodeverzeichnis

Abkürzungsverzeichnis

AMT	Amazon Mechanical Turk
BDM	Business Data Model
BPMN	Business Process Model and Notation
BPR	Business Process Reengineering
CORS	Cross Origin Resource Sharing
DN	Deduktiv-nomologischen Modell
EPK	ereignisgesteuerte Prozesskette
GoM	Grundsätze ordnungsmäßiger Modellierung
GPM	Geschäftsprozessmanagement
GRC	Governance, Risk und Compliance
GT	Grounded Theory
HIT	Human Intelligence Task
HTTP	Hypertext Transfer Protocol
IMC	Instructional Manipulation Check
Jatos	Just Another Tool for Online Studies
KPI	Key Performance Indicator
MRE	Multiresistente Erreger
MTMM	Multitrait-Multimethod Matrix
PAIS	Process Aware Information System
RACI	Responsible, Accountable, Consulted, Informed
REST	Representational State Transfer
TAM	Technologieakzeptanzmodell
WCA	Work-centered analysis

1 Einleitung

1.1 Motivation und Problemstellung

In den letzten 20 Jahren wurden viele Unternehmen mit neuen Herausforderungen einer globalisierten Wirtschaftsordnung konfrontiert. Diese Herausforderungen lassen sich zum einen auf eine immer komplexer werdende Erstellung von Produkten und Dienstleistungen zurückführen, andererseits werden diese vermehrt abteilungs- bzw. unternehmensübergreifend erbracht. Gleichzeitig liegt weitgehend ein Käufermarkt vor, in dem Qualität und Termindruck wichtige Erfolgsdeterminanten darstellen. Durch Geschäftsprozessmanagement (GPM) kann diesen Herausforderungen begegnet werden. Als Ergebnis erhoffen sich Firmen dadurch Prozessinnovationen, eine Kostenreduktion und eine höhere Kundenzufriedenheit (Zairi 1997, S. 72). Insofern ist es kaum verwunderlich, dass Prozesse allgegenwärtig sind. Oft werden auch Endkunden in Prozesse integriert, bzw. diesen ausgesetzt. Meist geschieht diese Integration implizit. Oft kennt der Kunde den kompletten Prozess dabei nicht. In anderen Fällen wird der Kunde in die Wertkette und somit den Leistungsentstehungsprozess direkt eingebunden. Dies ist beispielsweise bei verschiedenen Konsumgütern, wie Möbeln, der Fall.

Die genannten positiven Effekte können jedoch nur eintreten, wenn der entsprechende Prozess ausgelöst und im weiteren Verlauf auch korrekt ausgeführt wird. Leider muss jedoch konstatiert werden, dass in der betrieblichen Praxis das Prozessdesign oft nicht auf die Bedürfnisse der Prozessbeteiligten ausgerichtet ist. Als Resultat empfinden die Beteiligten ein gewisses Maß an Frustration, wenn sie den Prozess anstoßen oder ausführen. Im schlimmsten Fall ist der Ärger so groß, dass der Prozess nicht (wieder) angestoßen wird. Auch ist es denkbar, dass der Prozess in seiner Ausführung verändert oder komplett umgangen wird. Aus einem solchen Verhalten können schwerwiegende Konsequenzen resultieren. Zum einen werden Governance, Risk und Compliance (GRC) Bemühungen konterkariert und zum anderen werden bestehende Prozesse mit Ad-hoc-Prozessen ersetzt aus denen sich wiederum Schattenorganisationen und Schatten IT-Systeme entwickeln (Behrens 2009). Gleichzeitig ist die betriebliche Datenkonsistenz nicht mehr gewährleistet. So führen diese Probleme nicht nur zu suboptimalen Organisationsstrukturen, sondern auch zu möglicherweise lebensbedrohlichen Unglücken[1] So kam es im

[1] Beispielsweise sind die Unglücke von Tschernobyl und Bhopal auf nicht bzw. falsch ausgeführte Prozesse zurückzuführen. Auch der vermehrte Ausbruch von multiresistenten Erregern (MRE) in Krankenhäusern kann auf unzureichende Patientenscreening- (Vos u. a. 2009) und Hygieneprozesse (Eldridge u. a. 2006) zurückgeführt werden.

T. Müllerleile, *Prozessakzeptanz*, Forschung zur Digitalisierung der Wirtschaft | Advanced Studies in Business Digitization, https://doi.org/10.1007/978-3-658-27103-9_1

Atomkraftwerk Tokai-Mura zum größten zivilen Atomunfall der japanischen Geschichte vor Fukushima. Bei der Befüllung des Reaktors wurde der vorgeschriebene Befüllungsprozess von den Mitarbeitern ad hoc verändert. Insbesondere auch unter dem Eindruck der Wirtschaftsskandale der letzten Jahre beinhaltet die fehlerhafte Ausführung bzw. die Nichtausführung von Prozessen große Risiken für das Unternehmen.

1.2 Forschungsfrage und Zielstellung

Aus der in Kapitel 1.1 erläuterten Problemstellung ergeben sich die Ziele der Arbeit. Diese bestehen darin die (1) Gründe der Prozessabweichung zu klassifizieren und (2) Einflussfaktoren auf ein zu entwickelndes (3) Messmodell der Prozessakzeptanz zu identifizieren. Ausgehend davon sollen (4) mit Hilfe von Experimenten die Effektstärken der zuvor identifizierten Einflussgrößen auf die Prozessakzeptanz ermittelt werden. Als Ergebnis sollen (5) Lösungsansätze zur Erhöhung der Akzeptanz von Prozessen erarbeitet werden.

Die zentralen Forschungsfragen lauten:

1. Wie kann die Akzeptanz von Prozessen gemessen werden?
2. Welche Variablen beeinflussen diese?

Die erste Forschungsfrage soll dazu beitragen ein allgemeines Verständnis über die Akzeptanz von Prozessen zu schaffen. Zur Untersuchung dieser Fragestellung soll im Laufe dieser Arbeit ein geeignetes Messmodell entwickelt werden. Die zweite Forschungsfrage zielt darauf ab Variablen und deren Effektstärken zu identifizieren, die die Prozessakzeptanz beeinflussen. Als Zielstellung können nun aus diesen zwei Forschungsfragen Maßnahmen zur Akzeptanzsteigerung von Prozessen abgeleitet werden.

Die Experimente sollen auf einer Crowdsourcing-Plattform stattfinden. Neben ökonomischen Vorteilen können so die Experimente mit einer großen Anzahl von realen Probanden, im Sinne des Crowd-Testings, durchgeführt werden. Zusätzlich kann im Rahmen dieses Projekts die Methode des Crowd-Testing auf die Untersuchung von Prozessen angewendet und evaluiert werden.

Insgesamt soll das Vorhaben einerseits grundlegende Forschungsfragen zur Prozessakzeptanz untersuchen, andererseits durch die Entwicklung der „Theorie der Prozessakzeptanz“ einen Beitrag zur Bildung eines Theoriekerns in der Wirtschaftsinformatik leisten.

1.3 Einordnung in die Wirtschaftsinformatik

Die Wirtschaftsinformatik als Real-, Formal- und Ingenieurswissenschaft beschäftigt sich mit der Untersuchung und Gestaltung von Informationssystemen und deren betrieblichen Abläufen in Wirtschaft und Gesellschaft. Diese soziotechnischen Systeme setzen sich aus Menschen, Technik und Organisationen sowie ihren Beziehungen zusammen (Österle u. a. 2010).

Aus der Gestaltungsorientierung der Wirtschaftsinformatik ergeben sich als Erkenntnisziele Handlungsanleitungen zur Systemkonstruktion. Folglich konnten so, da der Begriff Theorie nicht Bestandteil der konstruktionsorientierten Forschung ist (Becker und Pfeiffer 2006a), bisher keine eigenen Theorien entwickelt werden. Daher befindet sich die Wirtschaftsinformatik als Wissenschaft in einer vorparadigmatischen Phase (Kuhn 1994) und verfügt nicht über einen eigenständigen Theoriekern. Des Weiteren ist es auch innerhalb der Wirtschaftsinformatik umstritten, wie ein solcher Theoriekern aussehen könnte und ob überhaupt ein solcher notwendig ist (König, Wolfgang u. a. 1994). Vielmehr werden Theorien aus den angrenzenden Wissenschaften in die Wirtschaftsinformatik hinein assimiliert. Dies führte dazu, dass bisher kaum Versuche zu erkennen sind eine eigenständige Theorie für die Wirtschaftsinformatik zu erarbeiten (Lehner u. a. 1995). Aus dieser unzureichenden theoretischen Fundierung ergibt sich die Frage, ob die Wirtschaftsinformatik überhaupt einen eigenständigen Gegenstandsbereich hat. Dieser wird zusätzlich zur Schnittmenge der Nachbardisziplinen Betriebswirtschaftslehre und Informatik oft in der Entdeckung neuer Sichtweisen auf betriebliche Abläufe verortet.

Durch Prozessmanagement können die Beziehungen der beteiligten Subjekte des soziotechnischen Systems in den betrieblichen Abläufen orchestriert werden. Insofern wird innerhalb dieses Projektes ein real existierendes Phänomen untersucht und beschrieben, um dadurch Erklärungs- und Prognosezusammenhänge aufzudecken. Im Anschluss sollen die gesammelten Erkenntnisse dazu dienen Informationssysteme und die damit einhergehende soziotechnische Interaktion besser zu gestalten.

Das vorgestellte Vorhaben hat sich somit zum Ziel gesetzt eine „Theorie der Prozessakzeptanz" zu entwickeln und so einen Versuch zu unternehmen, eine eigenständige wirtschaftsinformatische Theorie vorzuschlagen. Diese soll sich dabei an den Vorschlägen von Gadenne zur Entwicklung einer Theorie in der Wirtschaftsinformatik orientieren (Gadenne 1999). Ausgehend aus der Erklärungsfrage warum Prozesse nicht akzeptiert werden, sollen nomologische Hypothesen expliziert werden, die sich in einer systematisierten Theorie bündeln lassen. Daraus ergibt sich eine intersubjektive Nachprüfbarkeit sowie mögliche Falsifizierungsbedingungen. Zur Konstruktion dieser Theorie kommen sowohl empirisch-quantitative (Experimente) sowie gestaltungsorientierte Methoden (Modellierung) zum Einsatz.

Davon ausgehend sollen so allgemeingültige grundlegende Aussagen über die Prozessakzeptanz von Individuen getroffen werden können, um so weiterführende angewandte Forschung zu inspirieren. Als Ziel soll die „Theorie der Prozessakzeptanz" als Aussagensystem die Realität beschreiben und Prognose- bzw. Gestaltungsempfehlungen liefern.

Adressaten dieser Gestaltungsempfehlungen sind alle Organisationen, die Individuen Prozessen aussetzen. Neben betrieblichen Abläufen sind auch Dienstleistungen bzw. Abläufe der öffentlichen Hand von besonderem Interesse. Verschiedene Prozesse, die teilweise schon heute oder in der Zukunft, z. B. bei Onlinewahlen, elektronisch abgewickelt werden („E-Government"), ermöglichen die politische Teilhabe an der Gesellschaft. Es kann also vermutet werden, dass die Wahrnehmung dieser Prozesse einen großen Einfluss auf die Wahrnehmung des politischen Systems im Allgemeinen und die Bereitschaft, sich aktiv daran zu beteiligen hat.

1.4 Anwendungsmöglichkeiten

Die vorliegende Arbeit versucht einen Vorschlag zur Messung der Prozessakzeptanz zu erarbeiten. Als weiteres Ziel versucht die Arbeit, Variablen zu identifizieren, die die Prozessakzeptanz beeinflussen. Durch geeignete Experimente soll untersucht werden mit welchen Effektgrößen diese Variablen auf die Prozessakzeptanz wirken.

Aus dieser Untersuchung ergeben sich im Rahmen der gestaltungsorientierten Wirtschaftsinformatik (Österle u. a. 2010) vielfältige Anwendungen in der Theorie und der Praxis. Die Arbeit trägt zur Theorieentwicklung der IS bzw. der WI bei, indem ein generisches Modell zur Erklärung und Untersuchung der Prozessakzeptanz vorgelegt wird.

Gleichzeitig können aus der Arbeit praktische Handlungsanweisungen für die Praxis generiert werden. So können während der Prozesslaufzeit betriebliche Prozesse auf ihre Akzeptanz untersucht werden. Daraus lassen sich Verbesserungsmaßnahmen zur Erhöhung der Akzeptanz ableiten. Insbesondere sicherheits- oder geschäftskritische Prozesse könnten davon profitieren. Weitere vielfältige Anwendungen ergeben sich während der Modellierung. Beispielsweise können aus der Prozessakzeptanzforschung allgemeine Modellierungsrichtlinien abgeleitet werden, die schon zum Zeitpunkt der Erstellung beachtet werden können. So werden Prozesse schon im Hinblick auf ihre spätere Akzeptanz gestaltet. In einem weiteren Schritt können diese Modellierungsempfehlungen als Regelwerk in Modellierungswerkzeuge eingebaut werden, das automatisch den Modellierer auf mögliche Akzeptanzprobleme hinweist.

1.5 Aufbau der Arbeit

Die Arbeit ist in 10 Kapitel unterteilt. Nachdem in der Einleitung in Kapitel 1 die Problemstellung und die Forschungsfragen vorgestellt und in die Wirtschaftsinformatik eingeordnet wurden, folgen in Kapitel 2 die definitorischen Grundlagen. In diesem Kapitel werden die zentralen Komponenten der Akzeptanz und betrieblicher Prozesse umfassend erläutert. Aus diesen Erläuterungen folgt die Definition der Prozessakzeptanz.

In Kapitel 3 wird der Versuch unternommen eine „Theorie der Prozessakzeptanz“ zu entwickeln. Dabei wird diese Theorie sowohl deduktiv sowie induktiv aufgebaut. Nachdem die Akteure im Spannungsfeld der Prozessakzeptanz betrachtet werden, wird dargelegt inwiefern schlecht akzeptierte Prozesse auf die Transaktionskosten einwirken und wie die Transaktionskostentheorie mit der „Theorie der Prozessakzeptanz“ verbunden werden kann.

In Kapitel 4 wird der aktuelle Stand der Forschung dargelegt und angrenzende Forschungsbereiche, die auf die Prozessakzeptanz einwirken, aufgezeigt.

In diesem Kapitel wird auch die Theorie der Workarounds vorgestellt, die in Teilen erklärt, warum es zu provisorischen Umgehungslösungen kommt. Aufbauend auf den in Kapitel 4 vorgestellten Akzeptanzmodellen und der darauf aufbauenden Kritik, kann im weiteren Verlauf ein Messinstrument entwickelt werden.

In Kapitel 5 werden mögliche Einflussfaktoren, die auf die Prozessakzeptanz wirken, vorgestellt. Diese Faktoren basieren dabei auf einer qualitativen Untersuchung in der Industrie. Zusätzlich werden Faktoren aus der Literatur vorgestellt.

In Kapitel 6 wird ein Messinstrument, durch Anwendung der C-OAR-SE Ansatzes, zur Messung der Prozessakzeptanz entwickelt. Kapitel 7 erläutert die methodischen Grundlagen für die folgende empirische Untersuchung der Faktoren.

In Kapitel 8 folgt die Untersuchung der einzelnen Dimensionen der Prozessakzeptanz. Für die Dimension des Objektes und Kontextes wurden Experimente durchgeführt. Zur Untersuchung der Subjektdimension kam eine quantitative Befragung zum Einsatz. Das Experiment zur Untersuchung der Objektdimension wurde in der realen Welt durchgeführt. In diesem Experiment wurde der Ladeprozess zweiter unterschiedlicher Beladungsprozesse bei Elektrofahrzeugen untersucht. Das Experiment zur Untersuchung des Kontextes wurde virtuell auf einer Crowdsourcing Plattform durchgeführt.

Zur Verbesserung der Crowdsourcing-Experimente wird in Kapitel 9 ein Ansatz und IT-Artefakt zur Untersuchung der Prozessakzeptanz mit Hilfe ausführbarer Geschäftsprozesse vorgestellt. Dieses IT-Artefakt ermöglicht es den Probanden einen ausführbaren Prozess selbst zu erleben und im Folgenden zu bewerten. Gleichzeitig kann durch die Verwendung einer Crowdsourcing-Plattform auf eine große Menge potentieller Teilnehmer zugegriffen werden.

Kapitel 10 fasst die Arbeit zusammen und diskutiert die Ergebnisse kritisch. Gleichzeitig werden die Ergebnisse in die Theorie und Praxis der Wirtschaftsinformatik eingeordnet. Im Anschluss werden Hinweise für weitere Forschungsarbeiten gegeben.

2 Definitorische Abgrenzung

2.1 Prozesse

Die heutige Bedeutung des Prozessbegriffs, der seine Ursprünge im lateinischen „processus“ (vorwärtsgehen, vorrücken, vortreten) hat, resultiert aus den Naturwissenschaften und der Naturphilosophie des 19. Jahrhunderts, die die statische Betrachtungsweise des 18. Jahrhunderts, z. B. in der Chemie, ablöste. Schelling (1803) verknüpfte dabei philosophisch Prozess und Organisation, die sich nach seinem Verständnis gegenseitig bedingen. In der Prozessphilosophie der Gegenwart wird der Prozess ontologisch untersucht. Rescher (1996) definiert den Prozess als Komplex, der aus mehreren Stufen besteht und somit eine zeitliche Dimension enthält. Ähnlich wie in der Evolution der Naturphilosophie wandelte sich das Leitbild der Ökonomie von einer statischen in eine dynamische Betrachtungsweise. In der deutschsprachigen Betriebswirtschaftslehre führte Nordsieck (1932) den Begriff früh ein. So wird in seiner Definition die gesamte Unternehmung als fortlaufender Prozess mit einer ununterbrochenen Leistungskette definiert. Nordsieck betont dabei die Notwendigkeit diese Leistungskette klar zu gliedern. Diese Fokussierung stellt in der BWL auch ein Novum dar, da bisher die Aufbauorganisation im Mittelpunkt der Untersuchungen stand. Dennoch wurden Untersuchungen zur Ablauforganisation vermehrt erst wieder in den 80er Jahren des 20. Jahrhunderts vorgelegt. Ein Grund für diese späte Rückbesinnung waren die übergeordnet vorliegenden unternehmerischen Probleme und strukturellen Marktmerkmale. Durch gesteigerten Kostendruck, geringere Nachfrage, einer erweiterten Serviceorientierung und einem globalisierten Wettbewerb verloren die bisherigen Problemlösungsansätze, wie z. B. die Produktionsausweitung, an Bedeutung. Die Unternehmen versuchten daher vermehrt Wettbewerbsvorteile aus einer besseren Ablauforganisation zu gewinnen.

Die Wirtschaftsinformatik erkannte früh den Zusammenhang zwischen Prozessen, Prozessmodellierung und deren Implementierung bzw. Integration in die vorhandene oder zu entwickelnde IT-Infrastruktur eines Unternehmens. Daher wurden verschiedene Notationen zur Prozessmodellierung und IT-Systeme zur Prozessausführung entwickelt. Gleichzeitig wurde der Begriff des Prozesses im Sinne der Wirtschaftsinformatik verfeinert. So definieren Hammer und Champy (1994) einen Prozess als:

T. Müllerleile, *Prozessakzeptanz*, Forschung zur Digitalisierung der Wirtschaft | Advanced Studies in Business Digitization, https://doi.org/10.1007/978-3-658-27103-9_2

> „A business process is a collection of activities that takes one or more kinds of input and creates an output that is of value to the customer. A business process has a goal and is affected by events occurring in the external world or in other processes."

Becker et al. (2012) präzisieren die bisher vorgestellte allgemeine Definition:

> „Ein Prozess ist die inhaltlich abgeschlossene, zeitliche und sachlogische Folge von Aktivitäten, die zur Bearbeitung eines betrieblichen Objektes notwendig sind."

Als betriebliche Objekte werden in dieser Definition diejenigen Objekte verstanden, die im Fokus des Prozesses stehen und auf die Aktivitäten innerhalb des Prozesses einwirken.

Die bisherigen Definitionen haben einen deklarativen Charakter, der stark das Prozessergebnis betont, nicht jedoch wie dieses erreicht werden soll. Aus den vorhandenen Definitionen lassen sich abstrakte Prozesseigenschaften ableiten. Diese umfassen nach Ould, dass ein Prozess eine zielgerichtete Aktivität kapselt, die kollaborativ und meist funktionsübergreifend ausgeführt wird (Ould 1995). Neben externen Agenten, wie z. B. Kunden, kann ein Prozess intern oder automatisch angestoßen werden.

Ein umfassendes Definitionsrahmenwerk, das die bisherigen Facetten sehr gut integriert, legen Melão und Pidd vor (2000). Sie klassifizieren Prozesse dabei in vier Kategorien:

1. Prozesse als deterministische Maschinen.

2. Prozesse als komplexe dynamische Systeme.

3. Prozesse als interaktive Rückkopplungsschleife.

4. Prozesse als soziales Konstrukt.

Die bisher vorgestellten Definitionen lassen sich zumeist der ersten Kategorie, den deterministischen Maschinen, zuordnen. In dieser Sichtweise wird der Prozess als deterministische Maschine aufgefasst, die Eingangsgrößen durch Transformation in Ausgangsgrößen überführt. Im Allgemeinen erlaubt eine solche Prozessdefinition die Entwicklung geeigneter Notationen, jedoch führt eine reine statische Prozessbetrachtung zu verschiedenen Nachteilen. Zum einen wird der Prozess als rein technisches Problem wahrgenommen, das organisationale und soziale Dimensionen vernachlässigt. Zum anderen sind betriebliche Abläufe Veränderungen unterworfen, die durch eine rein statische Betrachtung nicht berücksichtigt werden können.

In der vorliegenden Klassifikation erweitern Melão und Pidd den Prozessbegriff um zwei Kategorien. Dabei handelt es sich um eine systemische, die komplexe dynamische Systeme (Earl und Khan 1994) sowie Rückkopplungsschleifen beinhaltet, und eine soziale Dimension.

Die systemische Sichtweise betrachtet einen Prozess als Sammlung von Unterprozessen, die miteinander und der Umwelt über geeignete Schnittstellen interagieren. Die Unterprozesse können ihrerseits weiter unterteilt werden. Die große Errungenschaft gegenüber der deterministischen Sichtweise liegt in der Einbeziehung der Umwelt und der Aussage, dass Prozesse ein komplexes System darstellen. Jedoch ist es sehr schwer diese Aussagen in die betriebliche Praxis zu integrieren, da z. B. komplexe dynamische Systeme nur mit hohem Aufwand implementiert werden können.

In der letzten Kategorie werden Prozesse als soziales Konstrukt definiert. Das heißt, Prozesse werden von Individuen definiert und ausgeführt, die unterschiedliche Ziele, Wertvorstellungen und Erwartungen haben. Daraus folgt, dass Individuen Prozesse, basierend auf ihren Erfahrungen und Wahrnehmungen, unterschiedlich konstruieren und interpretieren. Dies führt dazu, dass ein Prozess von verschiedenen Teilnehmern unterschiedlich interpretiert und somit gelebt wird.

Aus dieser Klassifikation wird ersichtlich, dass ein Prozess in Interaktion mit der Umwelt abläuft und somit auch externen Störvariablen ausgesetzt ist. Gleichzeitig stellt ein Prozess ein soziales Konstrukt dar.

Diese Dimension wird auch mit Blick auf die verschiedenen Prozessteilnehmer ersichtlich, die an einem Prozess beteiligt sind. Einerseits der Prozesskunde, der den Prozess anstößt, bzw. auf das Ergebnis angewiesen ist, andererseits die direkten Prozessbeteiligten. Diese lassen sich in Prozessmitarbeiter und Prozessverantwortliche unterteilen. Während die Prozessmitarbeiter die einzelnen Tätigkeiten ausführen, sind die Prozessverantwortlichen für die Kontrolle, die Verwaltung und die Weiterentwicklung des Prozesses verantwortlich. Die Rollen können sich dabei überlappen. Es ist offensichtlich, dass die kollaborative Prozessausführung sowie die Beteiligung der verschiedenen Stakeholder einem Prozess eine soziale Dimension zuweist.

Um die bisherigen Definitionen zu subsumieren wird folgende Arbeitsdefinition vorgeschlagen:

> *„Ein Prozess wandelt, ausgehend von seinen Eingangsgrößen, das betriebliche Verrichtungsobjekt, durch unterschiedliche Beteiligte in einer zeitlichen und sachlogischen Abfolge von Tätigkeiten und Kommunikationsakten mit der Umwelt, mit dem Ziel der Wertsteigerung, in ein Prozessergebnis um".*

2.1.1 Geschäftsprozessmanagement

Die Aufgabe der Strukturierung von betrieblichen Abläufen zur Erhöhung der Wertschöpfung erfordert die Analyse, Entwicklung, Überprüfung und die Verwaltung von Prozessen (van der Aalst u. a. 2003, S. 4). Diese Tätigkeiten, die mit Hilfe geeigneter Werkzeuge und Methoden durchgeführt werden, lassen sich unter dem Stichwort GPM subsumieren. GPM wird als Managementmethode angewendet, um Wettbewerbsvorteile zu generieren oder zu erhalten (Yu-Yuan Hung 2006, S. 21). Daher soll GPM als weit gefasster Ansatz helfen diese Vorteile auf operationaler und strategischer Ebene, unter Einbeziehung aller Beteiligten, zu erreichen. Dabei soll GPM nach Zairi (Zairi 1997, S. 78) sieben Regeln unterliegen. So sollen alle wichtigen Aktivitäten dokumentiert sein (1). Des Weiteren resultiert der Nutzen von GPM, der auf die Kunden ausgerichtet ist, aus der horizontalen Verbindung zwischen den Aktivitäten (2). Im Allgemeinen werden die Aktivitäten bzw. Prozesse durch Systeme unterstützt (3), die über entsprechende Indikatoren gesteuert (4) und dadurch kontinuierlich verbessert werden (5). Ausgehend von „best practice" Beispielen (6) kann so die Unternehmenskultur verändert werden (7).

Aus diesen Leitlinien wird klar, das GPM zwar die Prozessmodellierung und Implementierung beinhaltet, aber in seinem ganzheitlichen Ansatz weit darüber hinausgeht. Als Ergebnis soll der Einsatz von GPM dazu führen Kosten zu reduzieren, dabei helfen Produkt und Prozessinnovationen hervorzubringen und die generelle Kundenzufriedenheit zu erhöhen (Zairi 1997; Becker u. a. 2011). Diese Vorteile können jedoch nur erschlossen werden, wenn der Prozess wie spezifiziert ausgeführt wird. Wird der Prozess nicht oder verändert ausgeführt liegt eine Prozessabweichung vor.

Im Allgemeinen kann die Literatur zum Thema GPM grob in zwei Strömungen eingeteilt werden. Zum einen das radikale und in Teilen stark kritisierte (Kamiske 1995, S 144ff) aber einflussreiche Business Process Reengineering (BPR) (Hammer und Champy 1994) und andererseits die methodisch analytisch geprägte kontinuierliche Verbesserung von Prozessen. Währen beim BPR alle Prozesse hinterfragt und neu gestaltet werden sollen, fließen bei der kontinuierlichen Prozessverbesserung quantitative und qualitative Kriterien in den schrittweisen Optimierungsprozess ein.

Im Allgemeinen lassen sich Prozesse in mindestens drei verschiedene Kategorien, basierend auf Überlegungen zur „Value Chain" in Kern-, Unterstützungs- und Managementprozesse, einteilen.

Die anfallenden Aufgaben des GPM können durch den Prozesslebenszyklus und GPM-Vorgehensmodelle abgebildet werden. Als Beispiele eignen sich das 7-Phasen-Modell nach Becker et al. (2004) oder der GPM-Kreislauf nach Allweyer (2005) nach denen die Aufgaben des GPM klassifiziert werden können. Die Gegenüberstellung in Tabelle 2.1 zeigt die Ähnlichkeit der beiden Modelle. Beide Vorschläge beziehen auch den kontinuierlichen Charakter des GPM mit ein. GPM ist also keine einmalige Angelegenheit, sondern erfordert vielmehr, dass GPM kontinuierlich durchgeführt wird.

Tab. 2.1 Gegenüberstellung GPM-Phasen / GPM-Kreislauf

GPM Vorgehensmodelle	
7-Phasenmodell (Becker et al.)	**GPM-Kreislauf (Allweyer)**
1. Modellierungsvorbereitung • Festlegung der Modellierungsmethoden • Modellierungswerkzeuge auswählen	**Strategisches Prozessmanagement** • Kernprozesse und Ziele festlegen • GPM an Unternehmensstrategie ausrichten • Prozessorientierung etablieren • Business Process Outsourcing
2. Strategie und Ordnungsrahmen • Prozessidentifikation • (Prozess-) Strategieentwicklung • Festlegung der Ziele • Strukturierung durch Ordnungsrahmen	
3. Istmodellierung und Istanalyse • Detaillierte Prozessaufnahme • Ist-Prozessanalyse	**Prozessentwurf** • Identifikation, Dokumentation, Modellierung, Analyse
4. Sollmodellierung und Sollanalyse • Prozessoptimierung	• Sollprozess entwerfen
5. Prozessorientierte Aufbauorganistion • Organisatorische Verankerung • Umsetzung der Prozesse	**Prozessimplementierung** • Sollprozesse umsetzen • Change Management • IT-Implementierung • IT-Integration
6. Implementierung • Implementierung der Sollprozesse	
7. Kontinuierliches Prozessmanagement • Steuerung und Kontrolle der Prozesse • Kontinuierliche Verbesserung	**Prozesscontrolling** • Rückfluss für strategisches GPM • Kennzahlen erheben • Prozesse planen und steuern • Business Activity Monitoring • Kontinuierliche Verbesserung

Tab. 2.2 GPM Rollen

Rolle	Beschreibung
Chief Process Officer	Hauptaufgabe ist die organisationsweite Etablierung, Optimierung und Integration von GPM.
Prozesssponsor	Unterstützt den Projektleiter durch seine Leitungsfunktion.
GPM-Projektleiter	Ist zuständig für die Einführung, Planung und Umsetzung von GPM .
Prozessberater	Unterstützen die GPM Anstrengungen durch methodische und konzeptionelle Zuarbeit.
Prozessverantwortlicher	Verantworten die laufende Steuerung und Optimierung der operativen Prozesse.
Prozesscontroller	Überwachen der operativen Prozesse.
Prozessmitarbeiter	Führen operativ die einzelnen Prozessschritte aus.

Um die Aufgaben, die in den einzelnen GPM-Phasen anfallen effizient abzuarbeiten, ist es sinnvoll ein Rollen und Berechtigungskonzept einzuführen. In der Literatur werden diese Rollen oft nach dem Responsible, Accountable, Consulted, Informed (RACI) Prinzip organisiert und umfassen oft folgende Rollen, die in Tabelle 2.2 dargestellt sind (Schmelzer und Sesselmann 2013, S. 181).

Es ist naheliegend, dass die einzelnen Rollen innerhalb des GPM unterschiedliche Ziele verfolgen. Daher kann sich die Prozessakzeptanz für jede Anspruchsgruppe unterscheiden. Auffällig ist, dass es eine große Anzahl „strategischer Rollen" gibt. Prozesskunden stellen ebenfalls eine Anspruchsgruppe dar. Sie entscheiden zum Teil darüber, ob ein Prozess überhaupt angestoßen oder ggf. sogar umgangen wird. Es ist daher sinnvoll die Rolle des Prozesskunden in diese Klassifikation aufzunehmen.

2.1.2 Prozessmodellierung

Prozesse werden durch Modelle repräsentiert. Ein Modell bildet dabei ein Objektsystem der realen oder künstlichen Umwelt für die Zwecke des Modellnutzers in einer spezifizierten Form ab. Neben diesem Abbildungsmerkmal hat ein Modell weitere Merkmale. Diese umfassen das Verkürzungsmerkmal und die Zweckgebundenheit. Gleichzeitig unterliegt die Modellerstellung einem subjektiven Konstruktionsprozess. Das Verkürzungsmerkmal besagt, dass ein Modell nicht alle Elemente des Originals umfassen muss. Die Zweckgebundenheit drückt aus, dass ein Modell zu einer bestimmten Zeit für einen bestimmten Zweck und Nutzer entwickelt wurde. Um qualitativ hochwertige Prozesse zu modellieren wurden die Grundsätze ordnungsmäßiger Modellierung (GoM) entwickelt. Diese umfassen den Grundsatz der Richtigkeit, der Relevanz, der Wirtschaftlichkeit, der Klarheit, der Vergleichbarkeit und des systematischen Aufbaus (Becker u. a. 1995). Für die Prozessmodellierung existieren verschiedene Notationen, wie z. B. die ereignisgesteuerte Prozesskette (EPK) oder die Business Process Model and Notation (BPMN). Diese eignen sich jedoch nur bedingt um Prozessabweichungen darzustellen, da diese per Definition ungeplant vorkommen und daher nicht vollständig in den Modellen abgebildet werden können. Es können jedoch Prozessvarianten modelliert werden, durch die es in einem gewissen Maße möglich ist solche Abweichungen abzubilden (Hallerbach u. a. 2008). BPMN stellt dazu verschiedene Elemente wie z. B. „default flows“, „exception handling“ oder „ad hoc processes“ zur Verfügung (Object Modeling Group 2014). Für EPK-Modelle wurden Ansätze entwickelt verbotene Prozessabläufe zu modellieren (Simon und Mendling 2006).

Im Rahmen der Prozessakzeptanzforschung kann die Prozessmodellierung eine wichtige Rolle spielen, da die Prozesseigenschaften direkt im Prozessmodell festgelegt werden. Im weiteren Verlauf soll daher untersucht werden, inwiefern durch eine geeignete Modellierung die Prozessakzeptanz verändert werden kann. Auch ist es evident, dass nicht akzeptierte Prozesse die GoM im Bezug auf die Relevanz, Richtigkeit und Wirtschaftlichkeit verletzen.

2.2 Akzeptanz

2.2.1 Der allgemeine Akzeptanzbegriff

Das Wort Akzeptanz drückt aus, dass etwas oder eine Person, bzw. deren Verhalten, durch eine andere Person gutgeheißen oder gebilligt wird. Diese positive Annahmeentscheidung durch die betroffene Person kann auch als Widerspruch zum Begriff Ablehnung definiert werden (Simon 2001).

Im Allgemeinen wird Akzeptanz oft mit Zustimmung oder Befürwortung bezüglich einer Sache gleichgesetzt. Akzeptanz wird also von einem Subjekt einem Objekt zugeschrieben. Dies gilt insbesondere auch für normative Geltungsbereiche, wie z. B. Gesetze, zu denen der Rechtsunterworfene bei ihrer Akzeptanz, eine positive Haltung einnimmt (Breithaupt 1986), die über das reine „sich beugen“ (Engisch 1982, S. 75) hinausgeht[1].

Im Bereich der Soziologie wird das Wort mit dem Begriff der Sozialverträglichkeit verknüpft (Endruweit und Trommsdorff 2002). Diese Verknüpfung lässt auch den normativen Charakter des Wortes erkennen. Als „Anwendungsgebiet“ der Akzeptanzforschung hat sich insbesondere die Technikakzeptanzforschung etabliert. Dabei wurden verschiedene Erklärungsmodelle entwickelt, die in Kapitel 4.5 beschrieben werden. Einen ausführlichen Überblick dazu liefern Schäfer und Keppler (2013).

Lucke (1995) gliedert das Phänomen der Akzeptanz in drei verschiedene Dimensionen. Diese beinhalten, wie in Abbildung 2.1 dargestellt, das Akzeptanzsubjekt, das Akzeptanzobjekt sowie den Akzeptanzkontext. Diese Gliederung bildet oft die Grundlage für verschiedene Akzeptanzdefinitionen. Hüsing et al. (2002) fassen die von Lucke vorgeschlagene Dreiteilung in einer prägnanten Definition zusammen. Sie sehen Akzeptanz als

> „ein Phänomen, das von einer Gruppe oder Person, dem Akzeptanzsubjekt, ausgeht, sich auf Akzeptanzobjekte [...] bezieht und sich in einem sowohl von Akzeptanzsubjekt als auch Akzeptanzobjekt bestimmten Umfeld, dem Akzeptanzkontext, ausprägt“.

Die einzelnen Bestandteile werden im Folgenden erläutert:

1. Akzeptanzobjekt
   Akzeptanz wird durch das Akzeptanzsubjekt auf ein Objekt bezogen. Dies kann dabei in ganz unterschiedlichen Formen vorliegen. So kommen als Akzeptanzobjekte u.a. technische Artefakte, Planungen, Entscheidungen oder Strategien in Frage (ebd. 2002, S. 24). Des Weiteren wird Akzeptanz auf Personen bzw. ihr Verhalten, Ziele oder Wertvorstellungen bezogen (Lucke 1995, S. 89).

2. Akzeptanzsubjekt
   Akzeptanz wird von Personen oder Gruppen, hier den Akzeptanzsubjekten,

[1] Prozesse ordnen betriebliche Vorgänge in ähnlicher Weise wie Gesetze Vorgänge in der Gesellschaft ordnen. Für eine Diskussion des Akzeptanzbegriffs in den Rechtswissenschaften siehe daher Breithaupt (1986), Borucka-Arctowa (1975), Hill (1988)

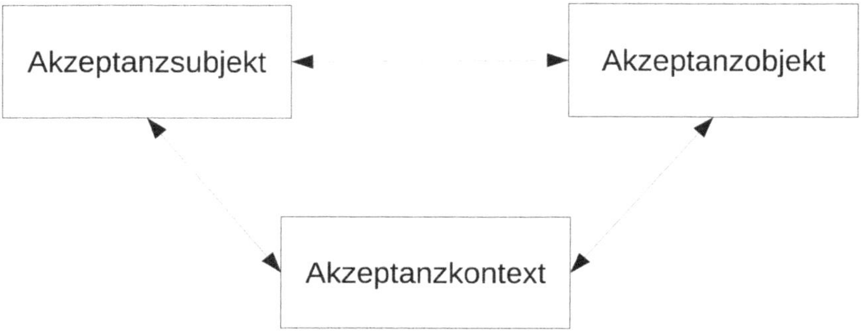

Abb. 2.1 Dimensionen der Akzeptanz

auf das Akzeptanzobjekt bezogen. Diese Relation findet jedoch in einem zeitlichen und gesellschaftlichem Rahmen statt (Lucke 1995, S. 90). Insofern sind die Eigenschaften der Subjekte nicht invariant und können sich im Laufe der Zeit verändern. Für die Bildung von Akzeptanz bezüglich einem Akzeptanzobjekt ist also auch ausschlaggebend in welcher Gesellschaft, zu welchem Zeitpunkt und in welchem Kontext diese Akzeptanzbildung stattfindet. Kollmann (1998) und Reichwald (1978) unterscheiden dabei zwischen der individuellen, organisatorischen und gesellschaftlichen Akzeptanz. Zur Untersuchung der vorliegenden Fragestellung ist vor allem die organisatorische und auch die individuelle Akzeptanz ausschlaggebend. Eine weitere Differenzierung ergibt sich aus der Rolle des Akzeptanzsubjekts. So kann beispielsweise unterschieden werden ob das Subjekt bezüglich des Akzeptanzobjekts eine Entscheidungskompetenz oder Einflussmöglichkeit besitzt (Hüsing u. a. 2002, S. 33).

3. Akzeptanzkontext
   Akzeptanzsubjekt und Objekt stehen in einem interdependenten Zusammenhang, da sie in einem sozialen Kontext, der z. B. durch die wesentlichen Bezugsgruppen beeinflusst wird, existieren (Lucke 1995, S. 90). So wirken die Akzeptanzvorstellungen der Gesellschaft, z. B. bezüglich bestimmter Technologien oder Verfahren, reziprok auf die Akzeptanz auf der Individual- und Organisationsebene im betrieblichen Kontext ein (Manz 1983, S. 182).

Aus dieser Einordnung folgt, dass Akzeptanz keine immanente Eigenschaft eines Objektes ist, die eine zeitlose Gültigkeit besitzt. Vielmehr wird Akzeptanz innerhalb dieses Spannungsfeldes als „Ergebnis eines wechselseitigen Prozesses" von den Beteiligten aktiv konstruiert (Lucke 1995, S. 91) und stellt „das Resultat eines Akts rationaler Einsicht und innerer Überzeugung dar" (ebd. 1995, S. 96).

Für Zoellner et al. (2009) stellt sich Akzeptanz im Spannungsfeld zwischen einer positiven Bewertung und einer Handlung dar. Diese kann rein passiv im Sinne einer (stillen) Befürwortung oder aktiv im Rahmen einer tatsächlichen Unterstützung erfolgen. Wie in Abbildung 2.2 dargestellt umfassen die beiden oberen Quadranten den Begriff der Akzeptanz. Liegt keine positive Bewertung vor, kann von Nicht-Akzeptanz gesprochen werden.

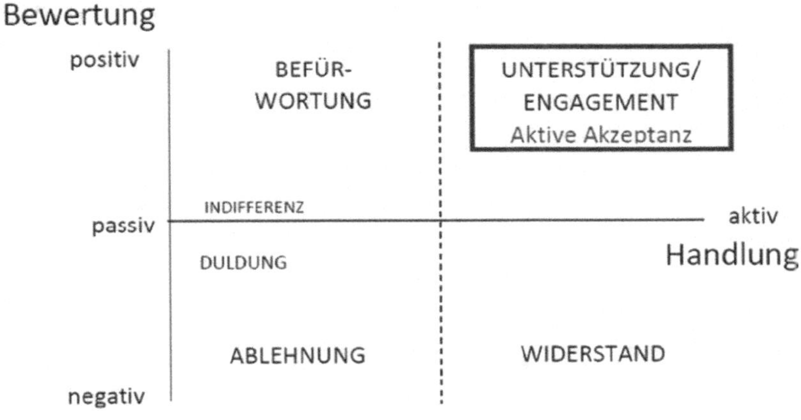

Dimensionen des Akzeptanzbegriffs (Zoellner u. a. 2009, S. 60)

Abb. 2.2 Dimensionen des Akzeptanzbegriffs

Für die betriebliche Praxis ist vor allem die stille Ablehnung problematisch, da diese nicht offensichtlich zu erkennen ist. Im Umkehrschluss bedeutet dies, dass Akzeptanzprobleme vorliegen können, auch wenn es keinen aktiven Widerstand gibt.

Aus den bisherigen Ausführungen kann gefolgert werden, dass sich Akzeptanz nicht durch Druck erzwingen lässt. Wenn beispielsweise das Akzeptanzobjekt die Freiheitsgerade des Akzeptanzsubjektes zu stark einschränkt, so kann dies dazu führen, dass bei den Akzeptanzsubjekten Reaktanz entsteht (Brehm 1966, S. 379). Die psychologische Reaktanz beschreibt komplexe Abwehrhandlungen gegenüber wahrgenommenen Einschränkungen. Insofern kann Akzeptanz aus einer handlungstheoretischen Perspektive einerseits als Handlungsvoraussetzung zur Interaktion oder Kooperation angesehen werden. Andererseits kann Akzeptanz, im Sinne von akzeptiert werden wollen, ein intendiertes Handlungsziel sein (Lucke 1995, S. 80). Neben der handlungstheoretischen Systematisierung können, wie in Tabelle 2.3 ersichtlich, weitere Typisierungen konstruiert werden (ebd. 1995, S. 218). Beispielsweise kann Akzeptanz nach ihrer Grundlage, ihres Geltungsbereiches oder ihrer Entstehung nach gegliedert werden.

Tab. 2.3 Typisierung des Akzeptanzbegriffs (Lucke 1995, S. 218)

Basiskonzept	Typisierung		
Innen- und Außengeleitetheit	innere (Einstellung)	vs.	äußere (Verhalten) Akzeptanz (A.)
Ebene	latent	vs.	manifest
Legitimität	charismatische A.	ideologische A.	sachliche A.
Gefühl	affektiv-emotionale	vs.	kognitiv-rationale A.
Diskursfähigkeit	evaluative	vs.	instrumentelle A.
Gewohnheit	naiv-habituelle	vs.	elaboriert-reflexive A.
Dissonanz	private	vs.	öffentliche A.
Grundunterscheidung	individuelle	vs.	kollektive A.

Für die empirische Akzeptanzforschung ist vor allem die Unterteilung in die innere und äußere Akzeptanz wichtig, da nur die äußere, also die Akzeptanz die sich über das Verhalten manifestiert, erheben lässt. Die Sichtbarkeit (latent vs. manifest) der Akzeptanzäußerung ist wiederum eine Möglichkeit Akzeptanz zu typisieren. Die Art der Akzeptanz entscheidet darüber, inwiefern diese diskursfähig ist und ob sie sachlichen Argumenten überhaupt zugänglich ist. So werden „Verschwörungstheorien" in manchen Kreisen ohne weiteres affektiv-emotional oder naiv-habituell akzeptiert, da sie in das dort herrschende Weltbild passen, obwohl sachlich rationale Argumente diese leicht falsifizieren könnten. Die private und öffentliche Akzeptanz sowie die individuelle und kollektive Akzeptanz beschreiben die verschiedenen Ebenen der Betroffenheit. Für die Akzeptanzforschung der IS und der Wirtschaftsinformatik steht im Allgemeinen die individuelle Akzeptanz im Vordergrund.

2.2.2 Formen der Akzeptanz

Die bisherigen Ausführungen lassen erkennen, dass der Konstruktionsprozess der Akzeptanz nicht zu einem binären Ergebnis führen muss. Sauer et al. (2005) strukturieren den Grad der Akzeptanz, wie in Tabelle 2.4 dargestellt mit Hilfe einer achtstufigen Skala, die von aktiver Gegnerschaft bis hin zu einem positiven aktiven Engagement reicht. Sie umfasst:

Tab. 2.4 Akzeptanzskala nach Sauer et al. (2005)

Inakzeptanz	Stufe 1	aktive Gegnerschaft
	Stufe 2	Ablehnung
	Stufe 3	Zwiespalt
Neutralität	Stufe 4	Gleichgültigkeit
Akzeptanz	Stufe 5	Duldung
	Stufe 6	Konditionale Akzeptanz
	Stufe 7	Zustimmung / Wohlwollen
	Stufe 8	Engagement

1. Die aktive Gegnerschaft gegen das Akzeptanzobjekt.
2. Eine verbale oder nonverbale Ablehnung des Akzeptanzobjekts.
3. Eine zwiespältige Position, die zwischen Ablehnung und Gleichgültigkeit anzusiedeln ist.
4. Die Gleichgültigkeit bei der das Akzeptanzsubjekt nicht betroffen ist. Es ist daher indifferent.
5. Die Duldung, die die schwächste Form der Akzeptanz darstellt. Diese wird u.a. durch die Ausübung von Macht herbeigeführt.
6. Die konditionale Akzeptanz liegt vor, wenn Akzeptanz durch rationale Überlegungen herbeigeführt wurde.

7. Die Zustimmung liegt vor, wenn eine positive Bewertung des Akzeptanzobjekts durchgeführt wurde.

8. Das Engagement, das bedeutet, dass die inneren positiven Überzeugungen bezüglich des Akzeptanzobjekts mit Handlungen einhergehen.

Ähnlich gliedert Dethloff (2004) die Akzeptanz nach dem vorliegenden Grad der Freiwilligkeit. Die Skala reicht dabei von „informend consent" bis zu „forced compliance". Eine ähnliche Skala [2] findet sich bei Helmreich (1981) [3] oder London (1976) [4]. Diese feingranulare Skala beinhaltet auch drastische Auswirkungen der Nichtakzeptanz, wie z. B. das Ausweichen oder die aktive Sabotage. Insofern werden auch hier die möglichen negativen Auswirkungen von nicht akzeptierten Prozessen evident.

Akzeptanzsubjekte sind dabei nicht in den einzelnen Stufen starr verhaftet. Zudem sind die Akzeptanzsubjekte aktiv, z. B. durch die Beschaffung und die Bewertung von Information, an der Konstruktion beteiligt. Es liegt nahe, dass durch gezielte Einflussnahme, z. B. rationale oder emotionale Argumentation, die Akzeptanz positiv wie negativ verändert werden kann. Insofern kann diese Skala auch als Phasenmodell, im Kontext der Innovationsdiffusion (Rogers 2003, S. 170), interpretiert werden. Dies wird beispielsweise in der Innovationsgüter-orientierten Akzeptanzdefinition von Kollmann deutlich. Dort wird die Gesamtakzeptanz als „ [...] die Verknüpfung einer inneren, rationalen Begutachtung und Erwartungsbildung auf der Einstellungsebene, die anschließende Übernahme der Innovation auf der Handlungsebene und einer freiwilligen, problemorientierten Anwendung auf der Nutzungsebene bis zum Ende des Produktlebenszyklus" (Kollmann 1998b, S. 69) definiert. Interessanterweise, betont Kollman die Freiwilligkeit der Nutzung. Ist diese gegeben, kann sicherlich von der höchsten Stufe der Akzeptanz ausgegangen werden. Im Kontext der Prozessakzeptanz ist die Freiwilligkeit jedoch keine notwendige Bedingung. Freiwillig werden manche Prozesse nicht angestoßen oder durchlaufen, obwohl ihre Notwendigkeit, beispielsweise Steuern abzuführen, rational erkannt werden kann.

Eine weitere Differenzierung kann entlang der Subjekt-, Objekt- und Kontexteinteilung der Akzeptanz erfolgen (Hermanns 2013, S 82):

---

[2] Zustimmung, Begeisterung, aktive Mitarbeit, Bereitwilligkeit, Mitarbeit unter Druck, Dulden, Gleichgültigkeit, fehlende Lernbereitschaft, Ausweichen, Protest, Missbrauch, Sabotage, Ablehnung

[3] zitiert nach Müller-Böling, S. 22 (1986)

[4] aktiver Widerstand, passiver Widerstand, Gleichgültigkeit, passive Annahme, aktive Annahme

- Das *Akzeptanzsubjekt* kann basierend auf einem Normen- und Wertesystem eine generelle potenzielle **Akzeptanzbereitschaft** besitzen.

- Ein *Akzeptanzobjekt* kann seinerseits eine prinzipielle **Akzeptierbarkeit**, die auf objektiven Kriterien basiert, enthalten.

- **Akzeptabilität** liegt vor, wenn etwas in einer bestimmten Situation, also dem *Akzeptanzkontext*, annehmbar ist.

2.2.3 Komponenten der Akzeptanz

In der Literatur wird zwischen Einstellungs- und Verhaltensakzeptanz unterschieden. Während die Einstellungsakzeptanz affektive, kognitive und konative Komponenten enthält, umfasst die Verhaltensakzeptanz eine beobachtbare Aktivität bezüglich des Akzeptanzobjektes (Müller-Böling 1986, S. 25f). Diese Einteilung entspricht der Drei-Komponenten-Theorie der Einstellung (Rosenberg u. a. 1960, S. 3). Die Einstellungsakzeptanz lässt sich in drei Komponenten gliedern:

- Die affektive Komponente umfasst bestehende motivational-emotionale Empfindungen.

- Die kognitive Komponente beschreibt die vorhandene Einstellung bezüglich des Akzeptanzobjekts, die durch das verfügbare Wissen und die gedankliche Beurteilung konstruiert wurde.

- Die konative Komponente beschreibt die innere Bereitschaft in Bezug zum Akzeptanzobjekt zu handeln. Jedoch muss nicht zwangsläufig eine aktive Handlung erfolgen.

Die Einstellung der einzelnen Subjekte, die nicht direkt beobachtbar ist, kann motivational-emotional oder rational geprägt sein. Im Allgemeinen werden Einstellungen als relativ dauerhaft angesehen. Das beobachtbare Verhalten, bzw. die Verhaltensakzeptanz, entsteht aus der im Akzeptanzkontext konstruierten Einstellungsakzeptanz der Subjekte. Motivation oder rationale Einsicht bilden also die Absicht ein bestimmtes Verhalten auszuüben.

Zur Untersuchung der Akzeptanz können auch die Einstellungen, die zu einem bestimmten Verhalten führen untersucht werden. Dabei ist vor allem von Interesse welche Faktoren diese Einstellungen und somit das Verhalten beeinflussen.

Die resultierenden Nutzertypen der Verhaltens- und Einstellungsakzeptanz lassen sich in einer Vierfeldtafel, siehe Abbildung 2.3, darstellen (Müller-Böling 1986, S. 28). Die Verhaltensakzeptanz kann dabei als Ergebnis des Verhaltens bezüglich dem Akzeptanzobjekt direkt, die Einstellungsakzeptanz, hier zusammengefasst dargestellt, nur indirekt beobachtet werden.

		Verhaltensakzeptanz	
Einstellungsakzeptanz	ja	1. überzeugter Nutzer	2. verhinderter Nutzer
	nein	3. gezwungener Nutzer	4. überzeugter Nichtnutzer

Abb. 2.3 Nutzertypen: Verhaltens- und Einstellungsakzeptanz

Dabei wird ersichtlich, dass das anzustrebende Ideal, Typ 1 darstellt. Typ 2 könnte durch eine Änderung des Akzeptanzkontextes bzw. des Akzeptanzobjekts in Typ 1 überführt werden. Während das Verhalten von Typ 4 zwar unerwünscht aber dafür stabil ist, kann das Verhalten von Typ 3 zu schwerwiegenden Problemen führen, da dieser Nutzertyp möglicherweise statt einer passiven Ablehnung eine aktive Gegnerschaft, die bis hin zu Sabotage reicht, einnehmen kann.

2.2.4 Der Akzeptanzbegriff in der IS / WI

Im Kontext der Information-Systems Forschung wird das Wort Akzeptanz von Schwarz und Chin untersucht (Schwarz und Chin 2007). Dabei leiten die Autoren fünf Bedeutungsdimensionen der psychologischen Akzeptanz der IT her.

1. To receive:
   In dieser Dimension wird beschrieben, inwiefern es einer Person möglich ist etwas psychologisch anzunehmen. Die physische Annahme kann von der psychologischen Annahme divergieren. So kann ein Objekt übereignet werden, jedoch muss sich der Empfänger nicht automatisch als Besitzer fühlen.

2. To grasp the idea:
Diese Dimension baut auf der voran gegangen Dimension auf. Hier wird nun die Frage gestellt, ob das Objekt intellektuell verstanden wurde. Dies ist nach Ansicht der Autoren der Fall, wenn der Empfänger die Funktionsweise des Objektes kennt, sich im Klaren ist, warum das Objekt an ihn übergeben wurde und inwiefern das Objekt zu Veränderungen führt.

3. To assess the worth:
Die Interaktion mit einem Objekt kommt meist nur zustande, wenn das Individuum dem Objekt einen gewissen Wert beimisst. Wird das Objekt als wertvoll und erstrebenswert betrachtet, steigt auch der Wille zur Interaktion und somit die Akzeptanz. Insbesondere aus Sicht der Wirtschaftsinformatik ist es von Interesse zu untersuchen, inwiefern ein IT-Artefakt im betrieblichen Kontext als nützlich erachtet wird. So räumt Davis in seinem Technologieakzeptanzmodell (TAM) der empfundenen Nützlichkeit eines IT-Artefaktes einen hohen Stellenwert ein (Davis 1989).

4. To be given:
Unter dieser Dimension subsumieren die Autoren das Verhalten der Person bezüglich des IT-Artefaktes. Oft verändert ein IT-Artefakt das Verhalten der beteiligten Personen. Wird diese Verhaltensänderung willentlich und wohlwollend vollzogen, kann davon ausgegangen werden, dass das IT-Artefakt akzeptiert wurde.

5. To submit:
Eine weitere Dimension ist die Unterordnung unter das zu akzeptierende IT-Artefakt. So kann zwar das Verhalten geändert werden, jedoch muss sich der Nutzer nicht mit dem IT-Artefakt identifizieren. Diese Dimension umfasst also eine Verhaltensänderung sowie die Identifizierung mit dem IT-Artefakt.

Auch bei dieser etymologischen Untersuchung fällt auf, dass das Wort Akzeptanz, im Kontext der WI bzw. der IS, in die zwei Hauptkomponenten Einstellung und Verhalten aufgespalten werden kann. Dies wird auch in einer Metastudie von Müller-Böling und Müller (1986) ersichtlich. Bei 20 untersuchten Studien wurde Akzeptanz 9 mal als Verhalten, 4 mal als Einstellung und 6 mal als Handlungsbereitschaft (inkl. Einstellung) definiert. Eine Aufteilung der Akzeptanz in eine Einstellungs- und eine Verhaltenskomponente erscheint also zweckmäßig.

2.2.5 Kritik des Akzeptanzbegriffs

Die bisherigen Ausführungen zeigen, dass sich eine Annäherung an den Begriff der Akzeptanz schwierig gestaltet. Die Gründe liegen auch im Entstehungs- bzw. Verwendungskontext des Wortes. Lucke sieht den Beginn der Verwendungskarriere als Modewort bzw. rhetorische Figur insbesondere in den 1980er Jahren (Lucke 1995, S. 33). So fand der Begriff z. B. erst 1980 Eingang in den Duden. Zwar wird die Verwendung von Modewörtern aus Sicht der Stilkunde oft kritisiert, dennoch eignen sie sich durch ihre Thematisierungsfunktion in einzigartiger Weise dem Geist einer Epoche nahezukommen (Schneider 2011, S. 311). In der Retrospektive verwundert es also kaum, dass der Begriff der Akzeptanz mit seiner Kultur- und Ideengeschichte im Spannungsfeld zwischen Friedensbewegung, Nato-Doppelbeschluss, Waldsterben, und Risikogesellschaft (Beck 1986) Verwendung fand. Die von Beck postulierte Risikogesellschaft ist einerseits ein Modewort selbst, andererseits werden dort Risiken bzw. deren gesellschaftliche Verteilung diskutiert, die im Endeffekt in einem gesellschaftlichen Konsens wiederum akzeptiert werden müssen. Jedes dieser Schlagwörter verkörpert eine Politik oder eine Lebenseinstellung, die von der Akzeptanz der Mehrheitsgesellschaft abhängig ist, bzw. am Fehlen dieser, gescheitert ist. Interessanterweise fallen auch die ersten Arbeiten zum Thema IT-Akzeptanz, wie z. B. das Technologieakzeptanzmodell (Davis 1989) von Davis oder das Rückkopplungsmodell von Reichwald (1978) in diese Zeit. In der Wirtschaftsinformatik sowie der Information-Systems Forschung hatte das TAM den größten Einfluss. Leider legt Davis in seiner Arbeit keine fundierte Definition der Akzeptanz vor, die sicherlich aus heutiger Zeit sehr interessant wäre. Auch in anderen Veröffentlichungen, aus den Bereichen Wirtschaftsinformatik und Information-Systems, gibt es nur rudimentäre Definitionsversuche. Insofern bleibt eine große Lücke zwischen der sprachlichen Präsenz des Wortes in Medien und Forschung und seiner sprachliche Prägnanz. Lucke kritisiert den Begriff der Akzeptanz selbst, da hier eine begriffsanalytische Durchdringung ihrer Meinung nur unzureichend stattgefunden hat (Lucke 1995, S. 37). Problematisch bleibt, dass Akzeptanz und die Messung dieser, eine nicht gegebene mathematische Genauigkeit impliziert. Das kann sich besonders dann negativ auf die Forschung auswirken, wenn nicht in Betracht gezogen wird, dass Akzeptanz ein nicht zeit- und kontextinvariantes Ergebnis eines Prozesses darstellt, der im Spannungsfeld zwischen Objekt, Subjekt und Kontext abläuft. Im Kontext der akzeptanzorientierten Technikforschung weist Grundwald (2003) aufgrund des volatilen Charakters der Akzeptanz auf die mangelnde Prognostizierbarkeit dieser hin.

2.3 Definitionen der Prozessakzeptanz

Nachdem in den Kapiteln 2.2.1 und 2.2.4 der Begriff Akzeptanz in seinen Facetten dargestellt wurde, kann nun eine Arbeitsdefinition der Prozessakzeptanz vorgeschlagen werden. Wie in 2.2.1 dargestellt, kann Akzeptanz Handlungsziel wie auch Handlungsvoraussetzung sein. Für die vorliegende Arbeit bedeutet das, dass Prozessakzeptanz eine Handlungsvoraussetzung darstellt, die überhaupt erst die Kooperation und Interaktion ermöglicht. Liegt diese noch nicht vor, so stellt sich die Gewinnung von Akzeptanz als intendiertes Handlungsziel dar. Dieses stellt die Frage, ob eine prinzipielle Akzeptabilität einer Sache vorliegt, bzw. versucht zu ergründen wie diese hergestellt werden kann.

Ist ein Akzeptanzobjekt akzeptiert, so wird diesem von den Akzeptanzsubjekten eine grundsätzliche affirmative Einstellung und inhaltliche Anerkennung entgegengebracht, da es als legitim erachtet wird. Daher kann Akzeptanz als

> *die Chance, für bestimmte Meinungen, Maßnahmen, Vorschläge und Entscheidungen bei einer identifizierbaren Personengruppe ausdrückliche oder stillschweigende Zustimmung zu finden und unter angebbaren Bedingungen aussichtsreich auf deren Einverständnis rechnen zu können* (Lucke 1995, S. 104)

definiert werden.

Aus den bisherigen allgemeinen Definitionen der Akzeptanz kann die Arbeitsdefinition der Prozessakzeptanz abgeleitet werden:

> *Prozessakzeptanz ist die affirmativ positive Grundeinstellung der Prozessbeteiligten gegenüber einem Prozess. Diese Einstellung resultiert aus einer inneren, rational oder motivational-emotional geprägten Überzeugung, durch die der Prozess gebilligt und inhaltlich in seiner Gesamtheit anerkannt wird. Diese Überzeugung mündet in einem Verhalten, welches einer unveränderten Ausführung des vorgegebenen Prozesses entspricht.*

Existiert ein Mangel an Prozessakzeptanz werden Prozesse verändert ausgeführt oder nicht angestoßen. Es ist denkbar, dass eine veränderte Ausführung zu einem positiven, neutralen oder negativen Prozessergebnis führt. Insbesondere die positive Abweichung, die zu einem besseren Prozessergebnis führt als im Originalprozess vorgesehen, wird gegenwärtig in der BPM-Community diskutiert (Recker 2014). Für die hier vorgestellte Definition der Prozessakzeptanz ist die Richtung der Abweichung nicht ausschlaggebend. Eine positive wie auch eine negative Abweichung indiziert, dass der Prozess in dieser Form nicht akzeptiert wird, da es in beiden Fällen zu Abweichung kommt.

Die Aufgabe Prozesse so zu gestalten, dass sie akzeptiert werden, fällt als normative Handlungsanleitung in den Forschungsrahmen der gestaltungsorientierten Wirtschaftsinformatik (Österle u. a. 2010, S. 3).

3 Theoretische Überlegungen zur Prozessakzeptanz

Im Folgenden soll ein Vorschlag für eine gehaltvolle „Theorie der Prozessakzeptanz“ entwickelt werden. Die Theorie wird dabei über zwei Ansätze hergeleitet. Im ersten Schritt wird deduktiv, ausgehend von den Definitionen und Aussagen des GPM, der Wirtschaftsinformatik und der Akzeptanzforschung die Theorie erschlossen. Danach wird im zweiten Schritt die Theorie induktiv, aus Sicht der betrieblichen Praxis gegenstandsbezogen formuliert (Müllerleile und Nissen 2014). Dies geschieht über die Konstruktion einer Theorie im Sinne der „Grounded Theory“. Aus beiden Ansätzen lassen sich Hypothesen über ein empirisch beobachtbares Phänomen ableiten, die dann im weiteren Forschungsverlauf untersucht und ggf. falsifiziert werden können. Durch die Verwendung beider Ansätze ergibt sich eine robuste Theorie, die sowohl praxisrelevant wie auch theoretisch gehaltvoll ist. Daraus lassen sich überprüfbare und falsifizierbare Aussagen ableiten.

3.1 PA: Deduktion

3.1.1 Das deduktiv-nomologische und probabilistische Modell

Mit dem deduktiv-nomologischen Modell (DN-Modell) (Hempel und Oppenheim 1948) kann deduktiv ein Sachverhalt erschlossen werden. Es besteht dabei aus zwei Elementen, der Explanans und dem Explanandum. Die Explanans ist der erklärende Satz, der aus den Gesetzen $L_1,..., L_n$ und den Bedingungen $C_1,..., C_n$ besteht. Das Explanandum ist der Satz, der das zu erklärende Phänomen beschreibt.

Um mit Hilfe des DN-Modells eine logisch korrekte Schlussfolgerung zu erarbeiten, müssen verschieden Vorbedingungen erfüllt sein. So muss die logische Adäquatheitsbedingung erfüllt sein. Diese besagt, dass das Explanandum eine logische Konsequenz der Explanans darstellt. Des Weiteren muss die Explanans generelle nomologische Aussagen enthalten. Als letzte Voraussetzung hat die Explanans empirisch gehaltvoll zu sein. So muss es möglich sein die erzeugte Schlussfolgerung empirisch, z. B. durch Experimente, zu überprüfen. Neben diesen logischen Voraussetzungen müssen in ähnlicher Weise auch empirische Adäquatheitsbedingungen zutreffen. So müssen alle Sätze der Explanans wahr sein. Dennoch können sich Schlussfolgerungen ergeben die logisch korrekt, jedoch irrelevant sind. Insofern muss die vorgenommene Deduktion auch auf ihre allgemeine Sinnhaftigkeit hin untersucht werden.

T. Müllerleile, *Prozessakzeptanz*, Forschung zur Digitalisierung der Wirtschaft | Advanced Studies in Business Digitization, https://doi.org/10.1007/978-3-658-27103-9_3

Zusammengefasst ergibt sich ein Schema, wie in Abbildung 3.1 dargestellt. Aus den Gesetzen und Bedingungen kann auf den logischen Satz, der das Phänomen beschreibt, geschlossen werden.

$L_{1...n}$ Explanans: Gesetze

$C_{1...n}$ Explanans: Bedingungen

E_1 Explanandum

Abb. 3.1 Allgemeines DN-Modell

Es ist schwierig im Bereich der Wirtschaftsinformatik von nomologischen Aussagen zu sprechen. Vielmehr muss in Betracht gezogen werden, dass die Adäquatheitsbedingung nicht eingehalten werden kann. Neben den fehlenden „Naturgesetzen" in den Sozialwissenschaften sind viele Phänomene nicht streng deterministisch. Diese Probleme können mit einem probabilistischen Ansatz gelöst werden. Humphreys schlägt dazu das Modell probabilistischer Kausalerklärungen vor (Humphreys 1989). Insgesamt werden in diesem Modell die deterministischen und präzisen Gesetzesannahmen und Vorgaben des DN-Modells gelockert.

Eine Erklärung dieses Modells hat die Struktur: Y in S zur Zeit t (tritt auf, lag vor) aufgrund von F trotz I.

Y: Die Variable Y steht für einen Ausdruck, der sich auf eine Eigenschaft (oder Änderung dieser) bezieht.

S: Die Variable S steht für das zu betrachtende System.

F: F ist eine nicht-leere Liste von Ausdrücken, die sich auf zu Y beitragende Ursachen beziehen.

I: I ist eine Liste von Ausdrücken, die sich auf Y entgegenwirkende Ursachen beziehen. Diese Liste kann auch leer sein.

Die im DN-Modell enthaltenen Gesetze und Bedingungen finden sich hier in den Listen F bzw. I wieder.

3.1.2 Probabilistische Erklärung der Prozessakzeptanz

Im Folgenden soll versucht werden eine schlüssige probabilistische Deduktion der „Theorie der Prozessakzeptanz" aus allgemeinen anerkannten Aussagen zu unternehmen. Ziel ist es, das Phänomen der Prozessabweichung bzw. „warum Prozesse nicht gelebt werden", zu erklären. Sicherlich kann angenommen werden, dass zum gegenwärtigen Zeitpunkt die Wirtschaftsinformatik noch keine generell gültigen Gesetze und Theoriekerne hervorgebracht hat (Becker und Pfeiffer 2006b, S. 13). Dennoch können universelle Aussagen (Hempel und Oppenheim 1948, S. 153), auch wenn diese noch unpräzise sind, dazu verwendet werden das zu untersuchende Phänomen in das allgemeine Aussagensystem der geöffneten Sozialwissenschaften zu integrieren (ebd. 1948, S. 141).

Das zu betrachtende System S stellt einen Prozess dar. Während der Prozess durchgeführt wird, bildet bzw. verändert sich die Akzeptanz (Y) bezogen auf den Prozess.

Dazu können für die Liste F Aussagen über das Wesen von Geschäftsprozessen und Akzeptanz herangezogen werden.

Wie Melão und Pidd (2000) darlegen, handelt es sich bei Prozessen, neben ihrer Eigenschaft als deterministische Maschine, auch um ein soziales System, d.h. ein Prozess läuft in Interaktion mit der Umwelt ab und ist somit auch externen Variablen ausgesetzt. Daraus lassen sich folgende generelle Aussagen ableiten und diese in Liste F aufnehmen:

- Alle Prozesse sind soziale Systeme, die mit ihrer Umwelt interagieren. D. h. die Umwelt wirkt auf dem Prozessablauf ein.

- Aus dieser Interaktion ergeben sich, z. B. durch Störungen, Veränderungen im Prozessablauf.

Eine dieser auf den Prozess einwirkenden Variablen ist die (Nicht-) Akzeptanz, die wie in Kapitel 2.2.1 dargelegt, subjektbezogen dem Akzeptanzobjekt zuerkannt wird. Folglich wird dem Akzeptanzobjekt Prozess von einem Akzeptanzsubjekt, hier der Prozessteilnehmer, diese zu- oder abgesprochen. Aus den bisherigen Ausführungen können folgende Aussagen extrahiert werden.

- Subjekte weisen Objekten, in einem gegebenen Kontext und unter Berücksichtigung ihrer Eigenschaften, Akzeptanz zu.
- Akzeptanz wirkt sich positiv auf Handlungen in Zusammenhang mit dem Akzeptanzobjekt aus.
- Je weniger Akzeptanz einem Objekt zugewiesen wird, umso unwahrscheinlicher ist es, dass alle notwendigen Handlungsvoraussetzungen gegeben sind. Es kommt zu Widerstand oder Ablehnung bezüglich des Objekts.

Des Weiteren können in Liste F folgende Aussagen aufgenommen werden:

- Der Prozess wurde in (bzw. nicht in) einer formalen Sprache modelliert.
- Die GoM wurden (bzw. nicht) eingehalten.

In die Liste I könnten Aussagen aufgenommen werden, die einer Veränderung der Akzeptanz (Y) entgegenwirken. Derzeit ist diese Liste leer.

Es lässt sich somit folgende Erklärung für das Phänomen der Prozessabweichung formulieren:

Eine Prozessabweichung erfolgt, wenn auf einen Prozess (S) während (t) der Durchführung Variablen einwirken, die die Akzeptanz (Y) des Prozesses negativ beeinflussen, obwohl dieser u.U. korrekt modelliert wurde (F).

Aus dieser Erklärung lässt sich auch auf das weitere Vorgehen schließen. Es ist notwendig die Variablen zu identifizieren und deren Effektstärken zu bestimmen, die die Bildung der Akzeptanz bezogen auf Prozesse beeinflussen. Dazu bedarf es eines geeigneten Messinstruments zur Erfassung der Prozessakzeptanz. Gleichzeitig ergibt sich auch eine Falsifizierungsbedingung, da nun eine Forschungshypothese formuliert werden kann. Diese lautet:

> *Je mehr Akzeptanz ein Prozess erfährt, desto weniger Variablen wirken sich negativ auf die Durchführung aus. Daraus ergeben sich weniger Prozessabweichungen.*

Für die vorliegende Arbeit ergibt sich daraus auch der Arbeitsauftrag diese Variablen, die die Akzeptanz bzw. Nichtakzeptanz beeinflussen, zu entdecken und zu überprüfen.

Daraus folgt die (globale) Unterschiedshypothese. Gibt es bei Veränderung der Variablen keine Änderung in der Akzeptanz, kann die Nullhypothese nicht verworfen werden. Neben dieser globalen Hypothese können auch weniger globale Hypothesen, die nur die einzelnen Variablen abdecken, formuliert werden. Daraus kann das spätere Experimentaldesign und die statistischen Tests abgeleitet werden.

3.2 PA: Induktion

3.2.1 Grounded Theory

Der Ansatz der gegenstandsbezogenen Theoriebildung, die auch als „Grounded Theory" (GT) (Glaser und Strauss 1999) bezeichnet wird, ermöglicht es aus vorhandenen Datensätzen induktiv neue Theorien zu formulieren. Dazu stellt die GT verschiedenen Methoden zur Erschließung von Daten, deren Analyse und zur Konstrukterstellung bereit. Im Vergleich zu anderen Ansätzen beginnt der GT-Forschungsprozess ohne die explizite Formulierung einer Hypothese. Die GT hat das Ziel gehaltvolle Theorien zu entwickeln, die stark mit dem Forschungsgebiet verbunden sind. Diese „gehaltvollen Theorien" können dann im Anschluss verwendet werden um eine allgemeingültige Theorie zu entwickeln. Der ganze Forschungsprozess hat dabei einen dynamischen Charakter. So führt die Datenerfassung zur Analyse, auf der die Theoriebildung aufsetzt. Dieser Prozess ist iterativ, da mit jeder neuen Datenquelle der Prozess neu durchlaufen wird und so im Endeffekt auch die Theorie angepasst wird. Das übergeordnete Ziel der GT ist es, eine in der Empirie begründete Theorie zu formulieren. Dazu können verschiedenste Datenquellen, wie z.B. Fallstudien, Ereignisse oder auch quantitative oder qualitative Rohdaten herangezogen werden. Im Gegensatz zu quantitativen empirischen Methoden fordert die GT keine repräsentative Stichprobe. Im Forschungsprozess der GT wird vielmehr ein „theoretisches Sampling" verwendet. Unter diesem versteht man, dass Daten aktiv ausgewählt werden um das Auftreten oder die Abwesenheit des untersuchten Phänomens zu zeigen (Corbin und Strauss 2015).

Der Analyseprozess besteht aus mehreren Schritten. Zuerst werden die in den Daten vorhandenen Konzepte extrahiert. Im späteren Verlauf kann aus diesen Konzepten die Theorie formuliert werden. Des Weiteren werden die Konzepte zu Kategorien aggregiert. So können die Konzepte auf einer höheren Ebene zusammengefasst werden. Als letzter Schritt werden aus den Beziehungen der Konzepte und Kategorien untereinander, Theoriepropositionen formuliert.

Insofern kann durch die Anwendung der GT-Ansatzes das zugrunde liegende Verhalten des zu untersuchenden Phänomens beschrieben werden. Dies geschieht durch die Bildung der Theoriepropositionen.

Aus erkenntnistheoretischer Sicht sehen sich insbesondere qualitative Methoden einer starken Kritik ausgesetzt. Die GT, die ihrerseits stark kritisiert wurde (Thomas und James 2006), versucht diese Kritik durch die Bereitstellung eines umfassenden Forschungsrahmenwerkes abzumildern. Qualitative Methoden werden häufig im Kontext der GT eingesetzt. Dies ist jedoch nicht zwingend notwendig, da die GT keine Forschungsmethode ausschließt. Daher werden im Folgenden verschiedene Methoden verwendet um induktiv eine Theorie der Prozessakzeptanz zu formulieren. Die verwendeten Methoden umfassen dabei eine qualitative Inhaltsanalyse, quantitative Kennzahlen und eine Prozessmodellierung.

In der Wirtschaftsinformatik und der IS-Forschung werden Forschungsansätze, die auf der GT basieren, eingesetzt. Im Forschungsbereich GPM ist dies jedoch eher unüblich. Durch die Anwendung der GT im vorliegen Kontext soll eine methodenadäquate (Edmondson und McManus 2007) Theorie vorgeschlagen werden, auf der eine zukünftige Forschungsagenda aufgebaut werden kann. Dies soll durch die Verwendung verschiedener öffentlich verfügbarer Datenquellen und Methoden geschehen. Dadurch kann ein in den Daten enthaltenes sozio-ökonomisches Phänomen im GPM-Bereich aufgezeigt werden. Im vorliegenden Kontext wurde aus verschiedenen Gründen auf einen GT basierten Ansatz zurückgegriffen. Da noch keine Theorie über das Untersuchungsobjekt vorliegt, kann die GT hier ihre Stärken ausspielen (Martin und Turner 1986) und zur Theorieformulierung beitragen. Des Weiteren steht die Interpretation und Konstruktion der Realität durch das Individuum, das unter dem Einfluss von Geschäftsprozessen steht, im Vordergrund der Untersuchung (Glaser und Strauss 1999). So kann mit Hilfe der GT aus gesammelten empirischen Daten ein interessantes Phänomen beschrieben werden und im Anschluss eine Therieproposition formuliert werden. Als Resultat liegt ein Ergebnis auf einer höheren Abstraktionsebene vor.

3.2.2 Datenquellen und Analysemethode

Der Ansatz der GT verfolgt das Ziel, die in den Daten vorhandenen Informationen zu konzeptionalisieren. Im vorliegenden Fall geschieht dies durch eine qualitative Inhaltsanalyse und Prozessmodellierung. Darauf aufbauend werden Kategorien gebildet, auf die sich die Proposition stützt. Die vorliegenden Daten stammen aus öffentlich zugänglichen Quellen. Das Bezugsobjekt ist die britische Billigfluglinie easyJet PLC, die überwiegend innereuropäische Flüge anbietet. Das beobachtete Phänomen ist die Veränderung des Sitzzuweisungssystems im Flugzeug. Dieses wurde von einer freien Sitzplatzwahl im Flugzeug auf ein vorgeplantes Reservierungssystem umgestellt. Genauer bedeutet dies, dass ein Passagier vor dieser Änderung die Möglichkeit hatte sich nach Belieben einen Sitzplatz im Flugzeug auszusuchen. Nach der Änderung wird jedoch schon bei der Buchung ein Wunschsitzplatz, verbunden mit einem Aufpreis, oder ein normaler Sitzplatz dem Reisenden zugeordnet. Eine freie Platzwahl ist also nicht mehr möglich.

Tab. 3.1 Verwendete Rohdaten

Rohdatentyp	Anzahl Fälle
Nachrichtenartikel (Interview/Video)	2
Unternehmensnachrichten	1
Bilanzen	2
Kommentare	147
Am besten bewertete Kommentare	20
Am schlechtesten bewertete Kommentare	20

Als Datenquellen für die Inhaltsanalyse wurden Finanzdaten (EasyJet plc 2013), Unternehmensnachrichten (Moore 2012) und Interviews mit der Vorstandsvorsitzenden (BBC News 2013), wie in Tabelle 3.1 dargestellt, ausgewertet . Darauf aufbauend wurden zwei Prozessmodelle erstellt, die die enthaltene Information abbilden und zur Theoriekonstruktion beitragen. Das erste Modell bildet den Zustand der freien Platzwahl ab, das zweite entspricht dem neu eingeführten Reservierungssystem. Interessanterweise wurde diese Änderung in vielen Medien aufgegriffen. Daher wurden Nutzerkommentare zu diesen Artikeln gesammelt und ausgewertet. Dadurch wird es möglich die Reaktionen möglicher oder tatsächlicher Kunden einzuschätzen und mit den anderen Datenquellen zu vergleichen. Von 201 Kommentaren, die bei einem Onlineartikel über die Änderung des Reservierungssystems hinterlegt waren, konnten 147 technisch abgerufen und ausgewertet werden. Davon mussten 23 Kommentare von der Analyse ausgeschlossen werden, da diese keinen Bezug zum Thema aufwiesen. Zusätzlich wurden die am besten und schlechtesten bewerteten Kommentare abgerufen und sofern noch nicht in den Daten enthalten, den Daten hinzugefügt.

Datenanalyse

Die Daten wurden zuerst innerhalb ihrer Rohdatenkategorie analysiert und im weiteren Verlauf mit den anderen Analyseergebnissen, über die verschiedenen Datentypen hinweg, verglichen. Dieses Vorgehen ermöglichte das Aufdecken von Unterschieden und Gemeinsamkeiten. Als Analyseverfahren wurden „Open Coding" eingesetzt. Jedem Satz wurde mit einer Kodierung, die die Essenz des Satzes kapselt, versehen. Dadurch werden die Rohdaten in analysierbare Daten umgewandelt. Diese Codes werden als „discrete happenings, events, and other instances of phenomena" (Strauss 1990, S. 61) beschrieben. Insofern verbindet die Kodierung die gesammelten Daten mit der später zu erstellenden Theorie (Charmaz 2006). Insgesamt wurden etwa 100 verschiedene Codes produziert. Da die Kommentare der Nutzer oft kurz waren und als einzelner Fall aufgefasst wurden, konnte auf die Anfertigung von Memos verzichtet werden (ebd. 2006). In einem weiteren Schritt wurden axiale Codes, die die Beziehungen der bisher entdeckten Codes beschreiben, entwickelt. Im Anschluss wurden die so gewonnenen Codes weiter analysiert um die in der Untersuchungseinheit enthaltene Kerninformation als Konzept zu verdichten und zu kategorisieren. Dabei ist zu beachten, dass die beschriebenen Kategorien nicht notwendigerweise vollständig sind. Aus den so gewonnenen Konzepten, lässt sich im weiteren Verlauf die Theorie entwickeln.

3.2.3 Inhaltsbeschreibung der Daten

Unternehmenssicht:

Im Rahmen der Bilanzdatenveröffentlichung von easyJet, gab deren Vorstandsvorsitzende McCall ein Interview, in der sie die Auswirkungen der neuen Sitzplatzvergabe beschreibt:

Tab. 3.2 Bewertung der Nutzerkommentare

Typ	Anzahl	Bewertung +	Bewertung −
Befürwortung der neuen Sitzvergabe	52	969	163
Ablehnung der neuen Sitzvergabe	13	145	87
Ohne Bezug	48	-	-

„We've also reallocated seating, all the way across the airline, so you can now choose to pay a little bit extra to get an extra leg room seat or any seat you want or a window seat or an aisle seat or whatever. This has gone down very very well with our passengers. We done a lot of things to the business passenger, flexi-fares are taking of. That means you can change your flight right up to the last minute, up to two hours before..."

In einem weiteren Interview fügt sie hinzu:

"There is no question there has been an increase in people who refused to even contemplate flying easyJet beforehand."

Ihre Aussagen werden durch die von easyJet plc herausgegebenen Bilanzdaten untermauert. Darin gibt easyJet bekannt, dass der Ertrag um 50% gesteigert werden konnte. Teile dieses Zuwachses lassen sich, laut McCall, auf die Änderungen der Sitzplatzvergabe zurückführen. Insgesamt konnte easyJet die Gesamtanzahl der Passagiere steigern. Gleichzeitig erhöhte sich das Durchschnittsalter von 38 auf 42 Jahre. Laut Aussage von easyJet ist ein höheres Durchschnittsalter für das Unternehmen erstrebenswert, da ältere Passagiere eher geneigt sind zusätzlich Geld an Bord auszugeben. Insgesamt nahmen 25% aller Kunden die Möglichkeit wahr, einen Wunschsitzplatz zu erwerben.

Kundensicht:

Die Reaktion der Öffentlichkeit lässt sich gut mit Hilfe einer Sentimentanalyse der öffentlich zugänglichen nutzergenerierten Nachrichtenkommentare erfassen (Campbell 2013). Wie in Tabelle 3.2 dargestellt, empfindet die Mehrzahl der Kommentatoren die Änderung bezüglich der Sitzplatzvergabe als positiv. Die Nachrichtenseite erlaubt den Nutzern, durch die Verwendung grüner und roter Pfeile, die Bewertung der Kommentare. Grüne Pfeile können dabei als Befürwortung des Kommentars, rote Pfeile als Ablehnung des Kommentars interpretiert werden. Insgesamt wurden 650 negative und 2118 positive Pfeile von den Nutzern vergeben. In besonderem Maße wurden Kommentare positiv bewertet, die die neue Sitzplatzvergabe lobend kommentierten. So erhielten Kommentare die sich positiv über die neue Vergabepraxis äußerten 960 positive und 163 negative Pfeile, während negative Kommentare 145 mal positiv und 87 mal negativ bewertet wurden. Insgesamt kann so die allgemeine Stimmung analysiert werden. Mehrheitlich sahen die Kommentatoren und Nutzer der Nachrichtenseite die neue Sitzplatzvergabe als positiv an. Dennoch muss konstatiert werden, dass es unterschiedliche Gründe für die Bewertung eines Kommentars, neben der inhaltlichen Übereinstimmung, geben kann. Auch kann die Stichprobe keinen Anspruch auf Repräsentativität erheben. Daher werden im vorliegenden Kontext die Daten nur deskriptiv untersucht.

Prozessmodell:

Aus den Datenquellen konnten des Weiteren zwei Prozessmodelle deduziert werden. Das erste Modell, in Abbildung 3.2, beschreibt den Boardingprozess bevor das neue Sitzplatzvergabesystem eingeführt wurde, das zweite Modell in Abbildung 3.3 beschreibt den Sachverhalt nach der Änderung. Als Modellierungssprache wurde die ereignisgesteuerte Prozesskette EPK verwendet, jedoch konnte keine Möglichkeit gefunden werden Interdependenzen zwischen den einzelnen Instanzen kenntlich zu machen. Beide Prozessmodelle sind vereinfachte Darstellungen und beschreiben den Prozess in der Art und Weise, wie ein Passagier den Prozess erlebt.

Es kann dabei angenommen werden, dass die Prozesse in Wirklichkeit deutlich komplexer sind. Es ist offensichtlich, dass der neue Boardingprozess weniger Interaktion zwischen den einzelnen Passagieren erfordert. Der Kommunikationsaufwand zwischen dem Passagier und der Fluglinie ist jedoch etwas höher. Dieser beschränkt sich auf eine zusätzliche Eingabe während der Buchung falls ein Wunschsitzplatz gebucht werden soll. Möchte der Kunde keinen Wunschsitzplatz reservieren entfällt dieser Schritt, da Sitzplatznummern nun automatisch zugewiesen werden. Es kann also die Aussage getroffen werden, dass die Reduktion der interdependenten Interaktionen sich positiv auf die Wahrnehmung des Prozesses aus Kundensicht auswirkt. Allerdings bedeutet das alte System weniger Aufwand für easyJet. Möglicherweise muss das Unternehmen auch mehr Zeit für den Boardingprozess in Kauf nehmen. Aus Simulationen geht hervor, dass ein Boardingprozess

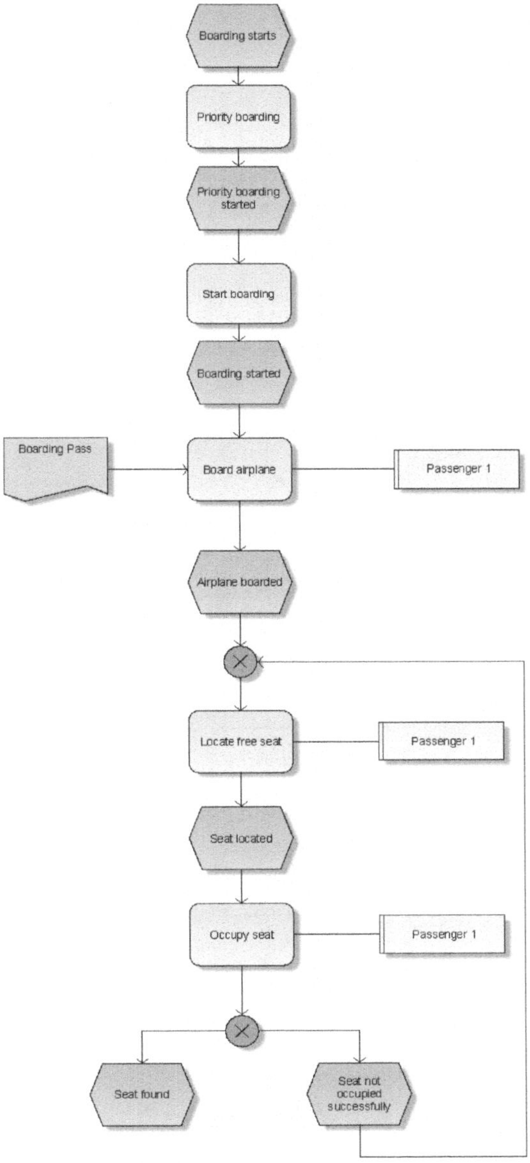

Abb. 3.2 Deduzierter Boardingprozess vor der Veränderung der Sitzplatzvergabe

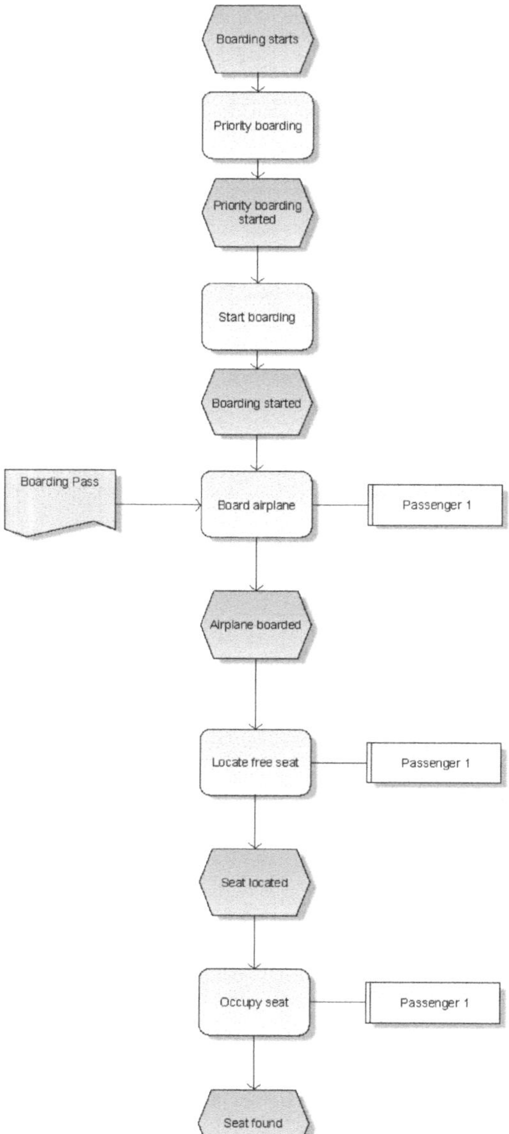

Abb. 3.3 Deduzierter Boardingprozess nach der Veränderung der Sitzplatzvergabe

ohne zugewiesene Sitzplätze im Vergleich zu anderen Verfahren deutlich schneller abläuft (Bachmat u. a. 2009). Auch scheint der Kunde dem Boardingprozess mehr Aufmerksamkeit zu widmen als dem Buchungsprozess, auch wenn in diesem ein weiterer Dateneingabeschritt notwendig ist.

3.2.4 Ergebnis aus Unternehmensperspektive

Die folgenden Konzepte sind aus Unternehmensperspektive relevant für die Einführung des neuen Prozesses.

Kunden:

EasyJet bietet Transportdienstleistungen für Privat- und Geschäftskunden an. Beide Kundengruppen sollen über Kundenbindungsprogramme an die Fluglinie gebunden werden. Strategisch wird dabei die Preisführerschaft und die Wahlmöglichkeiten betont. Die Äußerungen der Vorstandsvorsitzenden McCall lassen darauf schließen, dass die Änderung der Sitzplatzvergabe als Reaktion auf Kundenwünsche zu verstehen ist. Gleichzeitig gab das Unternehmen bekannt, dass die neue Sitzplatzvergabe positiv von den Kunden angenommen wird.

Unternehmensstrategie:

Als börsennotiertes Unternehmen ist easyJet bestrebt im Sinne der Anleger zu handeln. Kundenbindung und eine hohe Kundenzufriedenheit können einen Beitrag leisten die Unternehmensziele zu erreichen. Daher sind Pünktlichkeit und niedrige Preise zentrale KPIs. Das neue Sitzplatzreservierungsystem darf daher diese KPIs nicht negativ beeinflussen.

Einführung der neuen Sitzplatzvergabe:

Wie durch das Management dargestellt wurde, führte der alte Boardingprozess zu einer niedrigen Kundenzufriedenheit, die darin mündete, dass Kunden andere Fluglinien bevorzugten. Durch die Marketingabteilung konnte das Problem identifiziert werden. In einem Testlauf wurde das neue Sitzplatzvergabesystem in ausgewählten Flügen getestet. Nachdem sich die Kunden positiv darüber äußerten, wurde der neue Prozess für alle Flüge übernommen. Die Unternehmensperspektive ist dabei konsistent mit den Nutzerkommentaren. Nachdem der neue Prozess eingeführt wurde, konnten die Unternehmensziele, also eine hohe Pünktlichkeit bei niedrigen Preisen, weiterhin erreicht werden.

3.2.5 Ergebnis aus Kundenperspektive

Die folgenden Konzepte sind aus Kundenperspektive relevant für die Einführung des neuen Prozesses.

Situation vor der Prozessänderung:

Kunden waren mit den alten Bedingungen unzufrieden. Viele Nutzer gaben an, dass sie selbst das Management über diese Missstände informiert hatten. Viele Kunden fühlten sich durch den alten Prozess einem erhöhten Stress ausgesetzt. Gleichzeitig fühlten sich viele respektlos behandelt. Insbesondere wurde die intensive Interaktion mit anderen Passagieren, die nötig ist einen adäquaten Sitzplatz, beispielsweise für eine Gruppe oder Familie zu finden, negativ aufgefasst.

Situation nach der Prozessänderung:

Allgemein wurde die Veränderung des Boardingprozesses sehr positiv aufgenommen. Insgesamt wurde die Änderung als Verbesserung betrachtet. Viele Kunden brachten zum Ausdruck, dass sie jetzt wieder mit easyJet fliegen bzw. dem Unternehmen eine zweite Chance geben würden. Des Weiteren wurde der Veränderung eine gewisse Signalwirkung für den gesamten Markt zugesprochen. Viele Kommentatoren gehen davon aus, dass andere Fluglinien ihre Prozesse dementsprechend anpassen werden. Viele Nutzer brachten in ihren Kommentaren auch ihre Geringschätzung des Managements zum Ausdruck, da viele die Änderung als offensichtlich ansahen. Auch fiel es negativ auf, dass der neue Prozess erst auf Druck bzw. Anregung der Kunden implementiert wurde.

3.2.6 Die gegenstandsbezogene „Theorie der Prozessakzeptanz"

Das beschriebene Phänomen zeigt, wie eine kleinere Änderung große Auswirkungen auf die Wahrnehmung eines Prozesses aus Kundensicht haben kann. In diesem Falle konnte die Kundenzufriedenheit deutlich erhöht werden. Diese Verbesserung hatte wiederum Auswirkungen auf die Profitabilität des Unternehmens. Dem gegenüber steht der Aufwand den neuen Prozess in den IT-Systemen zu implementieren. Die IT-Systeme müssen nun die Sitzplatzverwaltung unterstützen.

Möglicherweise müssen noch weitere Prozesse, wie z.B. ein Umbuchungsprozess, umgestaltet werden. Der neue Prozess verlängert möglicherweise auch die Zeit, die benötigt wird, den Boardingprozess durchzuführen. Insgesamt wurde der alte Prozess jedoch als sehr aufreibend und unangenehm empfunden. Diejenigen Passagiere, die den Prozess nicht akzeptierten, konnten diesen jedoch nicht umgehen oder abändern. Aus Kundensicht kamen zwei Lösungen in Betracht. Keinen Flug anzutreten bzw. ein anderes Transportmittel zu wählen, oder bei einer anderen Fluglinie mit einem weniger aufreibenden Boardingprozess zu buchen. Das Ergebnis ist für das Unternehmen dahingehend erstaunlich, dass hier ein nicht akzeptierter Prozess direkt das Unternehmensergebnis negativ beeinflusst.

Insgesamt kann festgehalten werden, dass Prozesse aus Nutzersicht Eigenschaften besitzen. Diese Eigenschaften resultieren direkt aus dem Prozessdesign und werden von den Prozessnutzern bewertet bzw. erfahren. Alle Eigenschaften der Prozesse führen zur Nutzerentscheidung ob der Prozess akzeptiert oder abgelehnt wird. Wird ein Prozess nicht akzeptiert ist es unwahrscheinlich, dass der Prozessnutzer diesen (wieder) anstößt, z.B. einen Flug bucht oder abweichend ausführt. Hierbei sei erwähnt, dass die maximale abweichende Ausführung eines Prozesses die Nichtausführung darstellt. Als Resultat führt eine geringe Prozessakzeptanz zu einer geringeren Nachfrage und somit zu einer geringeren Profitabilität.

Es kann also folgende Theorieproposition entwickelt werden :

> *Die Eigenschaften der Prozesse werden u.a. durch die Prozessmodellierung bestimmt. Eine Ablehnung oder inhaltliche Anerkennung folgt über die Bewertung der Eigenschaften durch die Prozessnutzer. Wird als Ergebnis der Prozess nicht akzeptiert, wird dieser durch den Prozessnutzer umgangen oder nicht (wieder) ausgeführt.*

Es ergibt sich also folgende Forschungsfrage:

> *Welche Variablen wirken auf die Akzeptanz von Prozessen?*

Interessanterweise kommt es in dem beschriebenen Sachverhalt auch zu einem Zielkonflikt zwischen einem schnellen und einem akzeptierten Boardingprozess. Zwar wäre der Prozess ohne feste Sitzplatzreservierungen schneller und somit ökonomisch sinnvoller, jedoch würde so die Kundenzufriedenheit sinken und den Unternehmenserfolg langfristig gefährden. Als Variable konnte die Interdependenz identifiziert werden, die einen Einfluss auf die Prozessakzeptanz hat. Da der Kunde in diesem Beispiel verschiedenen Prozessen ausgesetzt war, wie z.B. dem Online-

Buchungsprozess und dem Boardingprozess, muss konstatiert werden, dass die Kundenzufriedenheit von diesen Prozessen unterschiedlich stark beeinflusst wird. Mit dem neuen Boardingprozess müssen verschiedene IT-Systeme und Buchungsprozesse verändert und erweitert werden. Diese Veränderungen, die sich teilweise in einem Mehraufwand für den Kunden niederschlagen, scheinen einen geringeren Einfluss auf die Kundenzufriedenheit zu haben als der physische Boardingprozess. Insofern sollte auch untersucht werden, inwiefern der Einfluss physischer und virtueller Prozessschritte auf die Prozessakzeptanz wirkt und ob bzw. wie stark sich die Effekte unterscheiden.

3.2.7 Kritische Bemerkungen zum Einsatz der GT

Die GT sieht sich, als qualitative Forschungsmethodik, verschiedener Kritik ausgesetzt. So müssen die theoretischen sowie die Probleme während der Durchführung diskutiert werden.

Die hier dargestellte Untersuchung könnte von einem erhöhten Stichprobenumfang profitieren. Gleichzeitig könnten andere Anspruchsgruppen, wie z. B. Mitarbeiter der Fluggesellschaft, in die Untersuchung miteinbezogen werden. Dadurch könnte die in der GT geforderte Sättigung in einem größeren Umfang erreicht werden. Als Datenquelle dienten Kommentare in einem Online-Forum. Zusätzlich könnte, durch weitere qualitative empirische Verfahren, wie z. B. Interviews, die Datenlage verbessert werden. Des Weiteren stützt sich die Untersuchung auf unvollständigen Informationen. Ein genauerer Einblick in die Funktionsweise der Fluggesellschaft wäre hilfreich gewesen.

Aus theoretischer Sicht wird die GT aus verschiedenen Richtungen kritisiert. Einen guten Überblick geben Thomas und James (Thomas und James 2006). Die Autoren kritisieren dabei, dass die GT u.a. durch die Verwendung irreführender Begriffe, dem Forscher eine erkenntnistheoretische Scheinsicherheit vortäuscht. Insbesondere der Theoriebegriff der GT wird kritisiert. Die Autoren stellen die Frage, ob eine Theorie wirklich kreativ entdeckt werden kann. Darüber hinaus sei insbesondere die Forderung von Strauss und Corbin nach einem unvoreingenommenen Forscher nicht haltbar, da Annahmen über die Umwelt, bzw. den Forschungsgegenstand, allgegenwärtig seien.

Während die Kritik an der Durchführung durch weitere empirische Arbeiten ausgeräumt werden kann, ist dies bei der theoretischen Kritik nicht ohne weiteres möglich. Die vorliegende Arbeit versucht daher, neben einer induktiven Theoriebildung mittels der GT, auch eine deduktiv-nomologische, bzw. probabilistische, Theorie zu formulieren und diese später auch in Grundzügen zu testen.

Bei aller berechtigten Kritik an der GT, sollte jedoch nicht übersehen werden, dass die Leistung der GT auch darin besteht ein Vorgehensmodell für die qualitative Forschung bereitzustellen. Dieses trägt dazu bei, eine nachvollziehbare, replizierbare, qualitative Untersuchung durchzuführen.

3.3 Akteure im Spannungsfeld der Prozessakzeptanz

In der Realität werden Prozesse von verschiedenen Akteuren durchgeführt bzw. vorgegeben. Diese umfassen auf der Makroebene den Staat, die Unternehmen sowie die Konsumenten. Die Vorgabe bzw. die Durchführung von Prozessen ähnelt dabei der Rollenteilung der Prinzipal-Agenten Theorie. Der Prinzipal gibt den Prozess vor, der Agent soll ihn ausführen bzw. wird diesem ausgesetzt. Tabelle 3.3 fasst alle möglichen Prozessbeziehungen, ähnlich der Klassifikation der Austauschbeziehungen des „e-Business", zusammen. Die grau hinterlegten Felder weisen auf Beziehungen hin, die recht unwahrscheinlich sind. So ist es unwahrscheinlich, dass ein Konsument oder ein Unternehmen dem Staat einen Prozess vorgibt, den die Administration ausführen muss.

Tab. 3.3 Prozesskombinationen

		Ausführende Partei		
		Staat (A)	Unternehmen (B)	Konsument (C)
Vorgebende Partei	Staat (A)	P-A2A	P-A2B	P-A2C
	Unternehmen (B)	P-B2A	P-B2B	P-B2C
	Konsument (C)	P-C2A	P-C2B	P-C2C

Gleichzeitig sind die Rollen fließend, ein Agent kann seinerseits einen Prozess vorgeben. Auch kann ein Prinzipal zu einem Agenten werden und einen Prozess durchlaufen. Daraus folgt, dass alle Akteure je nach Rolle in der Lage sind den Ablauf des Prozesses zu verändern bzw. zu verletzen. Eine solche Änderung würde eine mangelhafte Prozessakzeptanz indizieren. Auf der Mikroebene kommt die Rolle des Mitarbeiters hinzu, der den Prozess durchführt oder diesem ausgesetzt ist. Natürlich werden Prozesse auch von Mitarbeitern ausgearbeitet und vorgegeben, jedoch soll diese Rolle hier der abstrakten Entität zugeordnet werden.

Des Weiteren gibt es in einem Unternehmen verschiedene Prozessbeteiligte. Diese werden in den Prozesskunden, Prozessnutzer und Prozessverantwortliche unterteilt. Prozesskunden können dabei aus Organisationssicht interne oder externe Kunden darstellen. Prozessnutzer sind diejenigen Mitarbeiter, die den Prozess nutzen oder ausführen. Der Prozessverantwortliche ist für den Prozess verantwortlich und überwacht die Erstellung, Durchführung und mögliche Verbesserungen (Fischermanns 2006, S. 402f). Insgesamt können diese Rollen sich oft überlappen bzw. sich noch weiter aufteilen. Beispielsweise kann dem Prozessverantwortlichen ein Modellierungsexperte zur Seite gestellt werden. Neben diesen Rollen gibt es weitere Anspruchsgruppen, wie z.B. Mitarbeiter der Führungsebene oder Eigentümer bzw. Investoren. Alle Beteiligten können dabei eine andere Art der Prozessakzeptanz haben. Während Prozessnutzer an einem einfachen Prozess interessiert sind, haben Führungskräfte ein gesteigertes Interesse an einem aussagekräftige Prozessreporting. Ein Prozess kann also von verschiedenen Anspruchsgruppen unterschiedlich akzeptiert werden.

Im Rahmen dieser Arbeit konnten verschieden gelagerte Prozessabweichungen identifiziert werden. Diese sollen im Folgenden deskriptiv beschrieben werden. Sie zeigen welche Entität den Prozess vorgibt und welcher Akteur diesen, aufgrund mangelnder Prozessakzeptanz, verletzt.

Sofern möglich sollen die Überlegungen und Handlungsalternativen des Agenten untersucht werden. Eine Zusammenfassung liefert Tabelle 3.4.

Zoll: Umgehung / Schmuggel

Ein Mitarbeiter eines Maschinenbauunternehmens berichtete anonym, dass die Probleme mit dem Zoll in einem asiatischen Land der Geschäftsleitung bekannt waren. Insbesondere die schleppende Abfertigung und die damit einhergehende Bestechung wurden als Problem identifiziert. Als Abhilfe wurde der komplette Verzollungsprozess bei kleineren Ersatzteilen im Auftrag der Firma umgangen.

Tab. 3.4 Rollen und Prozessakzeptanz

Prozess Prinzipal	Prozess Agent	Verletzende Partei	Beispiel
Staat	Unternehmen	Staat	Zoll: Abfertigung / Bestechung
Staat	Unternehmen	Unternehmen	Zoll: Umgehung
Staat	Kunde	Kunde	Dosenpfand
Unternehmen	Kunde	Kunde	Boardingprozess (s. Kapitel 3.2)
Unternehmen	Mitarbeiter	Mitarbeiter	Einzelhandel: Kasse I

Das bedeutete, dass Mitarbeiter wichtige Ersatzteile auf ihren Flügen in ihrem Privatgepäck transportierten.

Einzelhandel: Kasse I

Die Preise vieler Waren werden in Supermärkten untertägig angepasst. Insbesondere verderbliche Lebensmittel wie Obst und Gemüse werden oft zu reduzierten Preisen angeboten. Teilweise verbleiben in den Kassensystemen jedoch die alten Preise. Dies hat zur Folge, dass ein Produkt, dessen neuer Preis nicht im Kassensystem hinterlegt ist, als ein anderes Produkt abgerechnet wird. Beispielsweise werden reduzierte Birnen als Äpfel abgerechnet, da nun beide Produkte den gleichen Preis haben. Eine Mitarbeiterin eines Supermarktes berichtete anonym, dass dieses Verhalten nicht zulässig ist. Jedoch gibt es keine andere Möglichkeit, den Preis im Kassensystem zu ändern. Auch wenn dies möglich wäre müsste der Kunde relativ lange an der Kasse warten. Für den Kunden ergibt die Art der Abrechnung keinen Unterschied. Positiv fällt auf, dass so die Wartezeit des Kunden minimiert wird. Aus Unternehmenssicht führt dieses Verhalten jedoch zu einem fehlerhaften Datenbestand. Dieser könnte, bei Einsatz von statistischen Verfahren, zu fehlerhaften Entscheidungen führen.

Dosenpfand

Ein sehr interessantes Beispiel für einen Prozess der vom Staat „modelliert" wurde und Konsumenten als Prozessbeteiligte integriert ist das Dosenpfand. In der ersten Ausgestaltung dieses Prozesses musste das Pfandgut mit dem entsprechenden Kassenbon oder einer Pfandwertmarke an Ort des Kaufes zurückgegeben werden. Die Durchführung dieses Prozesses war für viele Konsumenten nicht praktikabel.

Insgesamt wurden viele Einwegverpackungen nicht zurückgegeben. Es entstand so ein Pfandschlupf von ca. 450 Mio. Euro. Im weiteren Verlauf wurde das Rückgabesystem verändert. Eine weitere Hürde für den Verbraucher entstand durch sog. Insellösungen. Diese stellten ein geschlossenes Pfandsystem dar, welches nur für eine Gruppe von Einzelhändlern galt. Erst ab dem Jahr 2006 wurden alle Händler dazu verpflichtet alle Einwegverpackungen, die unter das Dosenpfand fallen, zurückzunehmen.

Implikationen

Aus den Beispielen ergeben sich mehrere Implikationen. Zum einen wechseln die Rollen ständig. Entitäten die selbst Prozesse vorgeben akzeptieren ihrerseits andere Prozesse nicht zwangsläufig. Insofern ist Prozessakzeptanz ein generelles Phänomen, das in verschiedenen Konstellationen und Kontexten auftreten kann. Fehlende Prozessakzeptanz stellt damit für alle Anspruchsgruppen ein Problem dar. Interessanterweise fordern auch Unternehmen ihre Mitarbeiter aktiv auf an Prozessumgehungen teilzunehmen. Insofern kommt es zu Verkettung von nicht akzeptierten Prozessen. Beispielsweise akzeptieren Zollbeamte in manchen Ländern den vorgegebenen Verzollungsprozess, z. B. aufgrund der geringen Besoldung, nicht. Die Abfertigung geschieht schleppend oder gar nicht. Der Prozesskunde kann jedoch, z.B. durch Bestechung den Prozess beschleunigen. Ein durch die Mitarbeiter nicht akzeptierter interner Prozess eines Unternehmens bzw. des Staates, kann zu einem veränderten Prozessverhalten auf Kundenseite führen. Insofern reagiert der Kunde selbst mit einem abweichenden Prozess.

Ein weiteres Wesensmerkmal der Prozessakzeptanz ist, dass ein Akzeptanzsubjekt mit dem übergeordneten Ziel übereinstimmt, aber den durchzuführenden Prozess, mit dem das Ziel erreicht werden kann, ablehnt. Die Einführung der Pfandpflicht für Einwegverpackungen von Getränken in Deutschland illustriert dieses Problem. Um das Pfand erstattet zu bekommen, musste das Akzeptanzsubjekt den Kassenbon und das Pfandobjekt an dem Ort abgeben, an dem es erworben wurde. Das übergeordnete Ziel Rohstoffrecycling wurde zwar akzeptiert, jedoch verhinderte der vorgeschriebene Prozess eine effiziente Zielerreichung.

3.4 Transaktionskosten und Prozessakzeptanz

Aus theoretischer Sicht kann die Existenz eines Unternehmens darauf zurückgeführt werden, dass die internen Abläufe geringere Transaktionskosten aufweisen als diejenigen, die bei Benutzung eines Marktes anfallen (Coase 1937). Hohe Transaktionskosten können ansonsten vorteilhafte Transaktionen verhindern. Ein Unternehmen kann in eine Aufbau- und Ablauforganisation untergliedert werden (Kosiol 1976, S. 32ff). Mithilfe einer Aufgabenanalyse können alle Aufgaben im Unternehmen in ein hierarchisches Gefüge eingeordnet werden. Die so entstehende Organisationsstruktur bildet die Aufbauorganisation und kann durch ein Organigramm dargestellt werden. Im Gegensatz dazu beschreibt die Ablauforganisation die auszuführenden Arbeitsprozesse, deren Management in Kapitel 2.1.1 ausführlich beschrieben wird. Folglich werden die Kosten der Hierarchie durch die Aufbau- und Ablauforganisation bestimmt.

Aus den bisher beschriebenen Fällen können die Auswirkungen einer mangelnden Prozessakzeptanz wie folgt klassifiziert werden. Zum einen kann der Prozess verändert, unverändert oder gar nicht ausgeführt werden. Die Nichtausführung kann jedoch als Spezialfall bzw. Extremfall, der veränderten Ausführung betrachtet werden. Wird der Prozess verändert ausgeführt, kann diese Veränderung das Prozessergebnis wiederum positiv oder negativ beeinflussen. Zusätzlich besteht die Möglichkeit im neutralen Fall, dass es zu keinem Unterschied im Prozessergebnis kommt. Zwar erscheint der Fall der positiven Abweichung erstrebenswert, jedoch muss angemerkt werden, dass so auftretende Seiteneffekte auf z.B. andere Prozesse nicht mehr verwaltet werden können und sich so dem GPM entziehen, da die Veränderungen meist nicht kommuniziert und dokumentiert werden. Dieser Sachverhalt kann wiederum negativ auf die angestrebte Produkt- oder Dienstleistungsqualität wirken. Kommt es durch eine Prozessveränderung zu einem negativen Prozessergebnis, entstehen verschiedene Kosten. Einerseits muss das Prozessergebnis durch zusätzlichen Aufwand gerettet werden, andererseits müssen die Auswirkungen möglicher Seiteneffekte beseitigt werden. Falls eine Rettung nicht möglich ist, entstehen möglicherweise weitere Kosten. Diese umfassen Entschädigungen bei Dienstleistungen oder Entsorgungskosten im Rahmen der Produktion. Wird ein Prozess nicht angestoßen, werden zusätzlich vorgehaltene Prozessressourcen verschwendet, wiederum das Gesamtergebnis negativ beeinflussen.

Bei fast allen Abweichungsarten kommt es zur Verschwendung von Prozessressourcen, die analog zur Ressourcenverschwendung des Toyota Produktionssystems definiert und klassifiziert werden kann (Ohno 1988, S. 95ff). Das TPS legt großen Wert darauf die Ressourcenverschwendung zu reduzieren um so eine höhere Profitabilität zu erreichen.

Fehlende Prozessakzeptanz führt zur Verschwendung von Ressourcen und somit zu höheren Nutzungskosten der Hierarchie, also den internen Transaktionskosten.

Dieser Zusammenhang wird durch ein fiktives Beispiel ersichtlich. In einem solchen Gedankenexperiment wird eine nicht reale bzw. nicht realisierbare Situation postuliert, durch die Erkenntnisse gewonnen werden können (Popper 2014, S. 464ff).

> *Ein Unternehmen, in dem nur ein Prozess ausgeführt wird, kann am Markt weiterhin bestehen, wenn die internen Transaktionskosten (der Hierarchie) günstiger sind, als die, die bei Benutzung des Marktes anfallen. Es wird weiterhin angenommen, dass der Prozess als Outsourcing-Dienstleistung am Markt verfügbar ist. Wird nun jedoch der Prozess aufgrund mangelnder Prozessakzeptanz nicht ordnungsgemäß durchgeführt, können bei negativer Prozessabweichung Kosten entstehen. Diese erhöhen die Nutzungskosten der Hierarchie. Entsprechen diese Hierarchiekosten nun den Markttransaktionskosten (bzw. liegen über diesen) verliert das Unternehmen seine Daseinsberechtigung, bzw. seine Wettbewerbsvorteile der Hierarchie, am Markt.*

Es kann also gefolgert werden, dass die bisher beschriebenen Effekte den Vorteil der Hierarchie gegenüber dem Markt mindern. Die Benutzung eines Marktes, z. B. über den Einkauf von Outsourcing-Dienstleistungen erscheint somit vorteilhafter, bzw. weniger nachteilig. In diesem Fall hätte das Unternehmen am Markt aus theoretischer Sicht keine Existenzberechtigung mehr. Im Umkehrschluss müsste also gelten, dass Unternehmen, deren interne Abläufe eine hohe Akzeptanz erfahren, geringere Transaktionskosten aufweisen. Es scheint daher naheliegend, dass Prozessakzeptanz eine Determinante der Transaktionskosten darstellt. Insbesondere die Ex-ante-Typen der Transaktionskosten können durch Prozessakzeptanz positiv oder negativ beeinflusst werden. So können durch eine Prozessabweichung Kontroll- oder Änderungskosten anfallen.

Wären alle Unternehmen am Markt von einer geringen Prozessakzeptanz betroffen, würde der Gesamtmarkt an Effizienz verlieren.

Definiert man Prozesse als Schnittstelle mehrerer interagierender Entitäten kann ebenfalls eine Verbindung zur Transaktionskostentheorie hergestellt werden. Williamson (1998) definiert eine Transaktion als „the transfer of a good or service across a technologically separable interface“. Kommt es zu einer Prozessabweichung wird möglicherweise auch diese Schnittstelle verändert. Finden die Transaktionspartner eine veränderte Schnittstelle vor, so erhöhen sich wiederum die Transaktionskosten.

Insgesamt kann festgehalten werden, dass durch die Nichtauslösung eines Prozesses bzw. dessen Umgehung oder Abänderung ein Wohlfahrtsverlust entstehen kann.

3.5 Prozessakzeptanz im Zeitalter der digitalen Transformation

Ein derzeit stark in der Wirtschaftsinformatik diskutiertes Thema ist die digitale Transformation. Unter diesem Schlagwort wird ein Veränderungsprozess in Unternehmen sowie der Gesellschaft subsumiert, indem die bestehenden Geschäftsmodelle, Prozesse und Interaktionen in die digitale Welt überführt werden. Dies geschieht durch den Einsatz von moderner Informations- und Kommunikationstechnologien. Tatsächlich ist dieser Veränderungsprozess schon seit geraumer Zeit allgegenwärtig, hat jedoch, insbesondere durch die technologische Durchdringung der Gesellschaft, an Fahrt aufgenommen. Diese Durchdringung lässt sich einerseits durch den einfachen und günstigen Zugang zu ITK-Produkten nachweisen, andererseits durch den gesellschaftlichen Wandel, der unter dem Stichwort „Digital Natives“ diskutiert wird.

Der Begriff der Digitalisierung bzw. der digitalen Transformation wird derzeit uneinheitlich verwendet. Insgesamt kann festgehalten werden, dass es sich um einen evolutionären Veränderungsprozess handelt, bei dem Geschäftsmodelle und Prozesse IT-gestützt weiterentwickelt und teil/-automatisiert werden um Wettbewerbsvorteile zu erzielen (Westerman u. a. 2011). Dieser basiert auf der Nutzung analytischer Verfahren und Daten, die u.U. aus einer smarten Umgebung stammen. Die Analyseergebnisse und Daten, auf denen Handlungsempfehlungen aufbauen sollen, werden dabei oft transformiert und geteilt (BMWI 2015). Gleichzeitig kommt es zur Integration verschiedener Stakeholdergruppen durch soziale Interaktion und Vernetzung in die bestehende, bzw. erweiterte Wertschöpfungskette, oft über Unternehmensgrenzen hinweg (Bowersox u. a. 2005). Dies findet oftmals in einem mobilen und konvergierten Kontext statt. Dadurch verschwinden bisherige technologische und soziale Barrieren. Darüber hinaus werden Ressourcen gemeinsam genutzt.

Daraus folgt, dass möglicherweise das bestehende Geschäftsmodell durch eine Geschäftsmodellinnovation verändert werden muss. Ein Geschäftsmodell hat folgende Bestandteile (Schallmo u. a. 2016, S. 5):

- Kundendimension: Kanäle / Segemente / Beziehungen

- Nutzendimension: Leistung / Nutzen
- Wertschöpfungsdimension: Prozesse / Ressourcen
- Partnerdimension: Kanäle / Beziehungen
- Finanzdimension: Umsätze / Kosten

Kombiniert man die einzelnen Bestandteile mit den Elementen der digitalen Transformation wird schnell klar, dass fast alle bestehenden Prozesse betroffen sind. Insbesondere die Ausweitung der Wertschöpfungskette wirkt sich stark auf die bisherige Prozesslandschaft aus. Daraus ergeben sich große Chancen Prozesse zu verbessern. Es ist jedoch evident, dass auch digitalisierte Prozesse durch die Prozessteilnehmer akzeptiert werden müssen. Ist dies nicht der Fall, können die Vorteile der digitalen Transformation nicht ausgeschöpft werden. So muss z. B. die Frage gestellt werden, wie Kunden mit „ihrem" Unternehmen interagieren möchten. So kann der persönliche Kontakt u.U. nicht durch einen digitalen Agenten ersetzt werden. Gleichzeitig ergeben sich aus den Möglichkeiten der Datenanalyse in Verbindung mit unternehmensübergreifenden Prozessen große Gefahren. So ist es denkbar, das Kunden Prozesse ablehnen, bei denen vertrauliche Kundendaten über Unternehmensgrenzen hinweg, im Sinne der Digitalisierung, geteilt werden.

Auch die Sinnhaftigkeit mancher digital transformierten Produkte bzw. Prozesse könnte mit Hilfe des hier vorgestellten Ansatzes überprüft werden. Ein prominentes Beispiel ist das im Jahr 2013 gegründete Unternehmen „Juicero". Dieses Unternehmen vermarktete eine „Saft- und Gemüsepresse". Diese Presse (Einführungspreis 699$) musste mit dem Internet verbunden sein und verarbeitet, bzw. „drückte", vorgefertigte Beutel, die mit geschnittenen Obst bzw. Gemüse befüllt waren, aus. Die Beutel (5$ - 7$ pro Stück) konnten nur durch ein Abonnement erworben werden (Kowitt 2017). Gleichzeitig konnte daraus nur Saft gewonnen werden, wenn die Presse die Echtheit des Beutels über eine QR-Code online verifizieren konnte. Kurze Zeit später, nachdem publik wurde, dass die Beutel auch per Hand ausgedrückt werden konnten (Huet und Zaleski 2017), musste die Firma Insolvenz anmelden (Roof 2017). Es wäre sehr interessant gewesen den Nutzungsprozess dieser digital transformierten Gemüsepresse mit einer normalen Presse im Rahmen der Prozessakzeptanzforschung zu vergleichen. Zwar erscheinen in diesem Beispiel vor allem die Kosten prohibitiv, dennoch verändert sich der Prozess des Saftpressens für den Kunden. Anstatt selbst nach Belieben Gemüse einzukaufen und zu verarbeiten muss der Kunde nun im Voraus ein Abo für den zum

Zeitpunkt des Verzehrs gewünschten Saft abschließen und im Moment der Durchführung den Internetzugang bereitstellen.

4 Stand der Forschung

4.1 Identifizierung der relevanten Literatur

Das vorliegende Literaturreview folgt den Empfehlungen von Weber und Watson (2002) und hat zum Ziel einen Überblick über die Gründe der Akzeptanz bzw. Nichtakzeptanz von Prozessen zu geben. Gleichzeitig sollen die vorherrschenden Akzeptanzmodelle und deren Anwendung in der WI/IS diskutiert werden. Die so gewonnenen Ergebnisse können dann in die Konstruktion eines Messinstruments der Prozessakzeptanz einfließen.

Als Quellen kommen wissenschaftliche Veröffentlichungen in referierten Fachzeitschriften und Konferenzen in Frage. Es liegt nahe, dass Forschungsarbeiten zur Akzeptanz in vielen Fachrichtungen durchgeführt werden können. Insofern werden in das Review auch Journale einbezogen die nicht dem Gebiet der Wirtschaftsinformatik zuzuordnen sind. Forschungsarbeiten zum Thema Prozesse, Modellierung und Geschäftsprozessmanagement haben eine starke Verbreitung in der Wirtschaftsinformatik erfahren. Es scheint daher nicht zweckmäßig nur englischsprachige Publikationen und Konferenzen zu untersuchen. Da ein Literaturreview konzeptbezogen ist, führt eine Reduktion der Datenquellen auf A+/A Journale nicht zu optimalen Ergebnissen. Daher werden in diesem Review über eine Vorwärts- und Rückwärtssuche, Stichwortsuche und eine Verzeichnissuche relevante Quellen identifiziert und ausgewertet.

Die Literaturanalyse verfolgt zwei Ziele:

1. Inwiefern wurde das Phänomen der Prozessakzeptanz und dessen Auswirkungen in der (WI-) Literatur aufgegriffen?

2. Welche Erklärungsansätze und Modelle existieren, die dieses Phänomen erläutern?

Die initiale Suche wurde auf einen Zeitraum ab 1990 beschränkt. Dies kann damit begründet werden, dass zu Beginn der 1990er Jahre das Geschäftsprozessmanagement, z. B. durch Arbeiten zum BPR und zur EPK-Notation, in den Fokus rückte.

Als Suchterme wurden als Und-Verknüpfung folgende Wörter verwendet: „Process, acceptance, bpm, business, management, model“. Die Themenbereiche der

T. Müllerleile, *Prozessakzeptanz*, Forschung zur Digitalisierung der Wirtschaft | Advanced Studies in Business Digitization, https://doi.org/10.1007/978-3-658-27103-9_4

Software- und GUI-Entwicklung („user acceptance testing") wurden ausgeklammert. Die Suche wurden über den Katalog der Bibliothek der TU Ilmenau, Google Scholar, EBSCO und Science Direct durchgeführt.

Als Ergebnis konnten mehrere Forschungsrichtungen identifiziert werden, die für Prozessakzeptanzforschung von Interesse sind. Diese tragen entweder zur Entwicklung eines Messinstruments bei oder liefern Hinweise auf mögliche Einflussvariablen bzw. versuchen Teile des Phänomens zu erklären. Dazu zählen Arbeiten die direkt oder indirekt das Akzeptanzphänomen im Bereich des Geschäftsprozessmanagements ansprechen. Es muss betont werden, dass es bisher kaum veröffentlichten Arbeiten gibt, die ausschließlich die Akzeptanz von Prozessen im Rahmen des GPM untersuchen. Dieser Sachverhalt sowie die spärliche Quellenlage, die auch von Antunes und Cunha (2013) angesprochen wird, gestaltete die Literaturanalyse als schwierig. Die wenigen Arbeiten, die zumindest in Teilen die Prozessakzeptanz aus dem Blickwinkel des Prozessmanagements diskutieren werden in Kapitel 4.2 vorgestellt.

Ein weiterer Literaturstrang, der sich mit der Frage nach unterschiedlichen Prozessdurchläufen beschäftigt und somit die Frage der Prozessakzeptanz indirekt bearbeitet, ist das Process Mining. Dieses Thema wird in Kapitel 4.3 beschrieben. Ausgehend davon wird die Anwendung bzw. die Eignung des Process-Minings auf die Fragestellungen der Prozessakzeptanzforschung in Kapitel 5.3 ausführlich diskutiert. Eine Auswirkung der Nichtakzeptanz eines Prozesses besteht in dessen Veränderung bzw. Umgehung. Daher wird in Kapitel 4.4 die Theorie der provisorischen Umgehungslösungen vorgestellt.

Die bisherige Literatur zur Akzeptanzforschung selbst ist vielfältig. Insbesondere in der WI bzw. in der IS gibt es eine große Anzahl von Akzeptanzstudien. Diese lassen sich in zwei Kategorien aufteilen. In der ersten Kategorie werden neue Akzeptanzmodelle entwickelt und vorgestellt. Die vielfältigen Akzeptanzmodelle werden in Kapitel 4.5 vorgestellt. In der zweiten Kategorie finden sich Studien, die diese Modelle auf neue Technologien anwenden. Zur Untersuchung, bzw. Operationalisierung der vorliegenden Forschungsfrage bieten sich vor allem die Arbeiten aus der ersten Kategorie an.

4.2 Prozessakzeptanz und GPM

Ein wichtiger Teil des GPM ist die Modellierung der auszuführenden Geschäftsprozesse. Modelle bilden ein Original verkürzt und abstrahiert ab. Dadurch, dass in einem Modell nicht alle Attribute des Originals abgebildet werden, sollte das Modell für einen bestimmten Zweck erstellt werden. Dieses Ziel und somit die Pragmatik entscheidet also über die Sinnhaftigkeit des Modells. Im Allgemeinen sollte ein Prozessmodell im Hinblick auf bestimmte Kriterien, die sich aus den Grundsätzen der ordnungsgemäßen Modellierung ableiten lassen (Becker u. a. 2012b, S. 31 ff), erstellt werden. Diese umfassen den Grundsatz der Richtigkeit, der Relevanz, der Wirtschaftlichkeit, der Klarheit, der Vergleichbarkeit und des systematischen Aufbaus. Es liegt der Gedanke nahe, dass Prozesse, die nach diesen Kriterien modelliert wurden, möglicherweise eine höhere Akzeptanz bei ihren Anwendern erfahren. Insbesondere die Klarheit, die Relevanz und die Richtigkeit eines Prozessmodells sind notwendige Bedingungen für den erfolgreichen Einsatz von GPM und somit auch für gelebte bzw. akzeptierte Prozesse.

Die aus der Anwendung von GPM zu erwartenden Vorteile können im Prinzip nur eintreten, wenn der Prozess überhaupt ausgeführt wird und die Ausführung korrekt abläuft.

Im Allgemeinen ist daher die ungeplante Abweichung in der Ausführung von Prozessen weder erwünscht noch im Prozessmodell vorhanden. Verschiedene Modellierungsnotationen, wie z. B. BPMN (Object Modeling Group 2014) oder EPK (Simon und Mendling 2006), ermöglichen die Abbildung von nicht standardkonformen Prozessabläufen. Da nicht alle Abweichungen a priori zur Modellerstellung bekannt sein können, gestaltet sich die Modellierung weiterhin problematisch. Insbesondere ist das der Fall, wenn der Prozess nicht angestoßen wird oder die Veränderung im Prozessablauf ad-hoc geschieht. So konnten Frei et al. (1999) im Bankensektor drei negative Effekte identifizieren, die durch Prozessabweichungen hervorgerufen wurden. Diese beinhalten einen Rückgang der Kundenzufriedenheit, eine geringere Imagewahrnehmung und eine erhöhte Anzahl an Beschwerden. Diese Ergebnisse sind konsistent mit der Analyse von Tsikriktsis und Heineke (2004) in der Luftfahrtindustrie. Sie konnten empirisch zeigen, dass Prozessabweichung negativ mit der Kundenzufriedenheit korreliert. Einen weiteren interessanten Ansatz verfolgen Bendoly und Coteleer (2008), die Prozessabweichungen auf eine unzureichende und unpassende IT-Infrastruktur zurückführen. Dies wird auch von Markus und Keil (1994) unterstrichen, die eine solche Nichtnutzung von IT-Systemen auf ein unzureichendes Prozessdesign zurückführen. Insofern stellt sich für die Wirtschaftsinformatik die Aufgabe, akzeptierte Prozesse in Zusammenhang mit effizienten IT-Systemen zu gestalten.

In der Forschungsrichtung Software-Engineering wurden verschiedene Erfolgsfaktoren ermittelt, die Software Process Improvement (SPI) Implementierungen bedingen (Niazi u. a. 2006). Diese beinhalten Faktoren wie eine notwendige Unterstützung des Managements, adäquates Training sowie die Bereitstellung von Ressourcen. Demgegenüber wurden auch negative Faktoren ermittelt, die eine SPI Implementierung beeinträchtigen können. Diese beinhalten hohe Arbeitsbelastungen, nicht ausreichende Rückmeldung der Beteiligten, Zeitdruck und unausgereifte bzw. umständliche Prozesse (Baddoo und Hall 2003).

Innerhalb der Wirtschaftsinformatik wurden die sozialen Aspekte von Prozessen bisher kaum untersucht. Eine Ausnahme ist die Forschungsarbeit von Antunes und Cunha (2013), die versuchten, die in der SPI Forschung identifizierten Faktoren auf den Bereich Prozessmanagement zu übertragen. Ausgehend von der Beobachtung, dass Prozesse unbeliebt sind, obwohl sie das Leben der Nutzer vereinfachen sollten, entwickeln sie basierend auf vier Dimensionen (Motivation, Understanding, Value, Effort) ein Fragebogeninstrument mit dem Prozessprobleme identifiziert werden sollen. Da dieses Instrument bisher von den Autoren nur in zwei Fallstudien angewendet wurde, konnten dessen Eignung und weitere einflussreiche Faktoren noch nicht ermittelt werden. Das Messinstrument berücksichtigt dabei Eigenschaften des Prozesses sowie der Organisation. In ihrem Beitrag legen die Autoren eine Liste möglicher Variablen vor, die innerhalb dieser Arbeit aufgegriffen werden. Dazu zählt die Frage nach der Bürokratie, bzw. Umständlichkeit und Relevanz des Prozesses, des (gegenseitigen) Vertrauens, des Arbeitsaufwands und des ungenügenden Trainings der Mitarbeiter.

Auch Rozycki et al. 2012 gehen davon aus, dass Prozesse nicht nur nützlich, sondern auch akzeptiert sein sollen. Dazu entwickeln die Autoren ein Rahmenwerk, das auf der „Affordance"-Theorie von Gibson (Jenkins 2008) aufbaut. Diese Theorie befasst sich damit, inwiefern etwas, eine angebotene Gebrauchseigenschaft für ein Subjekt hat. Daher stellen die Autoren die Frage inwiefern ein Prozess eine physische, psychologische, soziale und funktionelle angebotene Gebrauchseigenschaft verkörpert. In einer Fallstudie überarbeiten sie einen Abrechnungsprozess in einem ERP-System nach diesen Dimensionen. Als Ergebnis wurde ein Prozess bzw. IT-System erstellt, das besser auf die Bedürfnisse der Benutzer eingeht. Teilweise bezogen sich die Änderungen nicht auf den Prozess selbst, sondern auf die Ausgestaltung (z.B. durch Vereinfachung der GUI-Elemente) des IT-Systems.

Dieser Ansatz erscheint sehr interessant, jedoch bleibt fraglich inwiefern dieses Vorgehen auf andere Prozesse übertragen werden kann.

In der Forschung wurde vor allem die angloamerikanische Schwesterdisziplin der Wirtschaftsinformatik, die Information Systems (IS), stark durch Überlegungen zur Akzeptanz, genauer zur Technologieakzeptanz, geprägt. Beispielsweise wurde versucht, über das Technologieakzeptanzmodell (TAM) (Davis 1989) und dessen Nachfolger (Venkatesh und Bala 2008), die Nutzung bzw. Nichtnutzung von Technologien zu erklären und zu ergründen, warum sich bestimmte Technologien am Markt durchsetzen. Diese Forschungsrichtung hatte einen starken Einfluss auf die gesamte IS Disziplin. Dennoch wurde sie bezüglich ihrer mangelnden Relevanz und Nützlichkeit, zukünftige Systeme besser zu gestalten, stark kritisiert (Bagozzi 2007). Diese Kritik wird in Kapitel 4.6 ausführlich dargestellt.

Es ist naheliegend das TAM auf andere Bereich, wie z. B. Prozesse anzuwenden. Dazu legt Degerli (2012) im Rahmen seiner Masterarbeit, die hier nur kurz erwähnt werden soll, einen Vorschlag vor. Es ist zu würdigen, dass die Notwendigkeit der Akzeptanz von Prozessen bereits erkannt wurde. Die Arbeit zeigt im Ergebnis, dass durch die Anwendung des TAM auf Prozesse keine Gestaltungsempfehlungen für ein besseres Prozessdesign gegeben werden können. Gleichzeitig kann auch nicht erklärt werden, warum Prozesse nicht akzeptiert werden. Auch wenn diese Arbeit insbesondere im empirischen Teil methodische Schwächen offenbart[1], kann daraus gefolgert werden, dass die Untersuchung der Prozessakzeptanz deutlich näher an den Prozessen stattfinden muss. Die Vogelperspektive, die die TAM-Forschung einnimmt, hilft zur Untersuchung der Fragestellung nicht weiter.

In der GPM-Forschung wurden die sozialen Aspekte der Prozessausführung bzw. der Prozesserstellung noch nicht ausreichend untersucht. Erkenntnisse über die Einflussfaktoren der Prozessakzeptanz könnten in den Prozesslebenszyklus („(re)-design, implementation/configuration, run and adjust“) (van der Aalst 2012) sehr gut integriert werden. Insgesamt kann angenommen werden, dass die Prozessakzeptanz auf alle Phasen des Prozesslebenszyklus einen Einfluss hat.

Aus der Literaturanalyse können mehrere Ergebnisse geschlussfolgert werden. Das Phänomen, dass Prozesse nicht akzeptiert werden und u.U. umgangen werden, wurde in der Literatur bereits erkannt. Tabelle 4.1 stellt dies innerhalb einer Konzeptmatrix dar. Die Quellen sind dabei nicht einheitlich. Oft wird das Phänomen der Prozessakzeptanz in unterschiedlichen Bereichen diskutiert, teilweise ohne es

[1] In der Arbeit wird beispielsweise auf ein Split-Sample Design verzichtet.

Tab. 4.1 Konzeptmatrix Literaturreview

Autor	Inhalt	Relevanz
Becker et al 2012	Wie können Prozesse besser modelliert werden?	Anwendung der GoM führt zu besseren Prozessen.
Frei et al. 1999	Geringe Prozessvariation hat positiven Effekt auf Unternehmenserfolg	Erhöhung der Prozesskonsistenz.
Tsikritsis und Heineke 2004	Prozessqualität- und Leistung beeinflussen Kundenzufriedenheit	Prozesskonsistenz ist Empfehlenswert. Minimierung der Prozessvariation.
Morana et al. 2016	Prozesskonformität durch Process Guide System (PGS) erhöhen	PGS erhöht Prozessakzeptanz.
Niazi et al. 2006	Welche Faktoren beeinflussen den Erfolg von SPI?	Folgende Faktoren wurden ermittelt: Top-Managementunterstützung, Training, Einbeziehung der Mitarbeiter, definierte SPI Einführung, Bewusstsein, Erfahrung.
Baddoo und Hall 2003	Welche Faktoren beeinflussen den Misserfolg von SPI?	Negative Faktoren: Hohe Arbeitsbelastungen, nicht ausreichende Rückmeldung der Beteiligten, Zeitdruck und unausgereifte bzw. umständliche Prozesse.
Antunes und Cunha 2013	Identifikation von Prozessproblemen durch „MUVE"-Fragebogen.	Prozesse sind unbeliebt, da sie nicht den Menschen in seiner Arbeit unterstützen. Gründe durch die ein Prozess ignoriert wird: Motivation, Verständnis, Wert und Aufwand.
Markus und Keil 2015	Warum werden IT-Systeme nicht genutzt?	Grund: Mangelhaftes Prozessdesign
Bendoly und Coteleer 2008	Warum kommt es zu Prozessabweichungen?	Grund: Unpassende IT-Infrastruktur.
Rozycki et al. 2012	Wie können Geschäftsprozesse besser gestaltet werden?	Rahmenwerk basierend auf dem „Affordance"-Ansatz von Gibson. Geringe Prozessakzeptanz folge von schlechtem Prozessdesign. Soziale und organisationale Faktoren sollten berücksichtigt werden.

zu benennen. Dies geschieht oft auch nur am Rande einer anderen Untersuchung. Dadurch wird die Literaturanalyse stark erschwert. Dennoch wurden teilweise Variablen identifiziert, die ein nicht prozesskonformes Verhalten begünstigen. Daher wurde die Prozessakzeptanz bisher noch nicht umfassend untersucht und theoretisch fundiert. Insbesondere die postulierten Variablen, die teilweise mehrfach genannt werden, die auf die Prozessakzeptanz einwirken sollen, wurden noch nicht systematisch getestet.

4.3 Prozessakzeptanz und Process-Mining

In der Literatur wird auch untersucht, warum unterschiedliche Prozessdurchläufe des gleichen Prozesses sich stark unterscheiden oder inwiefern ein normaler oder anormaler Prozessdurchlauf stattfindet (Sun u. a. 2013). Dabei wird angenommen, dass Abweichungen erwartungsgemäß bei fast allen Prozessen auftreten. Dies gilt im besonderen Maße für Prozesse die ihre Wertschöpfung aus der Interaktion zwischen IT-Systemen und Menschen beziehen (Cugola u. a. 1996, S. 193). Zudem unterliegen viele Prozesse dynamischen Änderungen die Ad-Hoc durchgeführt werden. Daraus resultieren wiederum Inkonsistenzen und Abweichungen (Ellis u. a. 1995, S. 10).

Zur Ermittlung der Abweichung werden die Key Performance Indicators (KPIs) des Prozesses, wie beispielsweise Kosten oder Durchlaufzeiten, herangezogen. Diese Prozessabweichungen können in explizite und implizite Ausnahmen sowie Anomalien eingeteilt werden (Swinnen u. a. 2012, S. 87). Explizite Ausnahmen sind dabei jene Abweichungen die weithin von den Beteiligten gebilligt werden. Im Gegensatz dazu kommen implizite Ausnahmen selten vor, können aber angewandt werden. Anomalien verkörpern alle unbekannten Abweichungen. In diese Kategorie fallen Fehler und auch Betrugsversuche. Es ist evident, dass die Erkennung und das anschließende Beheben solcher Abweichungen für das Überleben einer Unternehmung notwendig ist.

Eine Möglichkeit zur Untersuchung von Abweichungen bei Prozessen ist die Analyse von Geschäftsregeln. Durch den von Geschäftsregeln aufgespannten Entscheidungsbaum kann ein Regelwerk geschaffen werden, mit dem das Geschäftsverhalten gesteuert werden kann (Business Rules Group 2014). Existieren solche Entscheidungsbäume, kann analysiert werden inwiefern bestimmte Pfade zu Abweichungen führen. Swinnen et al. (2012) schlagen vor, diese Regeln gesondert auf ihre Akzeptanz hin zu analysieren.

Des Weiteren können Abweichungen zwischen Soll- und Istprozess analysiert werden. Mit einer solchen Konformitätsprüfung kann untersucht werden inwiefern der gelebte Prozess den vorgegebenen Modellen entspricht. Eine Möglichkeit eine solche Prozessabweichung festzustellen, ist der Einsatz von Prozess-Mining (van der Aalst 2011) Techniken. Dadurch können aus Logdateien, die von Process Aware Information Systems (PAISs) bereitgestellt werden, Prozessabläufe und Modelle rekonstruiert werden (Rozinat und van der Aalst 2008, S. 65ff). Die Logdateien enthalten dabei die durch die Prozessdurchläufe tatsächlich erzeugten Daten. Beispielsweise kann gespeichert werden, wer welches Informationsobjekt mit welchem Ergebnis bearbeitet hat. Die daraus entstehenden Ist-Prozessmodelle können dann mit den bestehenden Modellen verglichen werden. Liegen Abweichungen vor können diese weiter analysiert werden. Die Güte des so rekonstruierten Prozessmodells hängt jedoch von den verwendeten Algorithmen ab (Muñoz-Gama und Carmona 2010, S. 211). Liegen die Logdateien in einer entsprechenden Qualität vor, kann durch diesen Ansatz auch unerwünschtes Verhalten entdeckt werden (van der Aalst u. a. 2005, S. 27).

Mit einem solchen Process-Mining basierten Ansatz untersuchten Suriadi et al. (2013) den Schadensabwicklungsprozess bei einer großen australischen Versicherung. Überraschenderweise konnte festgestellt werden, dass einfache Versicherungsfälle eine unerwartet lange Durchlaufzeit aufweisen. So konnten die Autoren die vorliegenden Fälle in „langsame“ und „schnelle“ Schadensfälle einteilen. Dabei wurden die entsprechenden Prozessmuster aufgedeckt, die für die Abweichung verantwortlich sind. Beispielsweise hatte die Verwendung multipler Bearbeitungsressourcen oder die wiederholte Durchführung einer bestimmten Aktivität negativen Einfluss auf die Durchlaufzeit der Fallbearbeitung. Es ist anzumerken, dass eine positive Abweichung und somit bessere Prozessergebnisse auch auftreten können, wenn explizit vom Soll-Prozess abgewichen wird.

Eine Weiterentwicklung dieses Ansatzes stellen Deviance-Mining Verfahren dar (Nguyen u. a. 2014), mit denen zwischen normalen und abweichenden Prozessdurchläufen unterschieden werden kann, indem verschiedene Muster (z. B. Prozessschritt X kommt vor Y) identifiziert und anschließend klassifiziert werden. Diese Ansätze erweisen sich als ergiebig, wenn Prozessprotokolle vorgehalten werden. Oftmals sind diese jedoch nicht verfügbar. Einerseits kann es sich um einen Ablauf handeln, bei dem es keine Möglichkeit gibt, Protokolle zu erstellen, wie z. B. bei interaktionsintensiven Prozessen im Dienstleistungsbereich. Andererseits gibt es Prozesse, die auf Systemen basieren, die nicht in der Lage sind, Protokolle zu erstellen. Ein viel schwerwiegenderes Problem ist jedoch, dass Prozessprotokolle nur angefertigt werden, wenn der Prozess überhaupt ausgeführt wird.

Wird ein Prozess nicht akzeptiert besteht die Möglichkeit, dass der Prozess nicht angestoßen wird und so keine Protokolldateien erzeugen kann. Insofern kann mit Prozess-Mining das Problem der Prozessabweichung und somit der Prozessakzeptanz nicht ausreichend untersucht werden.

Abweichungen, die vor der Auslösung des Prozesses auftreten, sind von der Analyse ausgeschlossen. So kann beispielsweise mit Hilfe von Process-Mining nicht untersucht werden, warum ein Prozess nicht angestoßen wurde. Zudem stehen fast ausschließlich KPIs im Vordergrund der Untersuchung. Jedoch gehen Verbesserungen in den Indikatoren nicht notwendigerweise mit einer Erhöhung der Akzeptanz einher.

Kommt es hingegen zu einer Prozessabweichung, die durch ein PAIS aufgezeichnet wird, kann diese durchaus durch Deviance-Mining aufgedeckt werden. Daraus resultiert die Frage, welche Einflussfaktoren der Prozessakzeptanz durch Deviance-Mining erfasst werden können. Dies wird in Kapitel 5.3 diskutiert.

4.4 Prozesse und provisorische Umgehungslösungen

Mangelnde Prozessakzeptanz kann sich in einer veränderten Prozessausführung niederschlagen. In der IS-Forschung werden solche „workarounds" im Bezug auf die Nutzung bzw. Nichtnutzung von IT diskutiert. Interessanterweise wurde dieses Problem schon recht früh aufgegriffen (Kling und Scacchi 1979; Gasser 1986). Dennoch wurde bisher diese „blackbox" nicht ausreichend untersucht (Azad und King 2008). Workarounds werden oft als nicht konformes Nutzungsverhalten angesehen. Eine Übersicht gibt Alter (2014). Beispielsweise definieren Koopman und Hoffman (2003) einen „Workaround" folgendermaßen:

> „When a path to a goal is blocked, people use their knowledge to create and execute an alternate path to that goal".

Während viele Autoren das IT-System in den Mittelpunkt der Betrachtung stellen (Gasser 1986), verweisen manche Definitionen (Kobayashi u. a. 2005; Ferneley und Sobreperez 2006) auch auf den zugrunde liegenden Prozess, in den das IT-System eingebettet ist.

Eine etwas weitere Definition legt Alter (2014) vor.

> „A workaround is a goal-driven adaptation, improvisation, or other change to one or more aspects of an existing work system in order to overcome, bypass, or minimize the impact of obstacles, exceptions, anomalies, mishaps, established practices, management expectations, or structural constraints that are perceived as preventing that work system or its participants from achieving a desired level of efficiency, effectiveness, or other organizational or personal goals."

Ein „Workaround" wird also immer von einem im Arbeitssystem verankerten Mitarbeiter begangen, der versucht ein Ziel zu erreichen. Insofern zählen Unfälle oder kriminelle Aktivitäten nicht in diesem Kontext zu Workarounds. Auch geplante Verbesserungsarbeiten wie z.B. Reengeneering Projekte gehören nicht dazu (Alter 2014).

Als Ausgangspunkt für einen Workaround sehen Ferneley und Sobreperez (2006) den Widerstand der Nutzer in der Systemnutzung. In der IS-Literatur gibt es verschiedene Meinungen zu dessen Auswirkungen. Einige Autoren sehen durch den Nutzerwiderstand die erfolgreiche Implementierung eines IS-Systems gefährdet und somit langfristig den strategischen Wandel. Cook und Brown sehen in diesem Phänomen den Wunsch der Nutzer sich der Kontrolle des Managements zu entziehen. Dennoch bietet dieses Phänomen die Möglichkeit, Unzulänglichkeiten des Systems aufzudecken und falls möglich diese zu verbessern (Marakas und Hornik 1996). Die Gründe des Widerstands könne vielfältig sein. Hirschheim und Newman (1988) unterteilen diese in persönliche und organisationale Faktoren. Zu den persönlichen Faktoren gehört der Grad der Aufgeschlossenheit gegenüber Neuem, die empfundene Unsicherheit und eine geringe Beteiligung. Zu den organisationalen Faktoren gehört mangelnde Unterstützung, die Diskrepanz zwischen System und organisationaler Realität, mangelnde technische Qualität und Faktoren der sozialen Interaktion zwischen den Beteiligten.

Workarounds lassen sie sich, wie in Abbildung 4.1, durch verschiedene Dimensionen klassifizieren (Alter 2014). Diese umfassen das zugrunde liegende Phänomen, die Art des Workarounds und dessen Auswirkungen. Der Ausgangspunkt für einen Workaround kann vielseitig sein. Im Bezug zur Prozessakzeptanz sind vor allem unpassend gestaltete Prozesse, inadäquate IT-Unterstützung oder das nicht Zulassen emergenter Veränderungen von Bedeutung. Zusätzlich lassen sich Workarounds auch danach ordnen, aus welcher Perspektive sie in der Literatur wahrgenommen werden. Je nachdem welche Auswirkungen das Ergebnis des Workarounds hat, können diese in harmlose oder schwerwiegende Workarounds eingeteilt werden (Ferneley und Sobreperez 2006). Insofern ergeben sich Unterschiede in der Bewertung von Workarounds in der Literatur. Oft stehen die negativen Auswirkungen im Vordergrund, insbesondere wenn diese zu Ineffizienzen und der Gefährdung von Menschen führen (Azad und King 2008). Andere Autoren sehen in Workarounds auch das Potential für zukünftige Verbesserungen (Beckman und Barry 2007), die das kreative Potential der Beschäftigten ausschöpfen (Norman 2002, S. 48). Eine eher neutrale Sichtweise nehmen Gasparas und Monteiro (2009) ein, die einen Workaround als Notwendigkeit des täglichen Lebens ansehen. Ähnlich wie die Transaktionskosten diejenigen Kosten beschreiben, die bei Benutzung eines Marktes anfallen, sehen die Autoren in Workarounds Kosten, die bei der Benutzung von Standardtechnologie anfallen. Diese entstehen auch, da Mitarbeiter durch die Verwendung von Workarounds fehlerhafte IT-Investitionsentscheidungen der Vorgesetzten ausgleichen müssen (Singh 2010, S. 25).

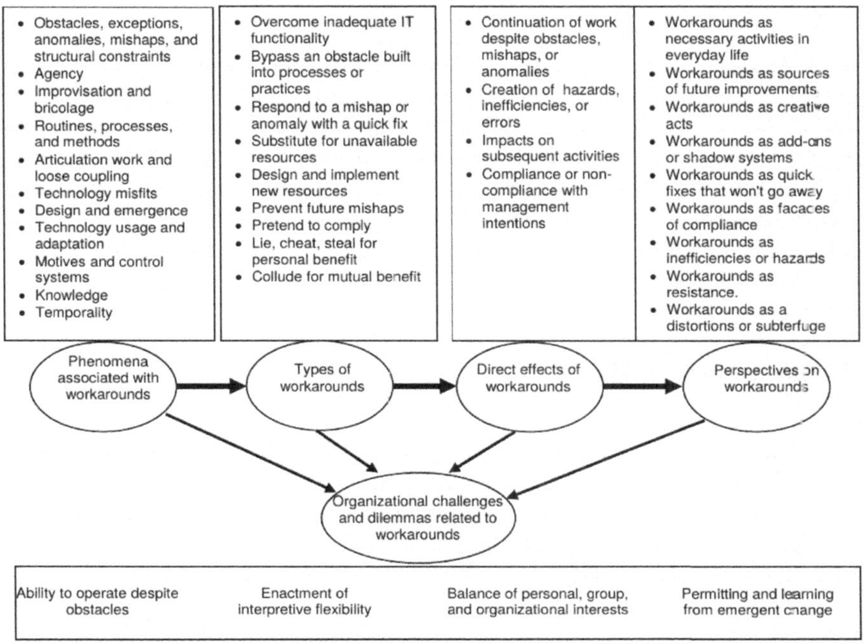

Abb. 4.1 Klassifikation der Workarounds (Alter 2014)

Ein Workaround kommt im Allgemeinen in einem bestimmten Kontext zur Anwendung (Alter 2014). Ob ein Workaround zur Anwendung kommt, hängt dabei von den Zielen des Durchführenden und den aktuell herrschenden Umständen ab. Der Durchführende muss dazu verschiedene Entscheidungen treffen, die darauf basieren ob ein möglicher Workaround zu bewerkstelligen ist, ob sich dieser prinzipiell eignet die eigenen Ziele zu erreichen und ob das damit verbundene Risiko, z.B. entdeckt zu werden oder anderen Personen Schaden zuzufügen, akzeptabel erscheint.

In der vorgestellten „Theorie des Workarounds" werden viele Beispiele für Workarounds dargestellt. Jedoch wurde bisher versäumt diese Forschung zu systematisieren und auch den Lebenszyklus des Workarounds, der möglicherweise auch als neuer Arbeitsstandard übernommen werden kann, in Gänze zu untersuchen. Gleichzeitig deckt der bisherige Ansatz ein recht großes Handlungsfeld ab, das recht einfache Probleme wie ungenügende Bereitstellung von Ressourcen und sehr schwerwiegende Probleme wie Betrug umfasst.

Für die Prozessakzeptanzforschung ergeben sich jedoch vielfältige Anknüpfungspunkte. Zum einen betont Alter (2014), dass insbesondere Geschäftsprozesse anfällig für Workarounds sind und sieht in der Untersuchung dieses Phänomens weiteren Forschungsbedarf. Zum anderen können aus der „Theorie des Workarounds" Faktoren abgeleitet werden, die besonders im Prozessumfeld das Aufkommen von Workarounds begünstigen. Diese indizieren ihrerseits einen Mangel an Prozessakzeptanz. Insofern können diese Faktoren in die weitere experimentelle Untersuchung miteinbezogen werden.

4.5 Akzeptanzmodelle

Aus den allgemeinen Überlegungen in 2.2.1 kann gefolgert werden, dass Akzeptanz nicht direkt gemessen werden kann. Es müsssen daher geeignete Indikatoren bzw. Skalen konstruiert werden (Renn und Zwick 1997, S. 15). Bei der Interpretation der Ergebnisse müssen also die generellen Einschränkungen, die bei der Messung latenter Konstrukte bestehen, berücksichtigt werden.

In der Soziologie, der Psychologie, der Wirtschaftsinformatik und anderen verwandten Disziplinen wurden verschiedene Modelle zur Messung von Akzeptanz vorgestellt. Dabei muss beachtet werden, dass manche Messmodelle kontextspezifisch angelegt sind. Zudem wurde die Grundidee vieler Modelle aufgegriffen und darauf evolutionär aufbauende Messmodelle vorgestellt. Eine Auflistung, der für diese Arbeit wichtigsten Modelle, findet sich in Tabelle 4.2 und 4.3. Die dargestellten Messmodelle können anhand ihrer Charakteristika in Input, Input-Output und Rückkopplungsmodelle unterschieden werden (Filipp 1996, S. 26).

Tab. 4.2 Modelle der Akzeptanzforschung 1

Theorie	Jahr	Autor / Titel	Zusammenfassung
Verhalten vs. Einstellung	1934	LaPiere („Attitudes vs. actions")	Inwiefern wird das Verhalten durch die Einstellung beeinflusst.
Diffusion of Innovations	1962	Rogers (*Diffusion of Innovations*)	Innovationsdiffusion in einem sozialem System
Thoery of Reasoned Action (TRA)	1975	Fishbein und Ajzen (*Belief, attitude, intention, and behavior*)	Modell zur Erklärung von Verhalten, basierend auf Einstellung, subjektiver Norm und Verhaltensabsicht
Attitude and Attitude Change	1971	Schneider (*Attitude and Attitude Change*)	Theorie zur Erklärung von Verhalten basierend auf Einstellungen, sozialen Normen und Gewohnheiten. Konkurrenzmodell zur TRA.
Akzeptanzmodell nach Degenhardt	1986	Degenhardt (*Akzeptanzforschung zu Bildschirmtext*)	Alltagsrelevante Akzeptanzfaktoren
Theory of Planned Behavior (TBP)	1986	Ajzen („From Intentions to Actions")	Weiterentwicklung der TRA unter Einbezug der Verhaltenskontrolle
Technology Acceptance Model (TAM)	1989	Davis („Perceived Usefulness, Perceived Ease of Use, and User Acceptance of Information Technology")	Untersuchung der Akzeptanz von Technologie im Kontext der TRA
Model of Personal Computer Utilization (MPCU)	1991	Thompson und Higgins („Personal Computing")	Modell zur Erklärung der Nutzung von Computern
Task Technology Fit Model (TTFM)	1991	Goodhue und Thompson („Task-Technology Fit and Individual Performance")	Untersuchung des Zusammenhangs zwischen Aufgabe und verwendeter Technologie
Combined TAM and TPB (C-TAM-TBP)	1995	Taylor und Todd („Understanding Information Technology Usage")	Kombination von TAM und TBP.

Tab. 4.3 Modelle der Akzeptanzforschung 2

Theorie	Jahr	Autor / Titel	Zusammenfassung
Akzeptanzmodell nach Kollmann	1998	Kollmann (*Akzeptanz innovativer Nutzungsgüter und -systeme*)	Verbindet Arbeits-, Absatz-, Organisations- und Produktionstheorie.
Akzeptanzmodell nach Filipp	1996	Filipp (*Akzeptanz von Netzdiensten und Netzanwendungen*)	Akzeptanz von Netzanwendungen und Netzdiensten.
Integrated Behavioral Model (IBM)	1998	Kasprzyk u. a. („Application of an Integrated Behavioral Model to Predict Condom Use: A Prospective Study Among High HIV Risk Groups1")	Modell zu Erklärung eines bestimmten Verhaltens. Einsatz im Bereich der Gesundheitsvorsorge, basiert auf TBP
Technology Acceptance Model 2 (TAM2)	2000	Venkatesh und Davis („A theoretical extension of the technology acceptance model")	Erweiterung des TAM
Unified Theory of Acceptance (UT-AUT)	2003	Venkatesh u. a. („User Acceptance of Information Technology")	Kombination verschiedener Modelle
Technology Acceptance Model 3 (TAM3)	2008	Venkatesh und Bala („Technology acceptance model 3 and a research agenda on interventions")	Erweiterung des TAM 2
Ziemendorf	2009	Ziemendorf (*Emotionale Akzeptanz in Veränderungsprozessen*)	Akzeptanzkurvenmodell für Veränderungsprozesse
Modell zur Untersuchung der Prozessakzeptanz	2012	Degerli („Identifying Factors Influencing the Acceptance Of Processes: An Empirical Investigation using the Structural Equation Modeling Approach")	Erster Versuch der Anwendung des TAM auf Prozesse.

4.5.1 Input-Modelle

Input-Modelle versuchen das Phänomen der Akzeptanz durch ihre Einflussgrößen zu erklären. Diese recht einfachen Modelle eignen sich vor allem zur Dekomposition des Akzeptanzbegriffs. Dabei erklären sie nur die Einstellung des Akzeptanzsubjekts bezüglich des Akzeptanzobjekts ohne daraus ein Verhalten abzuleiten. So bilden die Faktoren „Technik, Mensch und Aufgabe" im Akzeptanzmodell von Allerbeck und Helmreich (Allerbeck und Helmreich 1984) (zitiert nach Kollmann, S. 77f) die Einflussgrößen, aus denen sich die Einstellung des Akzeptanzsubjekts gegenüber dem Akzeptanzobjekt bilden. Inwiefern diese beeinflusst werden können, bzw. ob sich daraus ein Verhalten ableiten lässt, wird dabei nicht berücksichtigt. Ein etwas umfangreicheres Modell legt Schönecker (1982) vor. In diesem Modell entsteht Akzeptanz aus der Einführung in eine Technologie durch Schulung und Betreuung, das soziale Umfeld, organisatorische Einsatzbedingungen und Technikgestaltung. Interessanterweise wurden diese Modelle im Hinblick auf die Nutzung obligatorischer Systeme entwickelt. Insofern umgehen diese Modelle, trotz ihrer Beschränktheit, der Kritik die z.B. das Technologieakzeptanzmodell TAM, wie in 4.6 dargestellt, ausgesetzt ist.

TAM Grundmodell

Das TAM selbst gehört auch zur Gruppe der Input-Modelle. Es basiert auf der „Theory of Reasoned Action" von Fishbein (1975) und Ajzen (1980). Diese Theorie, die später in die „Theory of planned behaviour" einfloss (Ajzen 1985), stellt ein Modell zur Vorhersage von Verhalten im Zusammenhang mit den vorliegenden Einstellungen der handelnden Person dar. In diesem Modell wird die Verhaltensintention aus der eigenen Einstellung zu diesem Verhalten gebildet. Zusätzlich fließt die subjektive Norm der Gesellschaft, also wie stark oder schwach ein bestimmtes Verhalten erwartet bzw. sozial akzeptiert wird, in die Bildung dieser Verhaltensintention ein.

Im TAM, wie in Abbildung 4.2 dargestellt, wurden diese abstrakten Faktoren im IS Kontext abgewandelt um so die Intention, eine bestimmte Technologie zu nutzen, messbar zu machen (Davis 1986) Im Zentrum des Modells steht die wahrgenommene Nützlichkeit (U) und die wahrgenommene Nutzerfreundlichkeit (E) der Technologie aus Nutzersicht (Davis u. a. 1989, S. 983-985). Die wahrgenommene Nützlichkeit drückt aus, inwiefern eine Person glaubt, dass ein bestimmtes System dessen Arbeitsleistung erhöhen kann. Der Grad des wahrgenommen Aufwands um das System zu benutzen, drückt die Variable der wahrgenommenen Nutzerfreundlichkeit aus.

Die tatsächliche Systemnutzung hängt in diesem Modell auch von der vorliegenden Absicht (BI) des Nutzers ab überhaupt das System zu nutzen. Diese Absicht wird von der Einstellung gegenüber der Nutzung (A) beeinflusst. Empirische Studien stützen diesen durch das Modell postulierten Zusammenhang (Fan und Wu 2011).

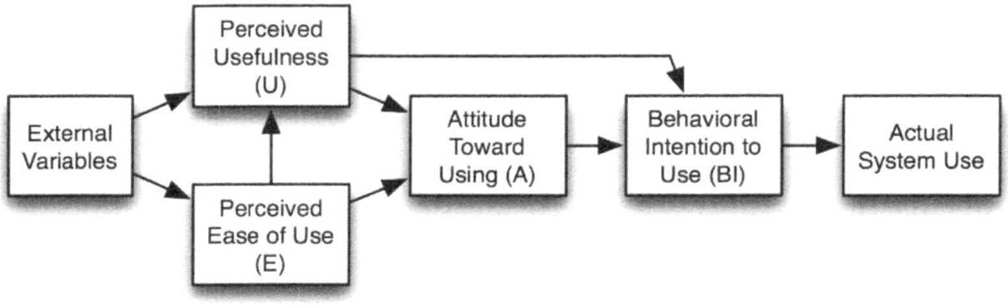

Abb. 4.2 Technologieakzeptanzmodell nach Davis (1989)

4.5.2 Input-Output Modelle

Während Inputmodelle, wie in 4.5.1 dargestellt, Ergebnisgrößen nicht beachten, werden diese von Input-Outputmodellen integriert. Im Verständnis dieser Modelle wird Akzeptanz aus Einflussgrößen (Input) und Ergebnisgrößen (Output) gebildet. Beispielsweise fügt Hilbig (1984) (zitiert nach Schnell, S. 26) den Einflussgrößen der Input Modelle, Mensch, Technik und Organisation (in ähnlicher Weise bei (Allerbeck und Helmreich 1984) zu finden), die Akzeptanzfolgen der Nutzungsphase hinzu. So wird ein möglicher Zusammenhang zwischen Akzeptanz und Leistungsmerkmalen konstruiert.

Bei Helmreich (Helmreich 1980, S. 22 ff) führen die Eingangsgrößen (z.B. Ergonomie, Arbeitsstruktur, Übung) zu Akzeptanz, die wiederum zu den Outputgrößen (Ökonomie, Leistung und Arbeitszufriedenheit) führt.

Der genaue Akzeptanzbildungsprozess wird von diesen Modellen jedoch nur rudimentär betrachtet.

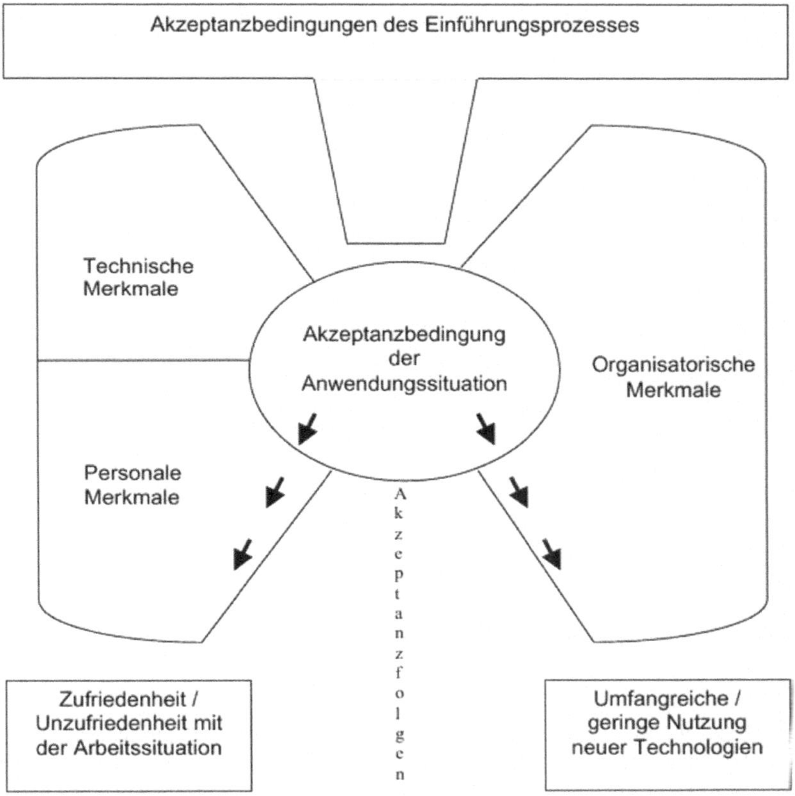

Abb. 4.3 Input-Output Modell nach Hilbig

4.5.3 Rückkopplungsmodelle

Rückkopplungsmodelle beschreiben den rekursiven Zusammenhang zwischen Akzeptanzbildung und den Input-Größen. Das Ergebnis der Akzeptanzbildung fließt als Rückkopplung, wie im Modell von Reichwald (1978) dargestellt, in die Input-Größen zurück. Dies erscheint, insbesondere für technische Innovationen sinnvoll. Beispielsweise erfährt die Internetnutzung eine hohe Akzeptanz, die ihrerseits die organisationalen Rahmenbedingungen, wie in Abbildung 4.4 ersichtlich, verändert. Das dargestellte Modell lässt sich in in die drei Kategorien der Akzeptanz

(Subjekt, Objekt und Kontext) zerlegen und liefert auch mögliche operationalisierbare Faktoren.

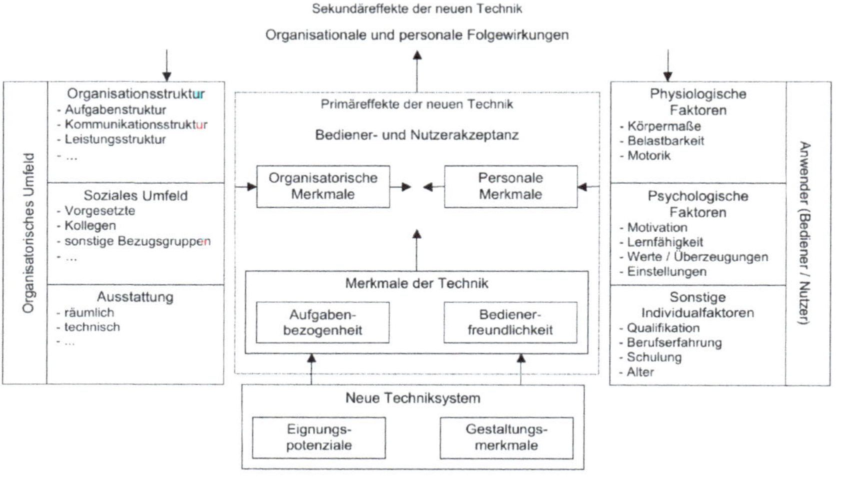

Abb. 4.4 Rückkopplungsmodell nach Reichwald (1978)

Eine Weiterentwicklung schlägt Kollmann (1998), durch die Einbeziehung des prozessualen Charakters der Akzeptanzbildung, vor. In diesem Modell, wie in Abbildung 4.5 dargestellt, wird die Akzeptanzbildung als laufender Prozess dargestellt. Als Einflussfaktoren kommen, ähnlich wie in anderen Modellen, produktbezogene, subjektbezogene und unternehmensbezogene Determinanten vor. Die produktbezogenen Faktoren fassen Komponenten des Akzeptanzobjekts, wie z. B. Komplexität oder Kompatibilität, zusammen. Das beobachtbare Verhalten des Akzeptanzsubjekts, wie z. B. die tatsächliche Nutzung, findet sich in den subjektbezogenen Faktoren wieder. Der Akzeptanzkontext wird in den unternehmensbezogenen Faktoren zusammengefasst. Das Phasenmodell gliedert sich in die Einstellungs-, Handlungs- und Nutzungsphase. Der Durchlauf kann dabei Schleifen und Anpassungen enthalten. Nach jeder Phase wird eine Teilakzeptanz gebildet. Ist dies nicht der Fall, wird der Prozess abgebrochen. In der Einstellungsphase werden Erwartungen gebildet, die dann während der Handlungsphase mit der tatsächlichen Nutzung der Innovation kontrastiert werden. Wird die Innovation akzeptiert, kommt es zur Ausweitung der Nutzung in der Nutzungsphase.

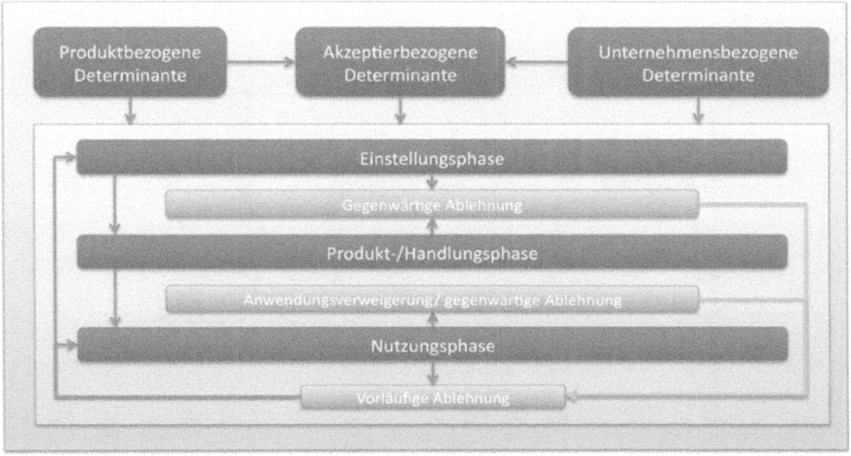

Abb. 4.5 Rückkopplungsmodell nach Kollmann

Der Verdienst des Modells besteht in der Berücksichtigung des prozessualen Charakters der Akzeptanzbildung. Gleichzeitig wird so die Operationalisierbarkeit und die empirische Überprüfbarkeit erschwert.

4.5.4 Akzeptanzkurvenmodelle

Eine weitere Klasse von Akzeptanzmodellen stellen die Akzeptanzkurvenmodelle dar. Diese stellen das Akzeptanzsubjekt in das Zentrum der Betrachtung. Erst wenn beim Akzeptanzsubjekt ein Veränderungsprozess stattfindet, kommt es zur Akzeptanzbildung. Ein solches Modell schlägt Ziemendorf (2009) vor. Darin wird, wie in Abbildung 4.6 dargestellt, das Ausmaß der Unterstützung über die Zeit abgetragen. Es lassen sich drei Phasen unterteilen. In der ersten Phase, der Vorbereitungsphase, erkennt das Subjekt seine Betroffenheit. In der zweiten Phase kommt es dann zur Akzeptanzbildung, die dann in der dritten Phase in der Identifikation mündet. Eine andere Sichtweise wird von Kostka und Mönch (2009) diskutiert. In ihrem Modell spielt die wahrgenommene eigene Akzeptanz die Schlüsselrolle zur Akzeptanzbildung in einem Veränderungsprozess. Die daraus resultierende Akzeptanzkurve zeigt die Veränderung über die Zeit.

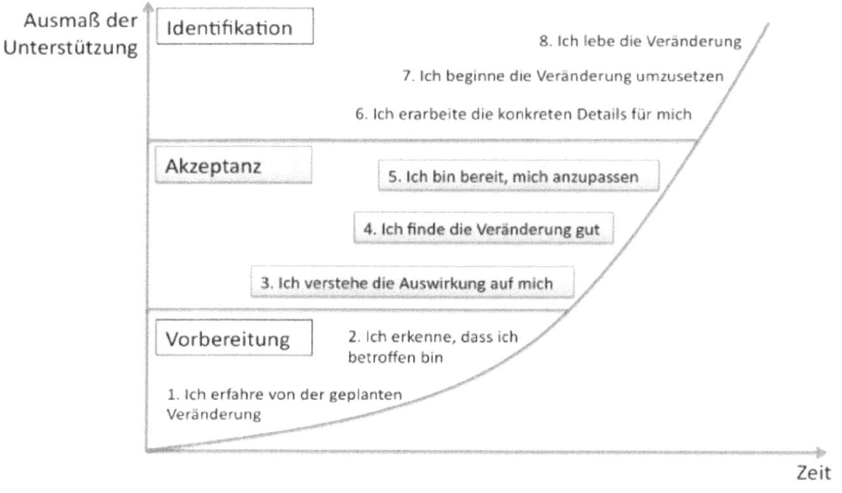

Abb. 4.6 Unterstützungskurve nach Ziemendorf

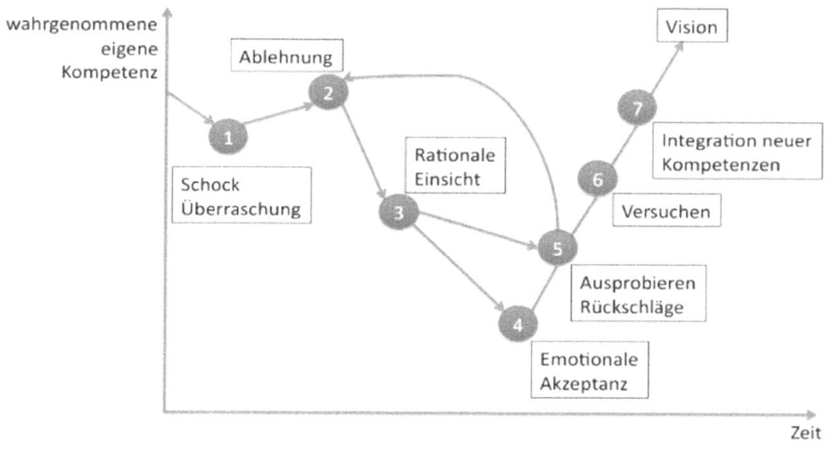

Abb. 4.7 Akzeptanzkurve nach Kostka

Für die vorliegende Untersuchung spielen diese beiden vorgestellten Modelle eine untergeordnete Rolle. Dennoch zeichnen sie sich durch die Fokussierung auf das Akzeptanzsubjekt aus. Die Aussagen der Modelle können somit die weitere Konstruktkonzeptualisierung unterstützen.

4.6 Kritik der TA(M)-Forschung

Insbesondere das TAM und seine Nachfolger haben die Forschung im Bereich Wirtschaftsinformatik und Information Systems Research in den letzten Jahrzehnten geprägt. Beide Disziplinen befinden sich in gewisser Weise in einer vorparadigmatischen Phase (Moller und Chaudhry 2012, S. 94) und versuchen ihren Theoriekern zu entwickeln um weiterhin als Fächer im wissenschaftlichen Betrieb und für die Praxis relevant zu sein. Ein Vorschlag zur Theorieentwicklung in der WI stellt beispielsweise Gadenne (1999) vor, der dazu auf den kritischen Rationalismus zurückgreift. Vorparadigmatische Disziplinen zeichnen sich dabei durch Debatten über Grundannahmen und Widersprüchlichkeiten aus (Kuhn 1996). Dabei soll die Forschung wissenschaftlichen Kriterien rigoros entsprechen. Inwiefern diese zwei Ziele erreicht werden können, wurde unter dem Stichwort „Rigor vs. Relevance“ (Davenport und Markus 1999; Lee 1999) diskutiert. In diesem Kontext versprühen die TA-Modelle einen gewissen Charme. Ihre Ergebnisse müssen statistischen Tests und Kennzahlen genügen und enthalten somit ein offensichtliche „Rigor“-Komponente.

Probleme der Empirie

Ein viel diskutiertes Problem von TAM-Studien ist die Validität dieser Studien. Es ist anzunehmen, dass viele Studien aufgrund des Publikationsbias nicht veröffentlicht werden. In einer Meta-Studie konnte King und He (2006) die Reliabilität der TAM Konstrukte (PU und BI) nachweisen. Bei den postulierten Korrelationen ist die Sachlage uneindeutig. So kommen Metaanalysen, wie z.B. Yousafzai et al. (2007) und Li (2010), zu dem Schluss, dass Inkonsistenzen zwischen den empirischen Ergebnissen und den TA-Modellen vorliegen. Überraschenderweise sind selbst die postulierten Korrelationen des Modellkerns nicht in jeder empirischen Untersuchung gegeben.

Eine mögliche Erklärung der Inkonsistenzen ist das gewählte Untersuchungsdesign. Akzeptanzstudien werden oft als Laborexperimente unter Verwendung von Studierenden als Befragungsgruppe durchgeführt (Legris u. a. 2003, S. 12). Zudem bleibt unklar, inwiefern das System wirklich genutzt wird. Eine technische Überprüfung z.B. mit Logdateien findet kaum statt. Vielmehr wird in den Erhebungen auf eine korrekte Selbstauskunft der Untersuchungssubjekte vertraut (Lee u. a. 2003, S. 762).

Probleme der Theorie

Ein weiteres Problem liegt in der Validität der Einflussvariable wahrgenommene Nutzerfreundlichkeit, deren Einfluss auf die Nutzungsintention nicht ausreichend untersucht wurde (Silva 2007, S. 262). Vielmehr kann angenommen werden, dass die wahrgenommene Nutzerfreundlichkeit abhängig von der gegebenen Aufgabe ist. Intuitiv erscheint diese Annahme gerechtfertigt, da Softwareprodukte trotz hoher Lernkurve und teilweise geringer Nutzerfreundlichkeit, wie z.B. IDEs oder Textsatzsysteme, für spezielle Aufgaben sehr gerne eingesetzt werden. Zudem kritisiert Bagozzi, dass die Verbindung von Nutzungsintention und tatsächlicher Nutzung nicht kritisch hinterfragt wird. So können beispielsweise durch ein Modell nicht alle Facetten der menschlichen Entscheidungsfindung abgebildet werden. Gleichzeitig können zwischen der Bildung der Nutzungsintention und der tatsächlichen Nutzung unbekannte Faktoren einwirken, die durch das Modell nicht berücksichtigt werden können. In den letzten Jahren hat sich auch das Verhältnis der Anwender zu Technologie geändert. War es in den 1980er Jahren in weiten Teilen noch unüblich einen PC-Arbeitsplatz zu besitzen, wird Technologie heute auch stark hedonistisch konsumiert. Technologie und die mit ihre einhergehende Kultur, zwischen Maker-, Hackerkultur und Nerd-Chic, dient inzwischen vielmehr als Distinktionsmerkmal (Bourdieu 1987). Es muss also die Frage gestellt werden, ob die verschiedenen Technologieakzeptanzmodelle aus einer anderen vergangenen Zeit kommen.

Relevanz für die Praxis

Neben den existierenden empirischen und theoretischen Problemen wird der Technologieakzeptanzforschung von Seiten der Unternehmen eine fehlende praktische Relevanz vorgeworfen. Die Implikation des TAM, dass Technologie benutzerfreundlich und nützlich sein muss, ist recht offensichtlich. Das eigentliche Ziel des TAM war es die Auswirkungen von Systemeigenschaften auf die Akzeptanz von Informationssystemen zu untersuchen (Davis 1986, S. 2). Dennoch entfernte sich die darauf aufbauende Forschung von diesem Ziel. Anstatt wirkliche Eigenschaften zu untersuchen wurde die Anzahl der Variablen erhöht, jedoch ohne die neuen und bestehenden Variablen kritisch zu hinterfragen (Bagozzi 2007, S. 245).

Welche Attribute die Nützlichkeit und die Nutzerfreundlichkeit erhöhen bleibt also weiterhin schlecht untersucht. Um diesen Nachteilen zu begegnen wurde in der Literatur die Verschmelzung mit anderen Akzeptanzmodellen vorgeschlagen (Wixom und Todd 2005). Daraus könnten möglicherweise gehaltvolle praktisch relevante Empfehlungen zur Gestaltung von Informationssystemen abgeleitet werden.

5 Einflussfaktoren der Prozessakzeptanz

Wie in Kapitel 2.3 dargestellt indiziert eine Prozessabweichung mangelnde Prozessakzeptanz, durch die es zu schwerwiegenden Konsequenzen kommen kann. Dazu ist es notwendig zu ergründen, welche Faktoren die Prozessakzeptanz beeinflussen. Zur Untersuchung dieser Fragestellung sind mehrere Herangehensweisen denkbar. Zum einen können aus der Literatur und theoretischen Überlegungen Faktoren ermittelt werden, zum anderen können diese Faktoren sich aus der empirischen Forschung speisen. Auch sind IT-gestützte Verfahren wie „Process-Mining", wie in Kapitel 4.3 dargestellt, denkbar. Dieses Verfahren funktioniert jedoch nur bei ausgeführten und aufgezeichneten Prozessen. Im Folgenden wurde daher eine qualitative empirische Untersuchung durchgeführt.Dazu wurden 21 Interviews in der Automobilindustrie [1] durchgeführt (Müllerleile u. a. 2015). Zusätzlich wird versucht, weitere Faktoren aus der Literatur sowie theoretischen Überlegungen zu ermitteln.

5.1 Empirische Faktoren

5.1.1 Experteninterviews

Zur Untersuchung der empirischen Einflussfaktoren auf die Prozessakzeptanz wurden semi-strukturierte Interviews durchgeführt. Diese eignen sich besonders bei der Untersuchung explorativer Fragestellungen (Kramp 2004). Um die Datenqualität der Interviews zu erhöhen wurden die Empfehlungen zur Interviewführung und Leitfadenkonstruktion beachtet (Helfferich 2010). Dazu wurden mögliche Fragen gesammelt, überprüft, sortiert und subsumiert. Mit dieser Sammlung konnten die Fragen weiter optimiert und ausgewählt werden. Der Interviewleitfaden wurde anhand der zeitlichen Reihenfolge des Prozesslebenszyklus (Prozesserstellung, Prozessimplementierung, Prozessdurchführung) strukturiert. Zu Beginn wurden die Interviewpartner gebeten, ihre tägliche Arbeit und die Prozesse, mit denen sie arbeiten, zu beschreiben. Im weiteren Verlauf wurden die Prozesse besprochen und dabei Abweichungen und andere Besonderheiten in der Prozessausführung diskutiert. Dabei wurde stark darauf geachtet, den Interviewpartner frei berichten zu lassen ohne ihn dabei zu beeinflussen. Das Sample der Interviewpartner wurde schrittweise nach dem Schneeballprinzip erstellt (Biernacki und Waldorf 1981).

[1] Das Unternehmen und die Interviewteilnehmer möchten anonym bleiben.

T. Müllerleile, *Prozessakzeptanz*, Forschung zur Digitalisierung der Wirtschaft | Advanced Studies in Business Digitization, https://doi.org/10.1007/978-3-658-27103-9_5

Die Interviewpartner verfügten über keine große Erfahrung im Bereich GPM, jedoch waren sie gut in die Prozesse des Unternehmens integriert. Alle 21 Teilnehmer arbeiteten für das gleiche Unternehmen, jedoch über zwei Standorte verteilt. Unter den Teilnehmern befanden sich Prozesseigner sowie Prozessteilnehmer. Zu den Geschäftseinheiten aus denen die Interviewpartner rekrutiert wurden zählten die Produktion und Produktionsplanung, Logistik, interne Dienstleistungen und Controlling.

Insgesamt wurde darauf geachtet, dass die Teilnehmer, die Mitarbeiter des wirtschaftlichen oder technischen Bereichs waren, einen kompletten Prozess von Beginn bis Ende abdeckten.

Prozessabweichungen können als unerwünschtes soziales Verhalten kategorisiert werden, daher wurde der Leitfaden mehrfach getestet, da angenommen wurde, dass die Teilnehmer positives Verhalten, also prozesskonformes Verhalten, in ihren Ausführungen stärker gewichten würden. Diese Befürchtung stellte sich bei den Interviews als unbegründet heraus. Im Gegenteil konnte festgestellt werden, dass viele Teilnehmer die Gelegenheit nutzten um über Prozessprobleme zu sprechen.

Die Interviews wurden zwischen März und August 2014 durchgeführt. Jedes Interview dauerte zwischen 45 und 90 Minuten. Alle Interviewteilnehmer waren mit der Aufzeichnung der Gespräche einverstanden. Aus den Aufzeichnungen wurden später Transkripte erstellt auf denen die Auswertung basiert. Insgesamt waren die Teilnehmer gerne bereit die Forschung in diesem Bereich zu unterstützen, da es für viele eine seltene Gelegenheit war über nicht prozesskonformes Verhalten zu sprechen und dabei ihren Unmut über ein solches Vorgehen auszudrücken.

Zusätzlich ergaben sich Einflussfaktoren aus der Auswertung der Daten zur induktiven Konstruktion der „Theorie der Prozessakzeptanz“ in Kapitel 3.2. Diese umfassen die Art und Anzahl der Interaktion sowie die Interdependenz zwischen den Prozessergebnissen. Je geringer die Interaktion und die Interdependenz ausfällt umso eher wird der Prozess akzeptiert. Daher ähneln sich die Ergebnisse beider Untersuchungen.

5.1.2 Datenanalyse

In einem ersten Schritt wurden die Interviews transkribiert. Die so erstellten Rohdaten wurden dann im Rahmen einer qualitativen Inhaltsanalyse ausgewertet. Als Analyseart wurde auf eine zweistufige Kodierung zurückgegriffen. Diese umfasste „open“ und „axial coding“. Allgemein eignen sich diese Analysearten um neue empirische Zusammenhänge, wie in Kapitel 5 gefordert, zu entdecken.

Zuerst wurden die Rohdaten im Rahmen des „open codings“, wie in Kapitel 3.2.2 dargestellt, annotiert. Im Rahmen dieser Methode wird empfohlen die erstellten Codes über alle Transkriptionen wiederzuverwenden. Daher wurde ein entsprechendes Codebuch angelegt um die „intercoder“ Reliabilität zu erhöhen. Insgesamt wurden 364 Codes erstellt. Diese wurden weiter durch Memos annotiert. Memos helfen bei der Auswertung, da diese den Kontext und die Bedeutung des Codes vertiefen. Gleichzeitig können durch Memos erste Analyseergebnisse festgehalten werden. Insgesamt wurden die erstellten Codes mit 230 Memos angereichert.

Im weiteren Verlauf wurden alle Codes zusammengefasst und kategorisiert. Daraus resultierte eine Hierarchie aller Codes, inklusive aller Kategorien und Unterkategorien. Im letzten Schritt der Analyse wurden die Kategorien mit den Eigenschaften der entsprechenden Codes annotiert und axial kodiert. Durch die axiale Kodierung konnten alle Kategorien und Unterkategorien miteinander verbunden werden (Strauss 1990). Dadurch können Beziehungen zwischen den Kategorien, die sich auf das zu untersuchende Phänomen beziehen, aufgedeckt werden. Dabei wurden die Richtlinien von Strauss angewendet (Strauss 1987, S. 58ff). Die daraus entstehenden Faktoren sind in Abbildung 5.1 dargestellt und werden in Kapitel 5.1 erläutert.

5.1.3 Ergebnisse

Aus der Analyse, wie in Kapitel 5.1.2 dargestellt, konnte eine generelle Struktur des Phänomens „Prozessakzeptanz“ abgeleitet werden. Darin wurden die zuvor identifizierten Faktoren eingeordnet und bilden so ein logisches Rahmenwerk. Die Gründe, die zu einer Prozessabweichung führen sind vielschichtig. Aus den Ergebnissen wird auch deutlich, dass Prozessabweichungen sehr häufig in der Praxis anzutreffen sind. Sie lassen sich in vier Kategorien einteilen. Die ersten beiden Kategorien (Prozesserstellung und Implementierung) treten zeitlich vor der Prozesseinführung auf, die letzten beiden zeitlich nach der Prozesseinführung (Prozessausführung und Kontrolle bzw. falls nötig Prozessanpassungen oder Veränderungen). Die Faktoren innerhalb jeder Kategorie werden anhand ihrer Akzeptanzdimensionen nach Subjekt [2], Objekt [3] und Kontext [4] sortiert und im weiteren Verlauf vorgestellt.

Prozesserstellung

Die Kategorie der Prozesserstellung umfasst alle notwendigen Schritte um einen Prozess zu modellieren oder anderweitig zu erstellen. Das beinhaltet die Durchführung verschiedener Erhebungsmethoden, z.B. Interviews, um Informationen über den Prozess zu sammeln und diese dann im Rahmen der Modellierung in ein geeignetes Prozessmodell zu überführen. Auch wenn kein graphisch modelliertes Prozessmodell erstellt wird, werden die Informationen aufbereitet und der Ablauf, wenn auch nur textuell, beschrieben.

Im Rahmen der empirischen Untersuchung konnten nur Faktoren ermittelt werden, die das Akzeptanzsubjekt betreffen

Subjekt

Einbeziehung der Teilnehmer: Aus der Analyse der Interviews kann gefolgert werden, dass die frühzeitige Einbeziehung aller Prozessteilnehmer wichtig für die spätere Prozessakzeptanz ist. Jedoch ist es nicht immer möglich alle Prozessbeteiligten, wie z.B. externe Kunden, in die Prozesserstellung einzubeziehen. Zusätzlich erklärten die Interviewpartner, dass die Teilnahme an solchen Workshops die Motivation erhöht, Erfahrungen mit dem Prozess auszutauschen. Die Aufgabe und Tiefe dieser Workshops , z.B. von der Prozesserhebung bis zur Modellierung, kann dabei je nach Anspruchsgruppe variieren. Ein interessantes Ergebnis innerhalb dieser Kategorie stellt die Bewertung der erstellten Prozesse durch Kollegen dar. Mitarbeiter sind geneigter Prozesse zu akzeptieren, die unter Mitarbeit ihrer Kollegen entstanden sind. Im Gegensatz dazu werden vom Management vorgegebene Prozesse eher weniger wahrscheinlich akzeptiert. Dieser Sachverhalt wird bestärkt, wenn es sich um Kollegen derselben Hierarchiestufe handelt, die gemeinsam an einem Workshop teilnehmen.

Informationsverbreitung der Teilnahme: Die Prozessakzeptanz kann weiter gefördert werden, wenn dieser Sachverhalt, dass Kollegen der gleichen Hierarchiestufe einen Prozess gemeinsam erstellt haben, verbreitet wird.

[2] Der Prozessbeteiligte.
[3] Der Prozess selbst, bzw. das Model.
[4] Die betriebliche Umwelt.

Prozessimplementierung

Die Prozessimplementierung umfasst alle Tätigkeiten, die zur tatsächliche Einführung des Prozesses im Unternehmenskontext führen. Die Einführung, die traditionell oder computergestützt, z. B. in einer Prozessengine, durchgeführt werden kann, enthält zusätzlich auch Mitarbeiterschulungen und Kommunikationsmaßnahmen bezüglich des neuen Prozesses. Die Interviews zeigten, dass alle Dimensionen gleichermaßen in den Ergebnissen wiederzufinden sind.

Subjekt

Gründe der Prozesseinführung: Die Interviews zeigten, dass viele Prozesse eingeführt werden ohne die Gründe ihrer Existenz darzulegen. Die Prozessakzeptanz kann gesteigert werden, indem die Prozessbeteiligten so früh wie möglich über den (neuen) Prozess informiert werden. Dabei sollte dargelegt werden, welchen Effekt der Prozess auf die gesamte Unternehmung sowie auf die einzelne Arbeitsbelastung- und Routine der Mitarbeiter hat. Auch sollten die Gründe, die zu einer Prozessänderung geführt haben wie beispielsweise eine Kundenbeschwerde, detailliert mitgeteilt werden. Die Interviewpartner waren der Ansicht, dass in eine solche Informationskampagne mehr Zeit und Aufwand investiert werden sollte, insbesondere wenn Mehrarbeiten aufgrund des neuen Prozesses nicht gratifiziert werden.

Training (zeitlich vor Einführung): Aus der Analyse der Daten kann gefolgert werden, dass Mitarbeiter, die keine Schulung für den neuen Prozess (vor dessen Einführung) erhalten haben, sich vom neuen Prozess abwenden und diesem misstrauen. Es liegt nahe, dass Schulungsmaßnahmen den Übergang zu einem neuen Prozess vereinfachen. Eine solche Schulung unterstützt das bereits angesprochene Ziel, dass Informationen über den neuen Prozess so früh wie möglich verbreitet werden sollten.

Peer Group: Die Prozessakzeptanz lässt sich steigern, wenn eine komplette Gruppe mit einem Prozess arbeiten soll. Wird nur ein einziges Mitglied der Gruppe herausgegriffen und soll alleine einen neuen Prozess durchführen, verringert das die Prozessakzeptanz. Wird diese Gruppe komplett in die Prozesserstellung miteinbezogen kann die Prozessakzeptanz weiter gesteigert werden. Des Weiteren ist eine kurze soziale Distanz zwischen den Gruppenmitgliedern zur Erhöhung der Prozessakzeptanz förderlich.

Prozesslotse: Die Prozessakzeptanz kann erhöht werden, indem ein Ansprechpartner des neuen Prozesses zur Verfügung steht. Dieser Lotse sollte in den Prozess integriert sein und vorzugsweise zur selben Hierarchieebene gehören wie der Großteil der anderen Prozessbeteiligten. Natürlich arbeiten verschiedene Hierarchiestufen innerhalb eines Prozesses zusammen, jedoch ist es ungünstig, wenn der Vorgesetzte auch gleichzeitig der Prozesslotse ist.

Objekt

Transparenz: Fast alle Interviewpartner waren der Ansicht, dass die transparente Darlegung aller Prozessdetails und eine klare Kommunikation der Verantwortlichkeiten die Prozessakzeptanz erhöhen kann. So sollte beispielsweise das Prozessmodell oder die Prozessbeschreibung öffentlich zugänglich sein.

Struktur: Wird ein neuer Prozess eingeführt, der weniger komplex oder deutlich besser strukturiert ist, führt dies zu einer Steigerung der Prozessakzeptanz. Interessanterweise nehmen Mitarbeiter auch gerne schwierigere Prozesse bzw. Prozessschritte in Kauf, sofern ein anderer Mitarbeiter dadurch entlastet wird.

Kontext

Implementierungsstrategie: Die Ergebnisse legen nahe, dass ein kontinuierlicher Einführungsprozess zur Steigerung der Prozessakzeptanz beitragen kann. Eine solche Strategie ermöglicht es dem Mitarbeiter sich an den neuen Prozess zu gewöhnen, insbesondere wenn dadurch die Arbeitsbelastung des Mitarbeiters steigt.

Implementierungskontext: Die Interviewteilnehmer brachten zum Ausdruck, dass das allgemeine Arbeitsumfeld die Implementierung stark beeinflussen kann. Insbesondere ein chaotisches Betriebsklima wirkt sich negativ auf die Prozessakzeptanz aus. Dies zeigt sich, wenn z.B. ein Prozess überhastet und alleine über die Macht der Hierarchie implementiert wird.

Informationsstrategie: Wie schon in den anderen Punkten angedeutet, spielt die Informationsstrategie eine wichtige Rolle zur Steigerung der Prozessakzeptanz. Die Prozessbeteiligten ziehen es vor frühzeitig, persönlich und über die offiziellen Kanäle informiert zu werden. Mitarbeiter möchten durch ihren Vorgesetzten und nicht durch andere Kollegen zufällig informiert werden.

Prozessausführung

In die Kategorie der Prozessausführung fallen alle identifizierten Faktoren, die während der Ausführung oder Nutzung eines Prozesses auftreten. Die Ergebnisse zeigen, dass alle Dimensionen gleichermaßen in dieser Kategorie präsent sind.

Subjekt

Abhängigkeiten / Anzahl Teilnehmer: Hat ein Prozess eine große Menge an Mitwirkenden, können starke Abhängigkeiten zwischen den einzelnen Beteiligten entstehen. Je mehr Menschen an einem Prozess beteiligt sind, umso mehr Schnittstellen existieren. Gleichzeitig muss mehr kommuniziert werden und möglicherweise die zu kommunizierende Information, je nach Empfänger, aufbereitet werden. Fehlt ein Prozessbeteiligter und ist dessen Rolle nicht redundant ausgelegt, kann dies die Wahrnehmung des Prozesses durch die anderen Beteiligten negativ beeinflussen. Beispielsweise könnte es dadurch zu einer Zunahme von Leerzeiten für einzelne Mitarbeiter kommen. Insgesamt wird durch eine große Anzahl an Beteiligten und oder Abhängigkeiten es wahrscheinlicher, dass es zu Unterbrechungen des Ablaufs kommt und infolge dessen wird die Prozessakzeptanz negativ beeinflusst.

Anzahl beteiligter Organisationseinheiten: Prozesse innerhalb eines Unternehmens können sich über mehrere Geschäftsbereiche erstrecken. Aus der Analyse der Daten geht hervor, dass diese Geschäftsbereiche oft unterschiedliche Ziele verfolgen. Bei der kooperativen Ausführung von Prozessen über die Grenzen eines Geschäftsbereiches hinaus, kann dies zu einem Interessenkonflikt führen, der die Prozessakzeptanz negativ beeinflusst.

Verantwortungsbereiche: Um die Probleme, die durch geschäftsbereichsübergreifende Prozesse entstehen entgegenzuwirken, ist es sinnvoll klare Zuständigkeiten und Verantwortungsbereiche zu definieren. Aus den Interviews kann abgeleitet werden, dass fehlende Zuständigkeiten die Prozessakzeptanz negativ beeinflussen. Vielmehr sollten die Prozesse in sich geschlossen gestaltet werden, um dadurch die interne Kohäsion zu erhöhen. Eine solche Maßnahme kann, nach Ansicht der Befragten, zu Effizienzsteigerungen führen. Des Weiteren, sollte die federführende Organisationseinheit einen Prozessexperten bestimmen, der für die anderen teilnehmenden Einheiten als Ansprechpartner und Prozesslotse fungiert.

Kommunikation: Ähnlich, wie in der vorhergehenden Phase waren sich die Interviewteilnehmer einig, dass persönliche Kommunikation prozesskonformes Verhalten fördert, bzw. erst ermöglicht. Andere Kommunikationsformen wurden als nicht zielführend angesehen. Als Ergebnis lässt sich festhalten, dass die Kommunikationswege sorgfältig ausgewählt werden sollten.

Objekt

Prozessrückmeldung: Die Resultate legen nahe, dass ein Prozess der seinen aktuellen Zustand mitteilt und so dem Prozessbeteiligten eine Rückmeldung gibt eher akzeptiert wird. Des Weiteren könnten sinnvolle Anweisungen und ein Selbsthilfesystem zur Laufzeit des Prozesses dessen Akzeptanz verbessern.

Prozessfehler: Prozessbeteiligte fühlen sich besser bei einer Prozessausführung, wenn der Prozess fehlertolerant ist. Ein Prozess, der störsicher oder über Selbstheilungsmöglichkeiten verfügt wird eher durch die Teilnehmer akzeptiert.

Aufgabenheterogenität: Aus den Interviews kann gefolgert werden, dass eine gewisse Aufgabenheterogenität bei der Prozessausführung geschätzt wird. Es liegt nahe, dass Prozesse mit sich stark wiederholenden Aufgaben schlecht akzeptiert werden.

Wahrgenommene Prozesslänge: Die Interviewteilnehmer sprachen sich für gut definierte und handhabbare Prozesse aus. Es kann daher angenommen werden, dass die Länge einen Einfluss auf die Prozessakzeptanz hat. Es kann erwartet werden, dass kürzere und logisch gut geordnete Prozesse eine höhere Prozessakzeptanz erfahren.

Standardisierung: Die Auswertung ergab, dass die Standardisierung von Prozessen über Abteilungsgrenzen hinaus deren Akzeptanz erhöhen kann. Falls es zu viele Ausnahmen bei der Durchführung des Standardprozesses gibt und diese toleriert werden, wird jedoch der Standard in Frage gestellt. Als Folge wird der standardisierte Prozess weniger akzeptiert als ein nicht standardisierter Prozess.

Kontext

Prozesskonsistenz: Aus der Analyse der Interviews kann gefolgert werden, dass die Prozessteilnehmer unzufrieden sind, wenn es zu Ausnahmen in der Prozessabwicklung kommt. Insgesamt waren sie der Ansicht, dass Prozesse nicht von unternehmensweiten Regelungen ausgenommen werden sollten. Folglich sollte die gesamte Prozesslandschaft des Unternehmens eine gewisse Konsistenz aufweisen. Es kann daher angenommen werden, dass ein Prozess der konsistent die vorherrschenden Standards erfüllt, leichter akzeptiert werden kann.

Organisatorischer Verwaltungsaufwand: Prozesse können gegebenenfalls auf zusätzlichen organisationalen Input zurückgreifen. Beispielsweise müssen Entscheidungen oder Genehmigungen eingeholt werden. Diese lassen sich teilweise als Geschäftsregeln formulieren. Insgesamt betrachteten die Interviewteilnehmer Prozesse, die eine hohe organisationale Last erzeugen als beschwerlich. Es scheint also, dass Prozesse die weniger stark auf andere Entscheidungsträger angewiesen sind leichter akzeptiert werden können. Gleichzeitig sollten Entscheidungen, falls möglich, durch Geschäftsregeln formalisiert und automatisiert werden um die Prozessakzeptanz weiter zu verbessern.

Zeit- und Ressourcenbeschränkungen: Die Interviewteilnehmer äußerten sich negativ über Prozesse und deren Ausführung, die übertriebene Zeit- und Ressourcenbeschränkungen aufweisen. So führt ein Mangel an notwendigen Ressourcen, beispielsweise Formulare oder Werkzeuge, zu einer großen Unzufriedenheit. Zu gering bemessene Prozessdurchlaufzeiten ermutigen die einzelnen Mitarbeiter den Prozess zu umgehen. Da genau dieses Verhalten im Normalfall nicht gewünscht ist, sollte der Prozess mit angemessenen Zeitbudgets und Ressourcen ausgestattet werden.

Bürokratie: Die Interviewteilnehmer waren der Ansicht, dass eine überbordende Bürokratie ein Hindernis im Rahmen der Prozessausführung darstellt, das die Prozessakzeptanz negativ beeinflusst. Beispielsweise betrifft dies die Ausfertigung zu vieler oder sich wiederholender Formulare. Zwar wurden Prozessmodelle entwickelt um die Freiheitsgrade der Prozessausführung einzuschränken, jedoch sollte ein Minimum an Flexibilität gewährleistet werden, da sonst Umwege gefunden werden müssen. Hier gilt es die richtige Balance zwischen Flexibilität und Stabilität zu finden.

Hierarchie: Die Interviewpartner gaben an, dass Prozesse die eine Interaktion mit Personen aus einer übergeordneten Hierarchie erfordern, eine Belastung darstellen. Angestellte sind zurückhaltend, wenn sie mit höheren Hierarchieebenen oder ihren Vorgesetzten kommunizieren müssen. Es liegt daher nahe zu vermuten, dass Prozesse die sich über mehrere Hierarchiestufen erstrecken weniger von den Mitarbeitern der niedrigeren Hierarchieebenen akzeptiert werden.

Prozessveränderung und Kontrolle

Die betriebliche Umwelt und somit auch die Prozesse die in dieser ablaufen verändern sich. Daher ändern sich auch die Anforderungen an Prozesse. Ein erfolgreiches Änderungsmanagement ist stark von den organisationalen Rahmenbedingungen abhängig. Daher fallen alle entdeckten Faktoren in die Kontextkategorie.

Kontext

Stabilität: Aus den Interviews geht hervor, dass die Prozessteilnehmer in der Lage sein möchten „ihren" Prozess zu meistern. Häufige Änderungen können diese Einstellung negativ beeinflussen. Es liegt daher nahe, dass langlebige, wohl etablierte Prozesse generell eine höhere Wahrscheinlichkeit besitzen akzeptiert zu werden.

„Chefauftrag:" Die Auswertung ergab, dass Prozessabweichungen und Schattenprozesse nicht nur aufgrund persönlicher Vorlieben entstehen, sondern per Dienstanweisung durch den Vorgesetzten. Durch diese ad-hoc Prozesse entstehen Zielkonflikte. Als Ergebnis der Abweichung kann ein neuer inoffizieller Standard entstehen. Als Folge erfährt der offizielle Prozess keine Beachtung mehr und seine Akzeptanz verschlechtert sich.

Prozessupdate: Eine Änderung an einem existierenden Prozess ist eher wahrscheinlich akzeptiert zu werden, wenn die Prozessbeteiligten in dieses Update miteinbezogen werden.

Wartung: Prozesse werden mehr akzeptiert, wenn der Prozess gewartet und kontinuierlich verbessert wird. Dies könnte z. B. die kontinuierliche Aufzeichnung von KPIs umfassen. Die Interviewpartner waren der Ansicht, dass ihre Arbeit verschwendet wird, wenn der Prozess nicht gewartet wird.

5.1.4 Diskussion

Die Ergebnisse zeigen, dass die Prozessakzeptanz durch verschiedene Faktoren beeinflusst wird. Diese lassen sich entlang des Prozesslebenszyklus ordnen. Wie in Tabelle 5.1 ersichtlich, variiert dabei ihr Einfluss. Zu Beginn des Prozesslebenszyklus wird die Prozessakzeptanz vorrangig durch das Subjekt und das Objekt, also der Prozess selbst, bestimmt. Interessanterweise gewinnen die Kontextfaktoren während der Ausführungs- und Änderungsphase an Einfluss. Die meisten Faktoren lassen sich der Implementierungsphase sowie der Ausführungsphase zuordnen.

Einige Ergebnisse, wie die möglichst frühe Einbeziehung aller Teilnehmer in alle Phasen des Prozesslebenszyklus, sind naheliegend. Die Faktoren erscheinen zwar offensichtlich, jedoch zeigen die Ergebnisse auch, dass sie selten angewandt wer-

Tab. 5.1 Schlüsselfaktoren der Prozessakzeptanz

Prozessphase	**Subjekt**	**Objekt**	**Kontext**
Erstellung	Einbeziehung der Anspruchsgruppen		
	Bekanntgabe der Mitarbeit		
Implementierung	Gründe erläutern	Transparenz	Implementierungsstrategie
	Frühzeitige Schulung	Struktur	Implementierungskontext
	Prozess Guide		Informationsstrategie
	Einbeziehung der Bezugsgruppe		
Ausführung	Abhängigkeiten	Prozessrückmeldung	Prozess übergreifende Übereinstimmungen
		Prozessabbruch	Orga.-Aufwand
	Anzahl Orga.-Einheiten	Aufgabenheterogenität	Zeit- und Ressourcenbeschränkungen
	Verantwortlichkeit	Wahrgenommene Prozesslänge	Bürokratie
	Kommunikation	Standardisierung	Hierarchie
Änderungen / Kontrolle			Stabilität
			Vorrang des Managements
			Prozessaktualisierung

den. Besonders betrifft das die Kommunikation. Alle Beteiligten wünschen sich korrekt, vollständig und über die richtigen Kanäle informiert zu werden. Unglücklicherweise wird diese direkte Kommunikation mit ihren Untergebenen von Vorgesetzten oft vermieden, vor allem wenn unerfreuliche Nachrichten kommuniziert werden müssen.

Während der Implementierungsphase spielen die Prozesseigenschaften eine wichtige Rolle. In dieser Phase werden auch Fehler im Prozessdesign sichtbar. Fragwürdige Designentscheidungen können jedoch durch die Einbeziehung der Prozessteilnehmer in den gesamten Prozesslebenszyklus verhindert werden. Gleichzeitig können so mögliche zukünftige Prozessverbesserungen erschlossen werden.

Aus den Interviews ging auch hervor, dass die Prozessmitarbeiter Prozesse als normative Struktur zur Bewältigung ihrer täglichen Arbeiten ansehen. Das bedeutet, dass Prozesse im Allgemeinen positiv wahrgenommen werden. Diese Art der Prozesswahrnehmung ist in gewisser Weise notwendig, so dass Prozesse akzeptiert werden können. Wird dieser normative Charakter des Prozesses, z. B. durch einen chaotischen und inkonsistenten Kontext, gestört kann es zu einer Minderung der Prozessakzeptanz kommen. Es ist daher wichtig eine prozessfreundliche Organisation zu schaffen. Aus den Ergebnissen geht hervor, dass die Prozessakzeptanz durch drei wesentliche Faktoren beeinflusst werden kann. Dazu zählt die Einstellung und das Verhalten des Subjekts, das in den Prozess einbezogen ist, die Prozesseigenschaften und der Kontext in dem der Prozess ausgeführt wird. Der erste Faktor kann kurzfristig beeinflusst werden, während der zweite Faktor eher mittelfristig, z. B. durch Prozessverbesserungen oder ein Redesign, verändert werden kann. Der dritte Faktor, also den organisationalen Kontext zu ändern, stellt ein strategisches Unterfangen dar. Zwar können daraus weitreichende positive Veränderungen entstehen, jedoch können diese, wenn überhaupt, nur langfristig realisiert werden. Gleichzeitig ergibt sich aus den Ergebnissen ein möglicher Zielkonflikt mit anderen unternehmensweiten Kennzahlen. So ist es denkbar, dass die Aufhebung verschiedener Zeit- und Ressourcenbeschränkungen mit anderen Zielvariablen wie beispielsweise der Durchlaufzeit kollidiert. Es ist also Aufgabe des Prozessmanagers ein optimales Verhältnis zu finden, das langfristig nachhaltig für das Unternehmen ist.

Ein interessantes Ergebnis stellen die Variablen des Objekts dar. So kann die Prozessakzeptanz erhöht werden, indem der Prozess ein Feedback gibt, die Anzahl der Teilnehmer gesenkt oder Interdependenzen reduziert werden. Des Weiteren könnten Sicherheitsvorkehrung in den Prozessen die Akzeptanz erhöhen. Solche

Veränderungen in den Prozessen könnten über Entwurfsmuster recht einfach implementiert werden.

Ein Entwurfsmuster, das den Anwendern den aktuellen Status kommuniziert, könnte die Akzeptanz verbessern. Es ist dabei auch denkbar, dass unterschiedliche Prozessteilnehmer andere Informationen erhalten. Diese könnten sich in der Art oder im Detaillierungsgrad unterscheiden.

Durch den Einsatz von Prozesssimulationen könnten unnötige Interdependenzen und mögliche Fehler aufgedeckt werden. Ebenso könnten Sicherheitsmechanismen in der Designphase in die Prozesse eingebaut werden. Solche Maßnahmen sind insbesondere für Prozesse sinnvoll die zum Teil außerhalb der Einflusssphäre der Organisation sind, wie z. B. Kunden in die Endmontage eines Produkts eingebunden sind.

Andere Ergebnisse geben Anlass zur Sorge. So waren sich die Befragten einig, dass nicht persönliche Kommunikationsmittel ungeeignet sind um prozesskonformes Verhalten zu erreichen. Diese Ansicht ist nur schwer mit der globalisierten modernen Wirtschaftswelt, die sich weitgehend technischer Kommunikationsmitteln bedient, zu vereinbaren.

Werden die dargestellten Faktoren nicht während der Prozessdesignphase berücksichtigt wird nicht prozesskonformes Verhalten wahrscheinlicher.

5.1.5 Implikationen

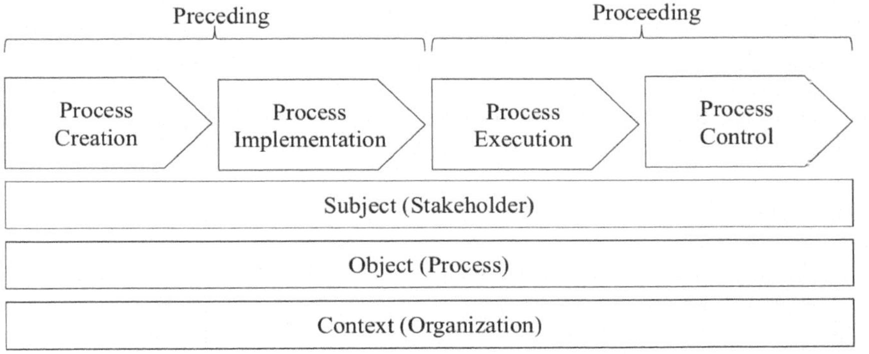

Abb. 5.1 PA-Faktoren im Prozesslebenszyklus (Müllerleile u. a. 2015)

Insgesamt kann festgehalten werden, dass Prozessakzeptanz von verschiedenen Faktoren entlang des Prozesslebenszyklus, wie in Abbildung 5.1.5 dargestellt, beeinflusst wird. Diese Ergebnisse betonen wiederum, dass GPM ein kontinuierliches Unterfangen darstellt. Die durchgeführte Untersuchung stützt sich dabei auf qualitativen Analysen. Durch weitere empirische Untersuchungen, z. B. mit anderen Methoden oder in anderen Branchen, könnten weitere Ergebnisse erzielt werden. So ist es denkbar, dass bei Organisationen mit flachen Hierarchien andere Faktoren als wichtiger angesehen werden. Die Interviews ergaben insgesamt konsistente, sich nicht widersprechende Ergebnisse. Daraus folgt, dass die Prozessakzeptanz, zumindest in der untersuchten Branche, als Problem auftritt. Die hier dargestellten Faktoren können nun in den folgenden Kapiteln weiter untersucht werden.

5.2 Faktoren aus der Literatur

Aus der Literatur lassen sich ebenfalls Einflussfaktoren, die in späteren Experimenten untersucht werden können, ableiten.

SERVQUAL

Ergänzende und möglicherweise einflussreiche Faktoren können auch aus dem Dienstleistungsmanagement auf die Prozessakzeptanzforschung übertragen werden. Durch Prozesse werden Leistungen für Kunden generiert und somit Dienstleistungen erbracht. Es erscheint naheliegend, Vorschläge zur Messung der Service-Qualität aufzugreifen (Parasuraman u. a. 1988). Die fünf SERVQUAL-Dimensionen (Reliability, Assurance, Tangibles, Empathy, Responsiveness) können allerdings nicht komplett übertragen werden, weil diese vor allem auf persönliche Eigenschaften des Service-Erbringers abzielen. Allerdings lassen sich Merkmale wie Reliabilität und Reaktionsfreudigkeit als Prozesseigenschaften auffassen. Diese könnten sich auch in Experimenten untersuchen lassen.

GPM und SPI

Antunes und Cunha (2013) versuchen, die in der SPI Forschung identifizierten Faktoren auf das Przessmanagement zu übertragen. Ihr Messinstrument enthält die vier Dimensionen Motivation, Understanding, Value und Effort. Diese Faktoren können als Merkmale des Subjekts erhoben werden und ihr Einfluss auf die Prozessakzeptanz experimentell untersucht werden. Motivation beschreibt dabei den Willen der Beteiligten dem Prozess folge zu leisten, Value den wahrgenommenen Nutzen, Effort die Anstrengungen die für die Prozessausführung unternommen werden müssen und Understanding beschreibt das Verständnis der Teilnehmer über den Prozess. Des Weiteren liefern die Autoren wertvolle Variablen. Dazu zählt die Relevanz und Umständlichkeit des Prozesses, das gegenseitige Vertrauen der Beteiligten, der Arbeitsaufwand und der Trainingsgrad der Mitarbeiter.

Weitere Variablen, die sich aus Kapitel 4.2 ergeben, ist die Prozesskonsistenz und der Einsatz von Process Guide Systems.

Theory of Workarounds

Aus der in Kapitel 4.4 vorgestellten „Theory of Workarounds“ lassen sich verschiedene Einflussfaktoren bezüglich der Prozessakzeptanz ableiten. Workarounds stellen dabei die zu beobachtende Auswirkung inadäquater Verhältnisse dar. Viele Workarounds sind auf mangelndes Prozessdesign und nicht ausreichende Ressourcen zurückzuführen. Beispielsweise kann das häufige Ein- und Ausloggen als umständlich angesehen werden und führt dazu, dass Mitarbeiter ihre eingeloggte Session an andere Mitarbeiter weitergeben (Alter 2014).

Oft führt eine nicht ausreichende IT-Funktionalität zu Workarounds. Im Rahmen der Prozessakzeptanzforschung könnte dies auch eine Rolle spielen. Insbesondere der Grad an Flexibilität und Anpassbarkeit des IT-Systems könnte eine wichtige Variable darstellen. Es sei dabei darauf hingewiesen, dass eine einfach zu bedienende Software mit wenig Freiheitsgeraden, so wie es das TAM fordert, möglicherweise erst Prozessabweichungen ermöglicht. So berichten Lederman et al. (2003), dass erst durch die Fehleingabe von Dummy-Daten das IT-System die notwendigen Informationen bereitstellte.

Auch Ausnahmen und Anomalien führen zu Workarounds. Prozesse die solche Anomalien oder Ausnahmen abdecken bzw. verhindern, erfahren vermutlich eine höhere Akzeptanz. Diese Erkenntnis deckt sich mit den empirischen Ergebnissen in Kapitel 5.1.3.

Natürlich führen auch falsche Anreizsysteme zu Workarounds. Insbesondere fragliche Bonussysteme im mittleren und oberen Management führen zu gewollten Workarounds. Im Gesundheitsbereich erscheint dieses Verhalten häufig vorzukommen. So werden beispielsweise Diagnosen in Absprache mit den Patienten getroffen (Whooley 2010) oder die Zahlungsart des Patienten bestimmt wie schwerwiegend und somit kostenintensiv die Diagnose ausfällt (Derby u. a. 2001). Neben diesen eher persönlichen Workarounds, die sich ggf. direkt auf das Einkommen auswirken gibt es auch Workarounds, die die Gesamtperformance der Organisation verändern. So berichten Pitches et al. (2003), dass sterbende Patienten in andere Krankenhäuser transferiert wurden um die Statistik der Todesfälle zu verbessern. Diese gewollten Workarounds unterminieren, wie in Kapitel 5.1.3 diskutiert, jedoch die generelle Prozessakzeptanz der Mitarbeiter.

Business Process Redesign / Reengineering

Unter BPR werden Maßnahmen subsumiert, mit der bestehende Prozesse radikal neu gestaltet werden. Dabei können sowohl die technischen Attribute des Prozesses verändert werden als auch die soziokulturellen Eigenschaften der Organisation. BPR wird in der gegenwärtigen Literatur oft kritisch kommentiert (Valiris und Glykas 1999). Die publizierten Beispiele konnten oft nicht von anderen Organisationen repliziert werden. Des Weiteren wurden Erfolgsfaktoren und das Erreichen dieser nur unzureichend systematisch beschrieben. Trotz der Kritik brachte BPR verschiedene Ideen hervor, mit denen ein Prozess verbessert werden kann. Die Verbesserungen zielen dabei auf verschiedene Dimensionen des magischen Vierecks aus Kosten, Zeit, Flexibilität und Qualität ab. Teilweise schließen sich die Dimensionen gegenseitig aus. Reijers und Mansar (2005) fassen diese „best practices" in einem Literaturreview zusammen. Im Folgenden sollen diejenigen Variablen, die vermutlich eine Wirkung auf die Prozessakzeptanz ausüben, kurz vorgestellt werden. Aufbauend auf dem „Work-centered analysis (WCA)" Rahmenwerk (Alter 2000) entwickeln die Autoren ein BPR-Rahmenwerk, wie in Abbildung 5.2 dargestellt, das dem Anwender helfen soll BPR sinnvoll umzusetzen. Es enthält den Kunden, das Produkt oder den Service, der durch den Prozess erstellt oder erbracht werden soll. Der Prozess selbst wird in eine Verhaltens- und Durchführungssicht unterteilt. Auf die Verhaltenssicht wirkt die verwendete Technologie und die verfügbare Information ein. Reijers und Mansar klassifizieren die aus der Literatur extrahierten BPR Regeln entsprechend diesem Rahmenwerk.

In der Kundensicht wird empfohlen die Prozesskontrolle soweit möglich dem Kunden zu übertragen (Klein 1995) sowie die Anzahl der Kundenkontakte zu minimieren (Hammer und Champy 1994; Buzacott 1996).

In der Prozessperspektive können vielfältige Verbesserungen durchgeführt werden. So ist es sinnvoll ähnliche Aufgaben innerhalb eines Prozesses zu gruppieren und unterschiedliche Aufgaben in neue Prozesse auszulagern (Rupp und Russell

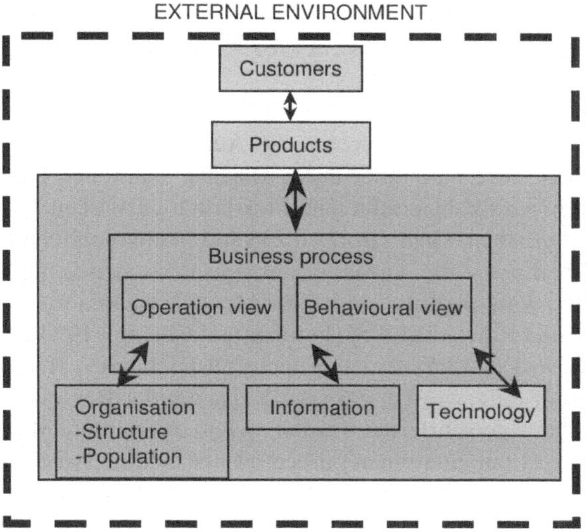

Abb. 5.2 BPR Rahmenwerk von Reijers und Mansar

1994; Hammer und Champy 1994). In ähnlicher Weise können große Aufgaben unterteilt werden und mehrere kleine Aufgaben zusammengefasst werden (Rupp und Russell 1994; Peppard und Rowland 1995). Gleichzeitig ist es sinnvoll die kognitive Last zu senken, indem sinnlose Prozessschritte eliminiert werden. In der Praxis kommt es häufig vor, dass Aufgaben gesammelt abgearbeitet werden. Einerseits entstehen so positive Skaleneffekte, andererseits kann die Prozessdurchlaufzeit dadurch ansteigen (Peppard und Rowland 1995). Des Weiteren können spezialisierte Aufgaben bzw. Teilprozesse aus generell gültigen Prozessen herausgelöst werden. So ist es vorstellbar, dass ein besonderer Kundenkontaktpunkt für eine spezielle Klasse von Kunden eingerichtet wird, ein Beispiel wäre ein „fast checkout“ Schalter bei einer Fluggesellschaft oder Autovermietung.

Für die Prozessakzeptanzforschung ist insbesondere die Verhaltenssicht innerhalb der Prozesssicht von Interesse. Es wird dabei empfohlen den Zuständigkeitsbereich in dem die einzelnen Aufgaben abgearbeitet werden zu überprüfen und falls notwendig die Prozessschritte in dafür besser geeignete Bereiche zu verlagern (Klein 1995). Zusätzlich sollte überprüft werden, ob sich Prozesse parallelisieren lassen (Rupp und Russell 1994). Auch der Umgang mit Ausnahmen und Geschäftsregeln sollte überprüft werden. Insbesondere die Reihenfolge der Regelüberprüfung kann dazu führen, dass ein Prozess zu früh oder zu spät abgebrochen wird (van der Aalst 2001).

In der Organisationsstruktur empfehlen die Autoren, dass ein Mitarbeiter möglichst viele Schritte innerhalb einer Prozessinstanz abarbeitet. Dies kann sich jedoch auch negativ auf Skaleneffekte und Flexibilität auswirken. Gleichzeitig wird empfohlen, die Aufgaben organisatorisch zu kapseln um möglichen Konflikten aus dem Weg zu gehen sowie die Anzahl der organisatorischen Schnittstellen zu senken. Des Weiteren wird die Rolle eines Case Managers oder eines Customer Teams betont (Peppard und Rowland 1995; Hammer und Champy 1994). Auch in diesem Literaturreview wird das Problem von nicht ausreichenden Ressourcen erkannt und es wird darauf hingewiesen, dass die Kapazität der Ressourcen angemessen sein muss. Dies kann gewährleistet werden, indem das mittlere Management reduziert wird und die Mitarbeiter einen größeren Entscheidungsspielraum bekommen (Rupp und Russell 1994; Hammer und Champy 1994; Buzacott 1996).

In der Informationssicht weisen die Autoren darauf hin, dass jede ein- oder ausgehende Information auf Vollständigkeit und Richtigkeit geprüft werden sollte. Zusätzlich sollten Informationen, falls möglich, vorgehalten werden. Diese könnten anstatt jedes mal neu nachgefragt zu werden abonniert oder gepuffert werden (Hammer und Champy 1994; Buzacott 1996).

In der Technologiesicht wird darauf hingewiesen, dass Aufgaben automatisiert ablaufen und die Potentiale neuer Technologien ausgeschöpft werden sollten.

Für die Interaktion mit externen Stakeholdern und Kunden sollten möglichst standardisierte Interfaces verwendet werden (Hammer und Champy 1994).

Die vorgeschlagenen Maßnahmen scheinen geeignet bestehende Prozesse zu überarbeiten und zu verbessern, jedoch bleibt unklar welche Auswirkungen dies auf die Prozessakzeptanz hat. Werden die vorgeschlagenen Regeln abstrakt betrachtet kann vermutet werden, dass einige Variablen teilweise den bisherigen entdeckten Variablen entsprechen. Es liegt also nahe, dass diese eine positive oder negative Wirkung auf die Prozessakzeptanz ausüben. Hier kann die vorliegende Arbeit anknüpfen und die vorgeschlagenen Regeln, soweit möglich, operationalisieren und auf ihre Wirkung bezüglich der Prozessakzeptanz untersuchen.

Weitere Variablen

In Kapitel 3.2 wurde die Interdependenz als wichtige Variable identifiziert. Diese lässt sich in einem Experiment als Subjekt- oder Ressourceninterdependenz abbilden. Aus der qualitativen Vorstudie zur Erhebung der Einflussfaktoren in Kapitel 5.1.3 ist bekannt, dass eine angemessene Ressourcenausstattung notwendig ist. Diese kann in verschiedene Variablen unterteilt werden. Denkbar sind dabei Zeit-, Raum- oder Sicherheitseinschränkungen die als Variablen abgebildet werden können. Innerhalb von Prozessen werden Informationen als In- oder Output verwendet. Es kann vorkommen, dass ein Prozess nicht alle Informationen sofort nachfragt, sondern nur bei Bedarf. Diese Art und Weise wie Daten nachgefragt werden könnte die Prozessakzeptanz beeinflussen und lässt sich als Variable in einem Experiment abbilden. Der Prozess selbst enthält auch Variablen die untersucht werden können. Dazu zählen die Art und Häufigkeit bzw. Wiederholungshäufigkeit der einzelnen Arbeitsschritte, die Anzahl der Interfaces (Daten und Organisation), die Anzahl der Medien- und Systembrüche, die Anzahl der beteiligten Organisationen, die Länge und ob der Prozess Optionen bzw. Konfigurationsmöglichkeiten für den Benutzer anbietet. Des Weiteren sind Variablen denkbar, die darstellen ob und wie der Prozess mit dem Benutzer kommuniziert und die Möglichkeit inwiefern der Prozess wieder aufgenommen werden kann.

Übersicht der Variablen

Für das weitere experimentelle Vorgehen lassen sich die bisher entdeckten Variablen in die drei Kategorien Subjekt, Objekt und Kontext unterteilen. Sie können dabei, sofern manipulierbar, in den Experimenten als Treatmentvariablen dienen. Die folgende Übersicht in Tabelle 5.2 stellt alle bisher identifizierten Variablen aus den empirischen Untersuchungen sowie der Literatur dar. Der Fokus liegt dabei darin das Design zukünftiger Experimente zu erleichtern. Teilweise können die Variablen in mehreren Kategorien vorkommen. Für die Übersicht wurden die identifizierten Variablen abstrakt zusammengefasst. Die Variablen in Tabelle 5.2 sind nicht nach dem zeitlichen Auftreten im Prozesslebenszyklus geordnet, da insbesondere für die aus der Literatur stammenden Variablen diese Zuordnung nicht verfügbar ist. Dies ist wenig verwunderlich, da auch Themengebiete abseits des klassischen Prozessmanagements aufgearbeitet wurden.

5.3 Eignung der Variablen für das Process-Mining

Process-Mining Verfahren (van der Aalst u. a. 2004) bauen auf bestehenden Prozessmodellen bzw. Abläufen auf. Der Durchlauf durch ein Prozessmodell wird dabei als Geschäftsvorfall, bzw. „case", bezeichnet. Das PAIS, bzw. die Process-Engine speichert dabei Daten entlang des zu durchlaufenden Prozesses ab. Dies geschieht meistens in den Knoten des Modells. Diese Datenpunkte werden als Ereignisse im sogenannten Event-Log gespeichert. Innerhalb dieses Logs sollten die Nutzer Id, die zu bearbeitende Objekte auf die sich die Aktivität bzw. der Prozess bezieht und der Zeitpunkt der Bearbeitung gespeichert werden. Als Standardformat für Logdateien hat sich XES etabliert (IEEE 2016). Dieses Format enthält Definitionen aller Elemente, die in jedem Prozesslog zu finden sind, daher kann jeder Durchlauf, jedes Nutzers, rekonstruiert werden.

Dadurch wird es möglich den vermuteten Soll-Prozess zu rekonstruieren. Die einzelnen Prozessdurchläufe können mit diesem verglichen werden. Natürlich können auch Unterschiede in den einzelnen Durchläufen erkannt werden. Die in den Log-Dateien enthaltenen Informationen können nach der XES Spezifikation (ebd. 2016) in verschiedene Klassen eingeteilt werden. Neben den XES Standarderweiterungen können auch eigenen Erweiterungen entwickelt werden. Die wichtigsten werden im Folgenden kurz vorgestellt:

- Concept Extension: Diese Erweiterung dient zur Benennung der Elemente in der Hierarchie. Dadurch können Instanzen und Aktivitäten benannt und IDs vergeben werden.

- Lifecyle Extension: Durch diese Erweiterung können Übergänge im Lebenszyklus, bzw. im Zustandsautomat, die durch „Events" herbeigeführt wurden, abgebildet werden.

- Organizational Extension: Mit Hilfe dieser Erweiterung können die Akteure und Ihre Organisationseinheiten abgebildet und somit identifiziert werden.

- Time Extension: Mit Hilfe dieser Erweiterungen werden Zeitstempel Standardkonform gespeichert.

- Cost Extension: Mit diesem verschachtelten Element können anderen Elementen Kosteninformationen beigefügt werden.

Durch diese Klassifikation und der Rückgriff auf den XES Standard, kann nun evaluiert werden welche Variablen dem Deviance-Mining zugänglich sind. Der Standard ist insofern wichtig, da dieser eine gemeinsame und verpflichtende Grundlage für alle möglichen Prozessdurchläufe und deren Logdateien darstellt. Durch diese Abstraktion vom Einzelfall gewinnen die im Folgenden aufgestellten Überlegungen an Allgemeingültigkeit. Tabelle 5.3 erläutert für die Variablen, die sich für das Process-Mining eignen, mögliche Ansätze.

Neben den in Tabelle 5.3 dargestellten Variablen, können alle anderen Variablen durch Process-Mining nur teilweise bzw. schwer oder gar nicht ermittelt werden. Gleichzeitig wird vorausgesetzt, dass der Prozess ausgeführt wurde, da die (Nicht-) Ausführung schon ein Mindestmaß an Akzeptanz impliziert. Dies liegt daran, dass es sich z. B. um subjektive Eindrücke des Mitarbeiters handelt oder die Daten gar nicht erhoben werden. Tabelle 5.3 macht auch deutlich, dass die vorgeschlagenen Ansätze auf qualitativ hochwertigen Log-Dateien und einer gepflegten Prozess- und Organisationsdokumentation aufbauen. Oft werden durch IT-Systeme die geforderten Log-Dateien nicht oder in nicht ausreichender Qualität erstellt.

Insgesamt kann festgehalten werden, dass Process-Mining, bzw. Deviance-Mining, ein interessanter und vielversprechender Ansatz für die Untersuchung der Prozessakzeptanz ist. Dennoch sind die Barrieren, insbesondere bezüglich der geforderten Daten und deren Qualität, recht hoch. Gleichzeitig kann nicht davon ausgegangen werden, dass eine vollständig autonome Analyse durchgeführt werden kann. Auch wenn durch Process-Mining interessante Ergebnisse erzielt und wertvolle Hinweise auf zu verbessernde Variablen zur Verfügung gestellt werden, bedarf es einer grundlegenden qualitativen Analyse um die Prozessakzeptanz des Prozesses zu steigern.

Tab. 5.2 Einflussvariablen: Übersicht

Subjekt	Objekt	Kontext
Einbezogenheit	Interdependenz	KPI-System
Training	Ausstattung	Ausstattung
Ansprechpartner	Informationsnachfrageverhalten	Process Guide System
Abhängigkeiten	Wiederholungsart	Wiederholungskontext
Kommunikationsart	Wiederholungshäufigkeit	Art der Implementierung
Motivation	Einschränkungen	Einschränkungen
Verständnis	Rückmeldung	Vertrauen
Vorteile	Anzahl Schnittstellen	Hierarchie
Macht/Kontrolle	Art der Schnittstellen	Konsistenz
Verantwortlichkeit	System-/ Medienbrüche	Fehlerkultur
Anzahl Teilnehmer	Anzahl Teilnehmer	Anzahl Teilnehmer
Anzahl Orga.	Anzahl Orga.	Anzahl Orga.
	Prozesslänge	Stabilität / Wartung
	Prozessdauer	Standardisierung
	Prozessoptionen	Art der Organisationen
	Konfigurationsmöglichkeiten	
	Wiederaufnahme	
	Behandlung von Fehlern	
	Art der Aufgaben	
	Aufgabenheterogenität	
	Reaktionsfähigkeit	
	Verlässlichkeit	
	Flexibilität	
	Hierarchie	
	Transparenz	
	Standardisierung	

Tab. 5.3 Einflussvariablen: Eignung des Process-Minings

Variable	Mining-Ansatz	Erläuterung
Prozess-Konsistenz	Verwendung ähnlicher Ressourcen, Objekte, Bezeichner.	Überprüfung, ob die Prozesse sich abstrakt ähneln.
Interdependenz	Verwendung der Elemente org:resource, org:role und org:group der Org. Extension.	
Prozessrückmeldung		Analyse der Kommunikation des Prozesses mit den Stakeholdern
Hierarchie	Verwendung der Elemente org:resource, org:role und org:group der Org. Extension.	Evaluierung der Anzahl und der Distanz der Organisationseinheiten.
Prozessfehlschlag	Verwendung der Lifecycle-Extensions lifecycle:transition	Überprüfung der Logdateien auf unerwünschte Endpunkte und Abbrüche
Orga.-Aufwand	Verwendung der Elemente org:resource, org:role und org:group der Org. Extension.	Überprüfung der Organisationselementen bzw. deren Notwendigkeit.
Anzahl Orga.-Einheiten	Verwendung der Elemente org:resource, org:role und org:group der Org. Extension.	Anzahl der betroffenen Orga.-Einheiten pro Durchlauf.
Zeit- und Ressourcenbeschränkungen	Verwendung der Time/Cost-Extensions	Analyse der Engpässe basierend auf Zeitstempel und Kosteninformationen
Verantwortlichkeiten	Verwendung der Elemente org:resource, org:role und org:group der Org. Extension.	Untersuchung ob Aufgaben anderen org:* zugeordnet werden.
Prozesslänge	Verwendung der Time-Extension	Berechnung der Durchlaufzeit
Kommunikation		Evaluation der Kommunikation im Prozess
Stabilität	Verwendung der Elemente org:resource, org:role und org:group der Org. Extension.	Evaluation der Prozessdokumentation
Vorrang des Managements		Komm es vermehrt zu Abweichungen, falls ein Nutzer eine Managementrolle hat?

6 Messung der Prozessakzeptanz

6.1 Das Messkonstrukt

Für die Entwicklung eines Messinstruments zur Erfassung der Prozessakzeptanz ist es notwendig das zu messende Konstrukt zu konzeptualisieren. Ein Konstrukt beschreibt dabei das zu untersuchende theoretische Phänomen von Interesse (Edwards und Bagozzi 2000, S. 156-157). Auf dieser Konzeptualisierung kann im späteren Verlauf die Skalenentwicklung aufbauen. Wie in Kapitel 2.3 dargelegt, wird die Akzeptanz innerhalb eines gegebenen Kontextes, von einem Subjekt einem Objekt, im vorliegenden Fall einem Prozess, zuerkannt. Es ist daher zweckmäßig für alle drei Bestandteile eigene Messinstrumente zu entwickeln. Durch die so entstehende lose Kopplung zwischen den Komponenten können spezifische Messinstrumente entwickelt werden.

Als Ausgangsbasis kann das Rückkopplungsmodell von Reichwald (1978) herangezogen werden, da dieses die drei Dimensionen, Subjekt, Kontext und Objekt berücksichtigt. Diese Dimensionen werden wiederum in ihre Einzelteile zerlegt. Aus diesem Modell ergibt sich ein sinnvoller Ordnungsrahmen um die bisher, in Kapitel 4 und 5, herausgearbeiteten möglichen Variablen einzuordnen. Die in Tabelle 5.2 aufgelisteten Variablen können direkt in die drei Dimensionen übertragen werden. Da einige Variablen in mehreren Dimensionen vorkommen, ist eine solche Einordnung sehr hilfreich. Das Modell trägt dazu bei, das Messinstrument zu strukturieren und Raum für weitere Variablen zu schaffen. Dadurch wird verhindert, dass die verschiedenen Dimensionen vermischt werden. Beispielsweise können Prozesse existieren, bei denen die physiologischen Faktoren der Beteiligten ausschlaggebend für den Erfolg sind. In den durchgeführten Experimenten in dieser Arbeit war dies jedoch nicht der Fall. Dennoch lassen sich solche Variablen einfach integrieren. Gleichzeitig schlägt Reichwald verschiedene Variablen selbst vor. Diese stimmen in Teilen mit den bereits erhobenen Variablen überein. Der Rückgriff auf das Modell von Reichwald hat einen weiteren Vorteil. Innerhalb dieses Modells wird postuliert, dass die Akzeptanz Primär- und Sekundäreffekte zur Folge hat. Während sich die Primäreffekte unmittelbar aus der Nutzungserfahrung des Anwenders ergeben, schlagen sich die Sekundäreffekte in der einer Veränderung der organisationalen Merkmale nieder. D.h. diese können das „qualitative und quantitative Leistungsprogramm“ (ebd. 1978, S. 36) der Organisation verändern. Insofern kommt es zu einem Rückkopplungseffekt, der in weiteren Forschungsarbeiten untersucht werden könnte.

T. Müllerleile, *Prozessakzeptanz*, Forschung zur Digitalisierung der Wirtschaft | Advanced Studies in Business Digitization, https://doi.org/10.1007/978-3-658-27103-9_6

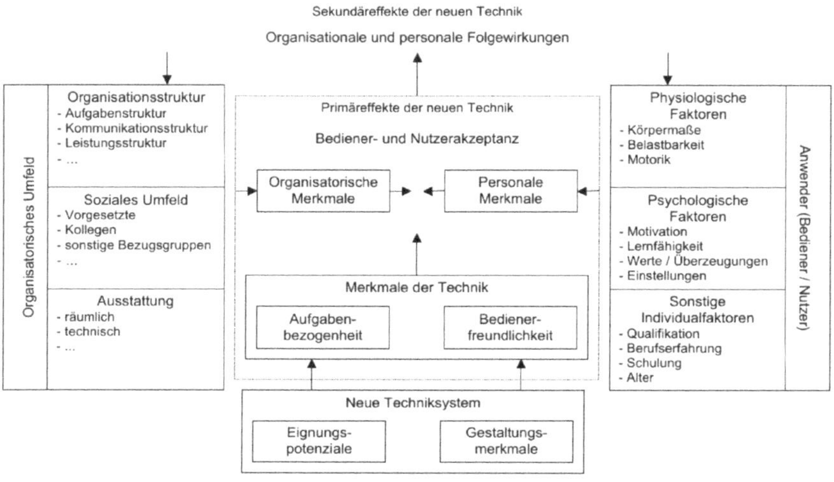

Abb. 6.1 Rückkopplungsmodell nach Reichwald

Die vorliegende Arbeit hat das Ziel allgemeingültige, überprüfbare Aussagen über die Akzeptanz von Prozessen zu treffen. Daher sollen Experimente durchgeführt werden. Es ist offensichtlich, dass es bei diesen Experimenten, wenn überhaupt, nur einen sehr allgemeinen Kontext gibt. Für die betriebliche Forschung ist jedoch der betriebliche Kontext von Interesse, der jedoch in den Experimenten nicht vorliegt und somit ausgeklammert wird.

Daraus resultiert die Frage, inwiefern die Ergebnisse auf die betriebliche Praxis übertragbar sind. Tatsächlich sind die Prozesse, die in den AMT-Experimenten dargestellt werden, sehr vereinfacht. Dem gegenüber steht der Beladungsprozess des Elektrofahrzeugs. Dieser Prozess kann tatsächlich in einer ähnlichen Form zukünftig in der Praxis angetroffen werden. Daher ist zumindest bei diesem Experiment der Bezug zur Praxis gegeben. Mit Hilfe der Experimente sollen jedoch auch allgemeine Aussagen getroffen werden. Da Geschäftsprozesse eine spezielle Art von Prozessen darstellen, kann deduktiv gefolgert werden, dass die Erkenntnisse prinzipiell übertragbar sind. Diese Sichtweise scheint insbesondere sich bei Prozessen mit Kundeninteraktion zu bewahrheiten. Werden diese vom Kunden abgelehnt, entscheidet sich der Kunde, sofern möglich, für einen anderen Anbieter.

Die Übertragbarkeit sollte daher weiter, in Zusammenarbeit mit einem Praxispartner, untersucht werden.

Aus den vorgestellten Definitionen und Komponenten der Akzeptanz geht hervor, dass die Akzeptanz aus drei Dimensionen besteht. Diese umfassen die affektive, kognitive und konative Komponente. Diese Komponenten decken sich mit den Formen der Akzeptanz. Zum einen erzeugt das Akzeptanzobjekt beim Akzeptanzsubjekt verschiedene Gefühle, die entweder mit der rationalen Einsicht bezüglich des Objekts in Konkurrenz oder in Einklang stehen. Auch bildet das Akzeptanzsubjekt bezüglich des Objekts eine Handlungsintention, wie z. B. den Prozess wie beschrieben durchzuführen oder aktive Gegnerschaft auszuüben.

Es ist jedoch offensichtlich, dass die Ausprägung dieser drei Komponenten auch von den Persönlichkeitsmerkmalen des Subjekts abhängen. Ein Subjekt, das Partizipation scheut, wird vermutlich mit geringerer Wahrscheinlichkeit in eine aktive Gegnerschaft bezüglich des Akzeptanzobjekts eintreten.

Die Wahrnehmung des Objekts durch das Subjekt sind wiederum abhängig vom Kontext. Ein chaotischer Kontext könnte z. B. jede positive Wahrnehmung des Objekts verhindern.

Insgesamt ergeben sich drei generelle Messvariablen: PA_{subj} soll die Eigenschaften des Subjekts durch Selbstauskunft messen, PA_{obj} die Eigenschaften des Objekts, hier des Prozesses wie dieser durch das Subjekt wahrgenommen wurde, und PA_{kon} die Eigenschaften des Akzeptanzkontexts.

Das hier vorgestellte Messinstrument kann in seinen drei Dimensionen je nach Untersuchungsgegenstand weiter angepasst werden. Es ist in dem Sinne als abstrakte Vorlage zu verstehen, welche dann im konkreten Untersuchungsfall implementiert bzw. angepasst werden muss. So sind bei manchen Prozessen die Eigenschaften des Subjekts oder des Kontextes nicht von Interesse oder nicht vorhanden. Daher empfiehlt es sich zu prüfen, ob alle Dimensionen eingesetzt werden müssen.

Die einzelnen Items von PA_{obj} werden innerhalb ihrer Komponenten summiert und bilden so die abhängigen Variablen. Dem gegenüber stehen in den Experimenten die unabhängigen Variablen, die aus Kapitel 5 resultieren. Im Laufe der Experimente werden diese variiert um so deren Auswirkung auf die Prozessakzeptanz über das Messinstrument zu erfassen.

Die Modularisierung des Messinstruments ermöglicht auch die Untersuchung unterschiedlicher Fragestellungen. So können durch die Hinzunahme weiterer Variablen im Subjekt oder Kontext spezifische Untersuchungen durchgeführt werden. Während PA_{obj} die Wahrnehmung des Prozesses misst, können PA_{subj} und PA_{kon} als Kovariaten herangezogen werden. So kann beispielsweise untersucht werden, ob ein gegebener Prozess je nach Altersgruppe der Probanden unterschiedlich akzeptiert wird.

6.2 Unabhängige Variablen

6.2.1 Subjekt (PA_{subj})

Es liegt nahe, dass Prozesse von unterschiedlichen Personengruppen unterschiedlich wahrgenommen werden. Insofern tragen die Attribute des Subjekts zur Akzeptanzbildung bei. In Anlehnung an das Modell von Reichwald und den in Tabelle 5.2 aufgelisteten Variablen können dessen Dimensionen mit Attributen des Subjekts befüllt werden, die die Ausführung von Prozessen vermutlich beeinflussen. Gleichzeitig können so spezifische Subpopulationen untersucht werden.

Die Experimente verfolgen das Ziel, generelle Aussagen über die Prozessakzeptanz zu treffen. Durch ihre Beschaffenheit liegt kein betrieblicher Kontext vor. Gleichermaßen liegen verschiedene, betrieblich bedingte, Eigenschaften des Subjekts nicht vor. Dazu zählt z. B. die Motivation des Mitarbeiters den Prozess ordnungsgemäß durchzuführen oder wie stark dieser bezüglich des Prozesses geschult wurde. Folglich können nur allgemeine demografische Eigenschaften (Alter, Bildungsgrad, Einkommen, etc.) des Subjekts abgefragt werden.

Die Faktoren lassen sich dabei in drei Arten klassifizieren. Dazu zählen die psychologischen, die individual und die physiologischen Faktoren. Im Rahmen der Operationalisierung wird dabei auf bereits entwickelte Skalen zurückgegriffen, da es sich nicht um ein Kernkonstrukt der Prozessakzeptanz handelt. Das hier verwendete soziodemographische Profil, wie in Tabelle 6.1 dargestellt, lehnt sich dabei an den European Social Surveys (Archive 2014) an. Die Fragen des ESS sehen vor, dass länderspezifische Itembatterien, z. B. im Bereich „höchster Bildungsabschluss", zur Auswahl bereitgestellt werden.

Während die psychologischen Faktoren dazu dienen einen Überblick über die allgemeinen Einstellungen des Untersuchungssubjekts zu gewinnen, dienen die phy-

Tab. 6.1 Individualfaktoren

Merkmal	Ausprägungen
Alter	in Jahren
Geschlecht	m/w/NA
Höchster Bildungsabschluss	Schule, Ausbildung, Universität, Promotion
Beschäftigungsverhältnis	Angestellter, Selbständiger, Arbeitslos, Beamter, Rentner
Haushaltseinkommen	in EUR/USD

siologischen Faktoren dazu, abzuprüfen inwiefern die Person überhaupt (z. B. physisch) prinzipiell in der Lage ist den Prozess auszuführen. Diese Kategorie kann insbesondere bei produktionsorientierten Prozessen ausgebaut werden, ist jedoch bei Dienstleistungsprozessen von nachgelagerter Bedeutung.

Mögliche psychologische Faktoren umfassen die Einstellung zu Kontrolle, Motivation, Kooperation und Vertrauen sowie Kollektivismus und Individualismus. Prozesse werden arbeitsteilig durchgeführt. Daher ist „Vertrauen" (Dahling u. a. 2008) in andere Personen und „kooperatives Verhalten" (Wieland und Wallenburg 2013) bzw. inwiefern das Subjekt kollektiv oder individuell veranlagt ist (Triandis und Gelfand 1998b), für die erfolgreiche Prozessausführung notwendig. Dies wird auch durch die Variable „Wunsch nach Kontrolle" (Dahling u. a. 2008) ausgedrückt.

Die hier vorgestellten psychischen Faktoren entsprechen den von Reichwald vorgeschlagenen Kategorien „Einstellungen" bzw. „Werte / Überzeugungen" sowie den Vorschlägen von Antunes und Cunha (2013), jedoch sind sie dabei nicht vollständig. Vielmehr können sie je nach Untersuchungsdesign angepasst bzw. erweitert werden.

Es ist zu beachten, dass die Einstellungen des Subjekts dadurch, dass es einem Prozess ausgesetzt wird, verändert werden. Daher empfiehlt es sich die subjektorientierten Faktoren abzufragen bevor das Subjekt den Prozess durchläuft.

Tab. 6.2 Kontextvariablen

Organisation	Soz. Umfeld	Umwelt
Chaos	Kollegen	Hemmnisse
Managementstil	Vorgesetzte	Temperatur
Kommunikation	Struktur	Niederschlag
Stabilität	Stimmung	
	Status	

6.2.2 Kontext (PA_{kon})

Die qualitative Voruntersuchung hat gezeigt, dass der Kontext, in dem ein Prozess stattfindet, die Wahrnehmung von Prozessen beeinflusst. Insofern tragen die Attribute des Kontextes zur Akzeptanzbildung bei. Der Kontext ist jedoch in den Experimenten, die in dieser Arbeit vorgeschlagen werden, nicht abfragbar, da kein Kontext existiert. Dies kann auch bei real existierenden Prozessen der Fall sein, wie im Beispiel des Boardingsprozesses aus Kapitel 3.2, in dem aus Kundensicht kein organisatorischer Kontext existiert. Aus der qualitativen Voruntersuchung folgt jedoch, dass insbesondere der Managementstil, die Schnittstellen mit der über- und untergeordneten Hierarchie, die Kommunikationsart wichtig sind. Zusätzlich äußerten die Befragten auch Zweifel, inwiefern Prozesse ordnungsgemäß in einem chaotischen Kontext ein- bzw. ausgeführt werden können. Daher werden Variablen bezüglich der Organisation, des sozialen Umfeldes und der Umwelt, wie in Tabelle 6.2 dargestellt, vorgeschlagen. Zusätzliche Variablen könnten sich aus der Organisationsforschung ableiten. Diese können auch länderspezifische Besonderheiten aufweisen (Hofstede u. a. 2010). Weitere Dimensionen sind das soziale Umfeld und verschiedene Umweltfaktoren. So ist denkbar, dass z. B. Hindernisse oder Umwelteinflüsse, wie z. B. Temperatur, die Wahrnehmung der Prozesse beeinflussen. Analog zum Subjekt sind nicht alle Items immer sinnvoll einsetzbar.

6.2.3 Grundlagen und Vorgehensweise: C-OAR-SE

Ein entsprechendes Vorgehensmodell zur Entwicklung eines Messinstruments wird von Rossiter (2002) mit dem C-OAR-SE (Construct definition, Object classification, Attribute classification, Rater identification, Scale formation, Enumeration and Reporting) Ansatz vorgeschlagen. Im Vergleich zum herkömmlichen Multitrait-Multimethod Matrix (MTMM) Ansatz (Campbell und Fiske 1959) favorisiert Rossiter die deduktive Herleitung des Messinstruments über Definitionen, das dann über Single-Item Messungen, im Gegensatz zu Multi-Item Messungen (Churchill Jr 1979), untersucht werden. In der Literatur wurden die Vor- und Nachteile beider Ansätze ausführlich diskutiert (Bergkvist und Rossiter 2007; Diamantopoulos 2005). Diese lassen sich in Praxis und Theorie untergliedern und sollen hier kurz dargestellt werden.

Mit dem C-OAR-SE Ansatz soll, im Vergleich zum MTMM-Ansatz, ein valideres Messinstrument entwickelt werden. Als Hauptunterschied wird der Bezug auf die „Content-Validity" genannt, während im MTMM-Ansatz die „Construct validity" im Vordergrund steht. Laut Rossiter besitzt diese jedoch keine Aussagekraft, da der Wahrheitsgehalt eines Konstrukts nicht empirisch überprüfbar ist, sondern durch rationale Überlegung evaluiert werden kann. Gleichzeitig wird die Validität des Messinstrumentes im MTMM-Ansatz durch die Messwerte desselben gemessen. Rossiter kritisiert dieses Vorgehen als unlogisch, da MTMM vom Messwert auf das Messinstrument schließt.

Demgegenüber bestehen im C-OAR-SE Ansatz Skalen aus a priori argumentierten Inhalten, die nicht nachträglich aus ex post Werten, u.a. durch Skalenbereinigung, gebildet werden. Diese Skalenbereinigung erhöht gleichermaßen den Aufwand der Untersuchung, da eine Faktoranalyse zur Ausdünnung der Fragebatterien durchgeführt werden sollte. Aus theoretischer Sicht ist dies höchst fragwürdig, da dadurch Teile des schon definierten Konstrukts verloren gehen können. Dieses C-OAR-SE Vorgehen erscheint deutlich logischer, da das Messinstrument die Aufgabe hat das vom Forscher definierte Konstrukt zu messen und nicht eine Abwandlung davon.

Aus praktischer Sicht zeichnet sich ein auf der MTM-Methode basierendes Messinstrument durch eine hohe interne Konsistenz aus und versucht alle Facetten des zu operationalisierenden Konstrukts zu erfassen. Dies führt in der Praxis zu sehr langen Fragebögen, die von Teilnehmern oft nicht, bzw. nicht richtig, beantwortet werden (Malhotra u. a. 2012). Das Verhalten der Teilnehmer führt folglich zu fehlenden Daten die, sofern möglich, aufwendig imputiert werden müssen (Joenssen 2015). Gleichzeitig kann so die geforderte hohe Datenqualität, die für das Messinstrument notwendig ist, nicht erreicht werden. Um diesen Problemen entgegenzutreten, kann die Stichprobe ausgeweitet werden, was wiederum zu einem höheren zeitlichen und monetären Aufwand führt. Demgegenüber ist zu bemerken, dass die C-OAR-SE Methode noch sehr jung ist. Ein breiter Einsatz hat, insbesondere in der Wirtschaftsinformatik, noch nicht stattgefunden. Dies spiegelt sich in der verfügbaren Literatur wider. Es ist anzunehmen, dass zukünftig die Methode noch verbessert wird und sich Vorgehensmodelle zur Erstellung etablieren werden.

In der vorliegenden Arbeit wurde bewusst die C-OAR-SE Methode gewählt. Zum einen erwies sich die erarbeitete Definition der Prozessakzeptanz in Kapitel 2.3 als sehr geeignet für C-OAR-SE, zum anderen ist die Kritik an MTMM nachvollziehbar. Ein weiterer Vorteil, insbesondere bei Experimenten, liegt in einem kürzeren Messinstrument, mit dem qualitativ höherwertige Daten erhoben werden können. Dies wiederum schlägt sich in einem niedrigeren Zeit- und Kostenaufwand nieder. Da für das Konstrukt der Prozessakzeptanz noch kein Messinstrument vorliegt, liegt ein weiterer Vorteil von C-OAR-SE, aufgrund der deduktiven Herangehensweise, in einer besseren Nachvollziehbarkeit der Konstruktion des Messinstruments.

6.2.4 Operationalisierung: Objekt

Als erster Schritt muss innerhalb dieses Vorgehensmodells die Konstruktkomplexität ermittelt werden. Rossiter unterscheidet dabei zwei Dimensionen. In der ersten Dimension wird der Abstraktionsgrad des Gegenstandes, der durch das Konstrukt repräsentiert wird abgebildet. Der Gegenstand kann dabei einzeln oder als Sammlung verschiedener Bestandteile, bzw. mehrere Komponenten, vorliegen. Gleichzeitig kann der Gegenstand konkret oder abstrakt sein. Die Attribute, die den Gegenstand bewerten, werden in der zweiten Dimension entweder eindimensional oder mehrdimensional dargestellt. Bei den mehrdimensionalen Attributen kann weiter zwischen Attributen unterschieden werden, die die zu bewertenden Eigenschaften des Objekts formen und jenen, die die Verhaltensweisen von Individuen abbilden. Das C-OAR-SE Konstrukt kann wie folgt definiert werden:

> *Die Prozessakzeptanz baut auf der Wahrnehmung eines Prozesses (Objekt) auf. Diese umfasst die kognitiven, affektiven und konativen Empfindungen bzw. Handlungsintentionen (Attribute) bezüglich des Prozesses, durch diejenigen (Rater), die diesem Prozess ausgesetzt wurden.*

Bei dem hier beschriebenen Konstrukt handelt es sich um ein abstrakt geformtes Objekt (FORMOB), da PA_{gesamt} aus verschiedenen Komponenten besteht, die die Bedeutung des Konstrukts formen. Es ist im C-OAR-SE Sinne abstrakt, da

PA_{gesamt} ein mehrdeutiges Konstrukt ist, welches sich nicht ikonographisch repräsentieren lässt.

Als nächster Schritt im C-OAR-SE Vorgehensmodell müssen die Attribute typisiert werden. In diesem Fall handelt es sich um konkrete wahrgenommene Attribute (CONPERCs). Im vorliegenden Falle können die Attribute in drei Dimensionen (kognitiv, affektiv und konativ) eingeteilt werden.

Die Bewertung des Prozesses obliegt denjenigen, die den Prozess durchlaufen haben. Passive Stakeholder, z. B. ein Prozessverantwortlicher, der nur an den Kennzahlen des Prozesses interessiert ist, könnten in weiteren Forschungsarbeiten mit einbezogen werden.

Im nächsten Schritt werden die Items der drei Dimensionen ausgewählt. Diese orientieren sich an den bisher entwickelten Skalen der Akzeptanz von Sauer et al. (2005), Zoellner (2009) und Lucke (1995). Somit lassen sich die Items den Stufen Akzeptanz, Neutralität und Inakzeptanz zuordnen. Tabelle 6.3 fasst die Attribute zusammen.

Diese Items müssen im Folgenden in Frage-Antwort Paare operationalisiert werden. Dem C-OAR-SE Ansatz folgend, soll versucht werden diese Attribute mit dem empfohlenen „DLF IIST Binary“ (double level-free, individual inferred satisfaction threshold) Messinstrument zu operationalisieren. Die binären Antwortskalen stellen dabei eine Zwangsantwort dar. „DLF“ steht dabei für „double level-free“, d.h. es wird keine Ausprägung des Attributes im Frage- wie auch im Antworttext des Items verwendet. Inwiefern ein Objekt eine bestimmte Eigenschaft besitzt, liegt im Ermessen desjenigen, der es bewertet. Daher muss der „Rater“ individuell, basierend auf seinem persönlichen Schwellenwert, die Eigenschaft inferenzieren (IIST). Durch die Anwendung des „DLF IIST“ soll eine höhere Stabilität und prädiktive Validität des Messinstruments erreicht werden.

Die folgenden Tabellen 6.4, 6.5 und 6.6 ordnen diese in die drei Komponenten ein und formulieren abfragbare Items. Gleichzeitig werden die Skalen und deren Richtung dargestellt.

Tab. 6.3 Itemgesamtübersicht

Eher affektiv (gefühlsbetont)	Eher kognitiv (wissensbetont)	Konativ (handlungsbetont)
Wohlfühlen		
Lästig	Wichtigkeit	Einsatz
Erzeugt Stress	Nützlich	Wiederholung / Durchführung
Involviertheit	Zufriedenheit Ergebnis	Änderungswunsch
Ist Langweilig	Zustimmung	Delegation
Unerfreulich	Länge	Beschwerde
Unsicherheit	Dauer	Umgehungsversuch
Informiertheit	Ausstattung	Aktive Gegnerschaft
Umständlich / Komfortabel	Schwierigkeitsgrad	
Vertrauen	Gleichgültigkeit	

Affektiv:

Diese Kategorie beinhaltet Items, die die affektive Wahrnehmung des Prozesses messen. Im Sinne des C-OAR-SE Ansatzes, sollte diese Art der Items durch ein DLF IIST Instrument ausgedrückt werden.

Die affektive Komponente kann auch als Ausdruck einer allgemeinen Evaluation des Gesamtobjekts interpretiert werden. Daher wird auch hier zusätzlich eine bipolare Single-Item-Skala vorgeschlagen.

- Insgesamt, hatte ich ein...: [schlechtes Gefühl] 1 2 3 4 5 [gutes Gefühl]

Kognitiv:

Diese Kategorie beinhaltet Items, die die kognitive Wahrnehmung des Prozesses messen. Im Sinne des C-OAR-SE Ansatzes, sollte diese Art der Items durch ein DLF IIST Instrument ausgedrückt werden.

Tab. 6.4 Affektive Faktoren

Frage	Skala	Gewichtung	Zuordnung
Bei der Durchführung habe ich mich wohl gefühlt	Ja I Nein	positiv	Akzeptanz
Ich fühle mich involviert	Ja I Nein	+	Akzeptanz
Ich fühle mich informiert	Ja I Nein	+	Akzeptanz
Dieser Prozess ist lästig	Ja I Nein	-	Inakzeptanz
Dieser Prozess stresst mich	Ja I Nein	-	Inakzeptanz
Ich fühle mich gelangweilt	Ja I Nein	-	Neutralität
Ich betrachte diesen Prozess als unangenehm	Ja I Nein	-	Inakzeptanz
Ich betrachte diesen Prozess als umständlich	Ja I Nein	-	Inakzeptanz
Ich empfinde Unsicherheit	Ja I Nein	-	Inakzeptanz
Ich vertraue dem Prozess	Ja I Nein	+	Akzeptanz

Tab. 6.5 Kognitive Faktoren

Frage	Skala	Gewichtung	Zuordnung
Ich denke dieser Prozess ist nützlich	Ja I Nein	+	Akzeptanz
Ich denke dieser Prozess ist wichtig	Ja I Nein	+	Akzeptanz
Dieser Prozess ist schwierig	Ja I Nein	-	Inakzeptanz
Dieser Prozess ist beschwerlich	Ja I Nein	-	Inakzeptanz
Dieser Prozess ist langwierig	Ja I Nein	-	Inakzeptanz
Der Prozess hat nicht lange gedauert	Ja I Nein	+	Akzeptanz
Ich bin mit dem Ergebnis zufrieden	Ja I Nein	+	Akzeptanz
Dieser Prozess ist annehmbar	Ja I Nein	+	Neutralität

Kognitive Einstellung gegenüber dem gesamten Prozess:

Bei dieser Frage wird der Proband nach seiner Einstellung über den gesamten erlebten Prozess befragt. Da es sich hierbei um eine quantitative bipolare konditionierte Antwort handelt, wird eine numerische Antwortskala verwendet.

- Insgesamt: [lehne ich den Prozess ab] -5 -4 -2 -3 -1 0 1 2 3 4 5 [stimme ich dem Prozess zu]

Konativ:

Diese Kategorie beinhaltet Items, die die Intention einer Handlung ausdrücken. Im Sinne des C-OAR-SE Ansatzes, sollte diese Art der Items durch ein DLF IIST Instrument ausgedrückt werden.

Tab. 6.6 Konative Faktoren

Frage	Skala	Gewichtung	Zuordnung
Ich würde mich für die Beibehaltung dieses Prozesses einsetzen.	Ja I Nein	+	Akzeptanz
Ich würde den Prozess genauso wieder durchführen.	Ja I Nein	+	Akzeptanz
Ich habe einen Änderungsvorschlag	Ja I Nein	+	Akzeptanz
Ich würde gerne die Aufgaben delegieren	Ja I Nein	-	Neutralität
Ich möchte mich beschweren	Ja I Nein	-	Inakzeptanz
Ich würde versuchen den Prozess zu umgehen	Ja I Nein	-	Inakzeptanz
Ich würde aktiv den Prozess bekämpfen	Ja I Nein	-	Inakzeptanz

Die Handlungsintention kann auch als Ausdruck einer allgemeinen Evaluation des Gesamtobjekts interpretiert werden. Daher wird auch hier zusätzlich eine bipolare Single-Item-Skala vorgeschlagen.

- Insgesamt, würde ich den Prozess wie vorgeschlagen ausführen: [unwahrscheinlich] 1 2 3 4 5 [wahrscheinlich]

Der nächste Schritt des Vorgehensmodells beschäftigt sich mit der Frage, wie die Skalen aggregiert werden sollen. Dabei muss zuerst entschieden werden ob das Objekt oder die Bewerter evaluiert werden. Im vorliegenden Fall handelt es sich um das Objekt, bzw. den Prozess, der bewertet wird. Insgesamt sollen Aussagen über multiple Items getroffen werden. Daher müssen die individuellen Werte aggregiert werden. Dies kann durch die Summierung der einzelnen individuellen Werte zu einem Gesamtaggregat erreicht werden.

7 Experimente als Methode der Wirtschaftsinformatik

7.1 Experimente in der Wirtschaftsinformatik

Das Experiment als Forschungsmethode ermöglicht es eine Hypothese auf ihre Kausalzusammenhänge zu testen. Die Hypothesen werden dabei aus einer Theorie abgeleitet und prüfen entweder einen Zusammenhang, einen Unterschied oder eine Veränderung im Zeitverlauf der abhängigen Variable (Bortz und Döring 2009, S. 492). Die Validität des Experiments hängt dabei von dessen Design und Durchführung ab.

Das Experiment kann als eine

> „[...] wiederholbare Beobachtung unter kontrollierten Bedingungen, wobei eine (oder mehrere) unabhängige Variable(n) derartig manipuliert wird (werden), daß eine Überprüfungsmöglichkeit der zugrundeliegenden Hypothese (Behauptung eines Kausalzusammenhangs) in unterschiedlichen Situationen gegeben ist“

definiert werden (Zimmermann 1972, S.37). Bei der Durchführung von Experimenten sollte eine Trennung von Ursache und Wirkung, bzw. eine zeitliche Trennung, gegeben sein (Rack und Christophersen 2009, S. 18).

In der Wirtschaftsinformatik werden Experimente, wie aus Abbildung 7.1 ersichtlich, nur vereinzelt durchgeführt (Schreiner u. a. 2015). Zu den möglichen Gründen zählen der hohe Aufwand, das bisherige Forschungsverständnis oder auch ein Untersuchungsgegenstand, der sich nur schwer experimentell untersuchen lässt.

Experimentelle vs. quasiexperimentelle Untersuchung

Experimente können auf zwei verschiedenen Untersuchungsdesigns basieren. So spricht man von einem quasiexperimentellen Design, wenn die Zuweisung der Probanden in die einzelnen Gruppen nicht randomisiert geschieht. Vielmehr basiert die Gruppenzuordnung auf natürlichen, nicht kontrollierbaren Ereignissen. Die dadurch entstehenden Gruppen können dann miteinander verglichen werden (Bortz und Döring 2009, S. 54–56). Quasiexperimentelle Designs sind insbesondere aus forschungsökonomischen Gründen interessant, insbesondere wenn die Un-

T. Müllerleile, *Prozessakzeptanz*, Forschung zur Digitalisierung der Wirtschaft | Advanced Studies in Business Digitization, https://doi.org/10.1007/978-3-658-27103-9_7

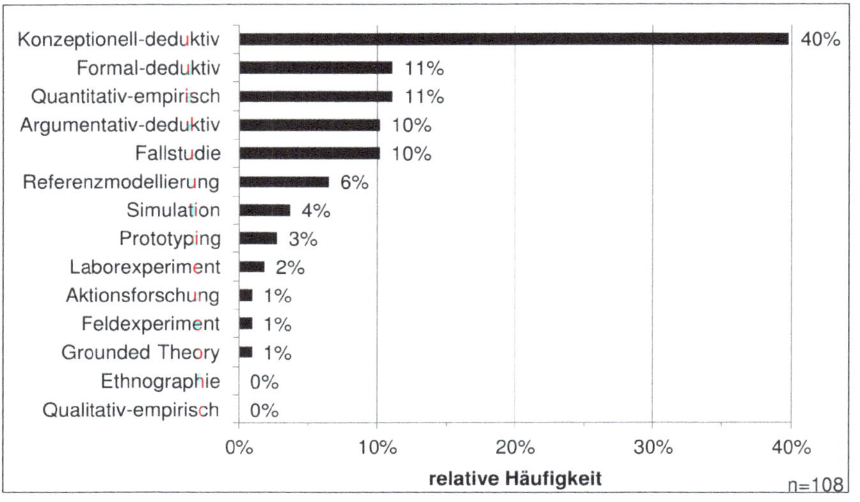

Abb. 7.1 Häufigkeit publizierter Forschungsmethoden 2007-2012

tersuchung eine Randomisierung oder die Kontrolle der Variablen nicht erlaubt (Rack und Christophersen 2009, S. 21; Zimmermann 1972, S. 130).

Im Gegensatz zu einer quasiexperimentellen werden bei einer experimentellen Untersuchung die Gruppen randomisiert (Bortz und Döring 2009, S. 54, 524–526) gebildet. Bei großen Gruppen kann so die Gleichheit der Gruppen erreicht werden. Gleichzeitig werden Störvariablen neutralisiert (Bortz und Döring 2009, S. 54, 524–526, 546; Englisch u. a. 2015). Durch die Randomisierung steigt, im Gegensatz zu einer quasiexperimentellen Untersuchung, die interne Validität, da nun ein Unterschied in der Messung der abhängigen Variablen auf die Manipulation der Treatmentvariable zurückzuführen ist.

Feld- vs. Laborexperiment

Die Umgebung, in der ein Experiment stattfindet, entscheidet darüber ob es sich um ein Feld- oder Laborexperiment handelt (Rack und Christophersen 2009, S. 18; Zimmermann 1972, S. 195).

Bei einem Feldexperiment wird der zu untersuchende Gegenstand in seiner natürlichen Umwelt untersucht (Zimmermann 1972, S. 194–195). Die Umwelt kann dabei nicht durch das Experimentaldesign verändert werden. Die durch ein Feldexperiment gewonnenen Ergebnisse könnnen in der Regel gut verallgemeinert werden, da sie eine hohe externe Validität haben (Bortz und Döring 2009, S. 33, 53, 57; Rack und Christophersen 2009, S. 18; Zimmermann 1972, S. 198). Problematisch ist jedoch, dass mögliche Einflussvariablen nicht vollständig kontrolliert werden können. Daher ist die interne Validität weniger stark ausgeprägt (Bortz und Döring 2009, S. 33, 53, 57).

Im Gegensatz zu Feldexperimenten finden Laborexperimente in einer kontrollierten Umgebung statt (Bortz und Döring 2009, S. 57; Hess und Wilde 2008, S. 63). Die Umgebung des Untersuchungsgegenstandes wird dabei simuliert. Gleichzeitig wird versucht alle Störfaktoren zu kontrollieren um so Unterschiede während der Durchführung der Experimente auszuschließen (Bortz und Döring 2009, S. 528; Rack und Christophersen 2009, S. 18–19). Störfaktoren können bei Feldexperimenten im Regefall nur registriert und protokolliert werden. In Ausnahmefällen können auch manche Störgrößen konstant gehalten werden. (Bortz und Döring 2009, S. 528). Aus diesen grundlegenden Eigenschaften ergibt sich, dass Laborexperimente eine hohe interne Validität aufweisen. Jedoch sind die Ergebnisse nicht ohne weiteres generalisierbar, da die unnatürliche Laborumgebung einer Übertragung der Ergebnisse auf eine natürliche Situation im Wege steht. Daraus ergibt sich eine weniger stark ausgeprägte externe Validität (ebd. 2009, S. 57).

Laborexperimente werden insbesondere zur Untersuchung von vermuteten Zusammenhängen empfohlen (Rack und Christophersen 2009).

7.2 Web-Experimentalforschung

7.2.1 Crowdsourcing und AMT

Die Durchführung von Experimenten und das Sammeln empirischer Daten ist im Allgemeinen zeit- und kostenintensiv. So müssen Räumlichkeiten und Aufsichtspersonal bereitgestellt und Versuchspersonen entschädigt werden. Ein weiteres Problem ist die Akquise geeigneter Versuchspersonen und die damit einhergehende Terminplanung. Um diesen Aufwand aus forschungsökonomischen Gründen zu minimieren ist es naheliegend empirische Forschungsarbeiten virtuell durchzuführen. Eine Möglichkeit der Umsetzung solcher Forschungsarbeiten besteht darin sogenannte Microtask-Marktplätze zu nutzen. Auf einem solchen Crowdsourcing Marktplatz kann eine Aufgabe an eine große Gruppe interessierter Nutzer ausgelagert werden (Alonso und Lease 2011). Sie „dient als Vermittler zwischen dem Arbeitgeber, der Aufgaben einreicht, und den menschlichen Arbeitern, die diese Aufgaben erfüllen" (Hirth u. a. 2015). Diese bearbeiten die Aufgabe dezentral und asynchron an ihrem eigenen Rechner. Ladrón-de-Guevara et al. (2012) definieren Crowdsourcing als:

> „Crowdsourcing is a type of participative online activity in which an individual, an institution, a nonprofit organization, or company proposes to a group of individuals of varying knowledge, heterogeneity, and number, via a flexible open call, the voluntary undertaking of a task."

Crowdsourcing, eine Wortschöpfung aus Crowd und Outsourcing, selbst kann grob in die Aufgabenbereiche Crowd-Creation, Crowd-Voting, Crowd-Wisdom und Crowd--Funding unterteilt werden (Tripathi u. a. 2014). Dabei wird im Allgemeinen eine Aufgabe an eine unbestimmte Gruppe ausgelagert. Die Aufgabe kann dabei wissenschaftlicher, sozialer oder unternehmerischer Art sein. Um diese zu bearbeiten bzw. zu verteilen wird im Normalfall eine Internetplattform genutzt. Die Teilnehmer profitieren von einem geeigneten Anreizsystem. Neben einer finanziellen Entlohnung sind auch ideelle Anreizsysteme denkbar.

Die Nutzung von Crowdsourcing ist sinnvoll, wenn das Problem prinzipiell an eine passende Gruppe von Teilnehmern ausgelagert werden kann. Die Eignung hängt davon ab, ob das Problem teilbar ist, welches Wissen der Nutzer für eine adäquate Lösung notwendig ist sowie die demographischen Eigenschaften der Teilnehmer, bzw. der Plattform (Afuah und Tucci 2012). Gleichzeitig handelt es sich oft um Probleme, die ein Computer nur schwer oder gar nicht lösen kann. In der vorliegenden Arbeit werden die Teilnehmer gebeten einen Fragebogen auszufüllen, nachdem sie einem Szenario ausgesetzt wurden. Aus theoretischer Sicht entspricht diese Aufgabe dem Crowd-Voting, gleichzeitig erfüllt es alle Anforderungen an ein Problem, das durch Crowdsourcing ausgelagert werden soll. Für die erfolgreiche Crowdsourcing Anwendung (Reichwald und Piller 2009, S. 74; Puscher 2009, S. 83) müssen genügend Teilnehmer mit den richtigen Fähigkeiten verfügbar sein und ein sinnvolles Anreizsystem existieren. Zusätzlich sollte die Organisation, die für die Aufgabe verantwortlich ist, über eine gute Reputation verfügen.

Durch Crowdsourcing kann auf das Wissen und die Kompetenzen der Teilnehmer zugegriffen werden. Diese haben oft unterschiedliche Eigenschaften. Das heißt, die Aufgabensteller können auf sonst schlecht erreichbare Subpopulationen zurückgreifen. Die Teilnehmer selbst wählen die Aufgaben in einem Prozess der Selbstselektion aus. Dies führt dazu, dass Aufgaben oft nur von Personen durchgeführt werden, die diese gerne bearbeiten. Natürlich hängt diese Selbstauswahl auch von der Attraktivität der Vergütung ab. Diese ist jedoch relativ gering, daher können durch Crowdsourcing aus Sicht des Auftragsgebers Kosten gesenkt werden. Gleichzeitig kann Crowdsourcing im Sinne der Personalbedarfsplanung flexibel eingesetzt werden (Hammon und Hippner 2012, S. 166-168).

Bei der Nutzung von Crowdsourcing ergeben sich auch Nachteile. So ist es nötig die Aufgabe präzise und wohl definiert darzustellen. Die Ergebnisse müssen prinzipiell auch kritisch betrachtet werden. Möglicherweise müssen Aufgaben mehrmals zur Bearbeitung ausgeschrieben werden um dann die „richtige" Lösung per Mehrheitswahl bestimmen zu können. Auch die Kosten die Aufgaben zu erstellen sollte nicht vernachlässigt werden. Dieser Aufwand kann leicht die Kosten für das Crowdfunding übersteigen (ebd. 2012, S. 166-168). In besonderen Fällen, z. B. bei Crowd-Creation, kann auch die Rechtslage bezüglich der Ergebnisse unklar sein (Masnick 2011).

AMT Funktionsweise

Der aktuelle Marktführer im Bereich Crowdsourcing-Marktplätze ist „Mechanical Turk" von Amazon. Die Namensgebung des 2005 gegründeten Marktplatzes basiert dabei auf dem gleichnahmigen „Schachroboter" aus dem achtzehnten Jahrundert. Dieser gab vor mechanisch Schachspielen zu können, jedoch versteckte sich ein Mensch in der Apparatur (Standage 2003, S. 193). Ähnlich verhält es sich bei Amazon Mechanical Turk (AMT). Die von sogenannten „Requestern" eingestellte Aufgaben werden von angemeldeten AMT Nutzern, als „Worker" oder auch „Turker" bezeichnet, bearbeitet (Ross u. a. 2010). Die Interaktion mit den Nutzern erfolgt dabei anonym und ist in Abbildung 7.2 als Use-Case Diagramm dargestellt. Über eindeutige Nutzer IDs lassen sich Doppelteilnahmen erkennen und ggf. verhindern (Snow u. a. 2008). Die Plattform stellt dabei Funktionen zur Akquise und Abrechnung der Teilnehmer bereit. Um AMT zu verwenden muss ein sogenannter Human Intelligence Task (HIT) erstellt werden. Dieser besteht aus einer selbst festlegbaren Anzahl an Aufgaben oder Fragen. Einfache Aufgaben oder Fragebögen können in AMT selbst erstellt werden. Weitergehende Untersuchungen können über Softwaretools wie Jatos (Lange u. a. 2015), psiTurk [1] oder crowdlib[2] erstellt werden. Diese Werkzeuge, die direkt auf die AMT-API zugreifen, ermöglichen es

[1] psyturk.com
[2] http://www.cs.umd.edu/hcil/crowdlib/

dem Forscher besser mit AMT und Drittsystemen oder Bibliotheken, wie z. B. jspsych [3] zu interagieren. In Jatos können Experimente auf einem lokalen Server hinterlegt und auf AMT veröffentlicht werden.

Bevor dieser zur Bearbeitung freigegeben wird, kann festgelegt werden wieviele Nutzer diesen bearbeiten sollen und die Vergütung festgelegt werden. Der durchschnittliche Stundenlohn lag 2010 bei ca. 1.40 USD (Paolacci und Chandler 2014, S. 412). Die Entlohnung unterliegt dabei einem Marktmechanismus. Die Teilnehmer wählen die HITs aus, die sie bearbeiten möchten. Mit der Höhe der Vergütung steigt dabei die Attraktivität des HIT für die Teilnehmer. Zusätzlich ermöglicht AMT eine Vorselektion der möglichen Teilnehmer. So können für HITs nur „Master Turker" zugelassen werden, die über besondere Qualifikationen, z.B. die Anzahl der korrekt bearbeiteten HITs, verfügen. Wurde ein HIT von einem Nutzer erfolgreich bearbeitet, wird dieser vom Auftraggeber ausgezahlt. Je nach Leistung können Boni ausbezahlt werden oder Teilnehmer von zukünftigen HITs ausgeschlossen werden.

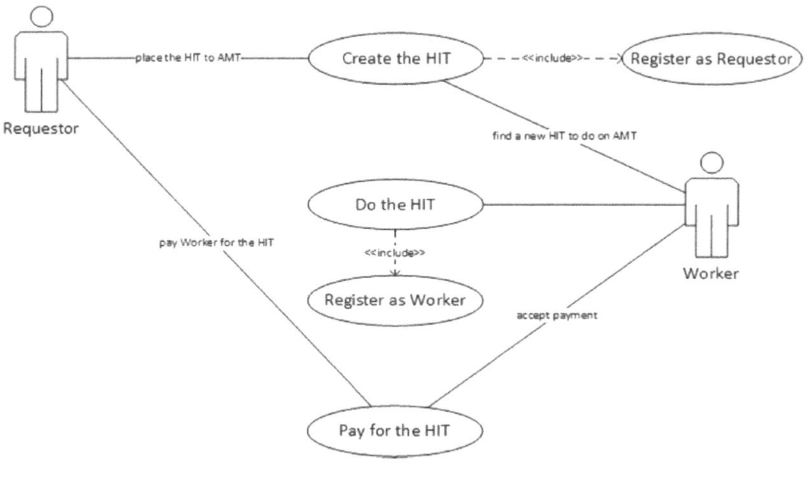

Abb. 7.2 AMT Use Case Diagramm

[3]jspsych.org

AMT Demographie

AMT konnte in den letzten Jahren stark von ca. 100.000 im Jahr 2007 (Kittur u. a. 2008, S. 454) auf ca. 500.000 Nutzer im Jahr 2016 [4] wachsen. Der Teilnehmerkreis ist international. Die zwei größten Teilnehmergruppen rekrutieren sich mit ca. 47% aus den USA sowie mit ca. 19% aus Indien. Die restlichen Nutzer verteilen sich auf über 180 weitere Länder (Ipeirotis 2010). Diese Demographie ergibt sich daraus, da nicht in allen Ländern AMT verfügbar ist bzw. war. Inzwischen zahlt Amazon neben Gutscheinen auch indische Rupien aus. Da Amazon AMT in weiteren Regionen verfügbar macht, bezieht sich der folgende demographische Abriss auf die bisherigen Nutzer aus den USA. Im Jahr 2010 waren davon 65% weiblich. 40% der Nutzer sind zwischen 1980 und 1989 geboren. Das Durchschnittsalter liegt bei ca. 36 Jahren (Paolacci und Chandler 2014). Viele Teilnehmer haben einen hohes Bildungsniveau. So verfügten 2010 ca. 15% über einen Masterabschluss und ca. 35% über einen Bachelorabschluss. Nach eigenen Angaben besuchen ca. 25% aller Nutzer ein College oder eine Universität. Etwas 25% der Nutzer verbringen ca. einen Tag in der Woche mit der Bearbeitung von HITs. Normalerweise bearbeiten sie dabei zwischen 20 und 100 HITs. Eine kleine Minderheit, ca. 1% der Nutzer, bearbeiten deutlich mehr HITs und kommen dabei auf Monatsverdienste von mehr als 1000 $ im Monat. Der Hauptgrund für viele Nutzer HITs zu bearbeiten ist die Möglichkeit Geld zu verdienen, besonders bei Arbeitslosigkeit oder einer Teilzeitstelle (ebd. 2014). Dennoch gaben Nutzer auch an sich mit AMT die Zeit zu vertreiben und ihnen die Bearbeitung von HITs auch Spass macht.

AMT Eignung

In der Literatur wird die Eignung von AMT für die Forschung stark diskutiert. Aus der beschriebenen Demographie ergeben sich offensichtlich Situationen, die AMT sinnvoll oder weniger sinnvoll erscheinen lassen. Um das Verhalten älterer Menschen zu untersuchen eignet sich AMT z. B. gegenwärtig nicht. Eine andere wichtige Überlegung ist, ob den Antworten der AMT Teilnehmer zu vertrauen ist. Trotz der recht geringen Vergütung der HITs, kommen Buhrmeister et al. (2011) zu dem Schluss, dass die Datenqualität anderen Erhebungsmethoden entspricht. Ähnliche Ergebnisse legen Mason und Suri (2012) vor. In einem Wiederholungsexperiment änderte nur eine Person (aus $n = 207$) bei einer Befragung die Angabe bezüglich des Geschlechts. Um die Datenqualität weiter zu erhöhen schlägt Crowston (2012) vor „Master Turker" und Aufmerksamkeitschecks in den Untersuchungen zu verwenden. Es sollte jedoch erwähnt werden, dass Amazaon zusätz-

[4] https://requester.mturk.com/tour

lich zu der Vergütung für die Teilnehmer deutlich höhere Gebühren für „Master Turker“ erhebt. Diese können dabei prohibitiv auf AMT-Forschungsvorhaben wirken. Insgesamt kann festgestellt werden, dass AMT für die vorliegende Arbeit ein sinnvolles Werkzeug darstellt.

7.2.2 Vor- und Nachteile der Nutzung von AMT

Einer der Gründe warum Experimente in der Wirtschaftsinformatik nur vereinzelt durchgeführt werden sind die anfallenden Kosten. So müssen Labore oder andere Räumlichkeiten mit entsprechender Infrastruktur bereitgestellt werden. Gleichzeitig fallen Personalkosten für die Durchführung der Experimente an. Beispielsweise müssen die Teilnehmer in das Experiment eingewiesen oder begleitet werden. Zusätzlich entstehen Kosten durch die Aufwandsentschädigung der Teilnehmer sowie Prozesskosten im Rahmen der Vergütungsabwicklung. Werden Experimente virtuell durchgeführt ergibt sich eine andere Kostenstruktur. Räume und Infrastruktur entfallen zum größten Teil. Dennoch muss das Experiment virtuell aufbereitet werden. Die Aufwandsentschädigungen sind in einem virtuellen Experiment deutlich geringer. Gleichzeitig wird die Abwicklung der Bezahlung durch den Plattformanbieter, in diesem Fall Amazon, übernommen. Paolacci und Chandler (2014) gehen von ca. 1.71 $ pro Stunde bei Experiment auf der Plattform AMT aus. In einem Vergleich mit herkömmlichen und virtuellen Experimenten kommen Winter und Siddharth (2011) zu dem Schluss, dass herkömmliche Experimente ca. achtmal teurer sind als ein vergleichbares virtuelles Experiment.

Ein weiterer Vorteil liegt in der Geschwindigkeit mit der Daten erhoben werden können. Je nach Experiment und Anreizsystem können Untersuchungen schnell durchgeführt werden. Durch den Rückgriff auf eine weltweite Nutzerbasis ist es so möglich, dass eine große Anzahl von Personen gleichzeitig an den Experimenten teilnehmen kann, da die herkömmlichen Ressourcenbeschränkungen, wie z. B. Räume, Personal und die Verfügbarkeit der Teilnehmer, durch die virtuelle Welt aufgehoben werden. Die Erhebungszeiten, die in der Literatur berichtet werden, schwanken dabei sehr stark. So konnte ein Experiment schon nach 11 Minuten beendet werden (Snow u. a. 2008), andere nach ca. drei Wochen bei 1000 Teilnehmern (Paolacci und Chandler 2014). Die große heterogene Nutzerbasis erschwert es gewünschte Subpopulationen gezielt zu erreichen. Daher müssen zwar Stichproben, die über AMT gezogen wurden, als nicht repräsentativ angesehen werden, jedoch verfügen diese im Vergleich zu anderen „convenience-based samples“, wie z. B. Studenten, über eine bessere oder vergleichbare Repräsentativität (Mullinix

u. a. 2015). In der Literatur wird AMT aufgrund dieser Einschränkungen insbesondere für Experimente vorgeschlagen (Berinsky u. a. 2012; Casler u. a. 2013).

Aus wissenschaftlicher Sicht hat die Durchführung von Experimenten mit AMT weitere Vorteile. Durch AMT ist es möglich auf eine große und heterogene Nutzerbasis zuzugreifen. Diese ermöglicht es günstig die Anzahl der Teilnehmer an einer Studie auszuweiten um so die Aussagekraft der Ergebnisse zu verbessern. Die Nutzung von AMT ist für die Teilnehmer anonym. Jeder Teilnehmer hat zwar eine ID, aus dieser lassen sich jedoch keine personenbezogenen Daten ableiten, es sei denn, diese werden innerhalb des Experiments erhoben. Insbesondere bei Experimenten oder Befragungen in denen es um sensible Themen geht (Shapiro u. a. 2013), kann diese Art der Anonymität von Vorteil sein und so die Untersuchung erst ermöglichen.

Es ergeben sich aus wissenschaftlicher Sicht auch Nachteile. Im Prinzip kommt es zu einer Selbstauswahl der Teilnehmer, den die Experimentalleitung nicht steuern kann. Die einzige Möglichkeit besteht darin, entweder die Teilnehmerzahl auszuweiten oder bestimmte Qualifikationen von den Teilnehmern zu verlangen. So bietet AMT prinzipiell die Möglichkeit die Experimente so zu gestalten, dass nur besonders gute „Turker" an einem HIT teilnehmen dürfen. Da die Teilnehmer oft aus ökonomischen Gründen an Studien auf AMT teilnehmen, neigen sie dazu „satisficing" zu betreiben (Hamby und Taylor 2016). Das bedeutet, dass eher schnelle Antworten im Gegensatz zu wohlüberlegten durchdachten Antworten zu erwarten sind.

Neben dem „satisficing" ist Betrug ein weiteres Problem. Es ist denkbar, dass das Experiment einfach nur „durchgeklickt" wird oder sogar von einem Skript abgearbeitet wird. Dadurch wird die Datenqualität negativ beeinflusst. Als Gegenmaßnahme kann eine Testfrage in die Untersuchung aufgenommen werden, die nur ein Mensch verstehen und lösen kann (Mason und Suri 2011) oder ein Instructional Manipulation Check (IMC) (Oppenheimer u. a. 2009). Ein solches IMC stellt eine Fangfrage dar, in der die textuellen Instruktionen den möglichen Klickoptionen widersprechen. Wird dennoch eine Option ausgewählt, hat der Teilnehmer die Instruktionen nicht gelesen oder verstanden. Eine weitere Möglichkeit besteht darin die gesammelten Daten wiederum über ein HIT, durch weitere Teilnehmer überprüfen zu lassen (Oh und Wang 2012).

Während der Experimente kommt es im Normalfall zu keiner Kommunikation. Dies kann, je nach Untersuchungsdesign, von Vor- oder Nachteil sein. Einerseits wird der Proband nicht beeinflusst, andererseits kann weniger erklärt werden und es können auch keine Probandenbeobachtungen durchgeführt werden. Daher kann auch schlecht überprüft werden, inwiefern die Probanden bei den Experimenten oder Umfragen ehrlich antworten.

8 Empirische Untersuchung der Prozessakzeptanz

8.1 Übersicht der Untersuchung

Wie in den vorhergehen Kapiteln dargelegt, wird die Prozessakzeptanz im Zusammenspiel von Objekt, Subjekt und Kontext konstruiert. Folglich sollten diese drei Dimensionen untersucht werden. Dazu konzentriert sich das erste Experiment auf das Objekt, den Prozess, selbst. Im folgenden Experiment in Kapitel 8.2 wurden zwei Ladeprozesse für Elektrofahrzeuge miteinander verglichen. Der Fokus aus Prozesssicht lag hierbei darin festzustellen, ob Unterschiede in der Prozessakzeptanz messbar sind und inwiefern die Ergebnisse für Prozessverbesserungen herangezogen werden können.

Im zweiten Experiment steht der Kontext in dem ein Prozess ausgeführt wird im Mittelpunkt. Die Konstruktion solcher Experimente gestaltet sich äußerst schwierig. Daher wurde ein Laborexperiment auf Crowdsourcingbasis entwickelt. In diesem Experiment wurde der Kontext in einem Szenario textuell beschrieben bzw. für das Experiment manipuliert.

In der dritten Untersuchung steht das Subjekt selbst im Fokus der Betrachtung. Die leitende Fragestellung lautet hier, ob und wie sich die Eigenschaften des Subjekts auf die Prozessakzeptanz auswirken. Die Erhebung der Daten findet im Rahmen des Crowdsourcingexperiments auf AMT statt. Die Daten wurden während des zweiten Experiments erhoben, stellen jedoch ein gesondertes Experiment dar.

Für die Experimente wurde ein auf Kapitel 6.2.4 basierender Fragebogen verwendet, der von den Teilnehmern nach Durchführung des Experiments ausgefüllt werden musste. Dieser wurde für die AMT-Experimente sowie das Elektromobilitätsexperiment, dem Kontext entsprechend, leicht angepasst. Die AMT-Experimente wurden online, das Elektromobilitätsexperiment offline, mit einem Papierfragebogen, durchgeführt. Zur Untersuchung des Subjekts wurden zusätzlich die demographischen Eigenschaften der Teilnehmer abgefragt. Des Weiteren wurde der Wunsch nach Kontrolle, Misstrauen gegenüber anderen (Dahling u. a. 2008) , der Grad des Individualismus/Kollektivismus (Wieland und Wallenburg 2013) und der Wille zur Kooperation (Dahling u. a. 2008) abgefragt.

Die hier vorgestellten Experimente sollen die Basis für zukünftige Untersuchungen, methodisch wie auch inhaltlich, bilden. In zukünftigen Experimenten könnten

T. Müllerleile, *Prozessakzeptanz*, Forschung zur Digitalisierung der Wirtschaft | Advanced Studies in Business Digitization, https://doi.org/10.1007/978-3-658-27103-9_8

die in Kapitel 6.2.4 vorgestellten Variablen gezielt manipuliert werden um deren Effektstärken zu bestimmen.

8.2 Objekt: Prozessexperiment Elektromobilität

8.2.1 Ausgangslage und Hypothese

Die globale Erwärmung sowie politische und ökonomische Unsicherheiten in der Energieversorgung durch fossile Energieträger haben dazu geführt, dass weltweit nachhaltige ökologische Energiequellen gefördert bzw. nachgefragt werden (REN21 2011).

Aus diesen Gründen wurden in vielen Staaten entsprechende Gesetze bzw. Regulierungen erlassen, die zu mehr Wachstum im Bereich der erneuerbaren Energien führen sollen (Harmelink u. a. 2006). Folglich wuchs die Kraftwerkskapazität der erneuerbaren Energien an. So wurden im Jahr 2014 ca. 31.5% der bereitgestellten elektrischen Energie im ENTSO-E (ENTSO-E 2016) Netzwerk durch erneuerbare Energiequellen erzeugt.

Der Transportsektor, der stark von fossilen Kraftstoffen abhängig ist und auf den ein Großteil der CO_2 Emissionen entfällt, blieb von dieser Entwicklung größtenteils unbeeinflusst. Um erneuerbare Energien auch im Transportsektor vermehrt zu verwenden sowie die negativen Auswirkungen konventioneller Antriebe zu reduzieren bieten sich elektrisch betriebene Fahrzeuge an. Diese bieten dem Fahrer auch weitere Vorteile, wie z.B. ein hohes Drehmoment, eine stärkere Beschleunigung sowie geringere Unterhalts- und Inspektionskosten. Können weitere Vorteile für den Kunden angeboten werden, kann so die Adoptionsrate von elektrischen Fahrzeugen (EF) und somit die Nutzung erneuerbarer Energien erhöht werden. Im Kontext der Wirtschaftsinformatik wird die E-Mobility insbesondere bezüglich neuer Geschäftsmodelle diskutiert (Lee u. a. 2011). Ein weiterer Forschungsstrang befasst sich mit der Integration der Elektrofahrzeuge in das bestehende Netz (Wagner u. a. 2013). Insbesondere stehen dabei mögliche ökonomische Vorteile für den EF Nutzer im Mittelpunkt der Betrachtung (Eisel u. a. 2015). Scheurenbrand et al. (2015) stellen ein Klassifikationsschema für die vorhandene Literatur vor, das eine soziale, eine technologische und eine marktorientierte Kategorie enthält. Aus Sicht der Wirtschaftsinformatik kann die E-Mobilität als ein Servicenetzwerk bestehend aus miteinander verbundenen Informationssystemen und Infrastruktur betrachtet werden (Mählmann u. a. 2012).

Trotz der vielen Vorteile der Elektromobilität bleibt die Adaption von E-Fahrzeugen niedrig. Die Gründe dafür liegen in den hohen Anschaffungskosten, niedriger Reichweite und einer oft nicht vorhandenen Infrastruktur zum Laden des Fahrzeugs (Masuch u. a. 2011). Es kann dabei angenommen werden, dass zukünftige Batteriegenerationen die Reichweitenproblematik entschärfen. Ein großes Problem bleibt der Ausbau der Netze und der Ladeinfrastruktur. Insbesondere der Ladeprozess selbst sollte eine wichtige Rolle für EF-Nutzer spielen, da dieser oft ausgeführt werden muss. Je nach Nutzung und Batteriekapazität muss dieser Ladeprozess mehrmals pro Woche durch den Fahrer durchgeführt werden.

Es liegt daher nahe diesen Prozess durch Erkenntnisse und Methoden des BPM, wie z.B. durch Modellierung und die Untersuchung der Prozessakzeptanz, zu optimieren. Bleibt der Ladeprozess für den Nutzer ein Ärgernis, kann dies die Adaption der Elektromobilität negativ beeinflussen. Andererseits könnte ein wohl akzeptierter Ladeprozess die Adaption steigern. Des Weiteren kann der Ladevorgang technisch durch intelligente Ladeverfahren und Strategien weiter verbessert werden (Flath u. a. 2012), auch um eine Integration in zukünftige intelligente Netze zu ermöglichen.

Diese Entwicklung kann durch den Einsatz fortschrittlicher induktiver Ladesysteme unterstützt werden. Im Vergleich zu den bisherigen kabelgebundenen Systemen, haben induktive Ladesysteme mehrere Vorteile. Ein solches System ermöglicht das kontaktlose Laden, eine Beschädigung des Ladekabels kann also nicht stattfinden. Des Weiteren muss auch kein Ladekabel mitgeführt werden, was zusätzlichen Platz im Kofferraum ermöglicht. Insbesondere bei ungemütlichem Wetter, wie z. B. bei Eis und Schnee kann das Verlegen und Aufsammeln des Kabels eine schmutzige Angelegenheit darstellen. Ein weiterer Vorteil besteht darin, dass die komplette Ladestation unterirdisch verbaut werden kann (Universität Stuttgart 2011). So kann das Stadtbild erhalten bleiben und es wird kein knapper öffentlicher Raum für Ladestationen verbraucht. Folglich sind induktive Ladestationen auch vandalismussicher. Somit können Wartungskosten gesenkt werden. Basierend auf diesen Gründen wurde das induktive Laden für E-Fahrzeuge vorgeschlagen (Wu u. a. 2011; Zimmer u. a. 2014). Gegenwärtig benötigen beide Verfahren eine hohe Interaktion des Nutzers mit der Infrastruktur. Im Fall des induktiven Ladens muss der Fahrer das Fahrzeug so genau wie möglich auf der Induktionsspule positionieren. Dieser Vorgang kann sehr frustrierend sein, da es hierbei Genauigkeiten im Zentimeterbereich geht.

Aus Nutzersicht implementieren beide Ladeverfahren einen unterschiedlichen Prozess. Der Nutzer wird dabei je nach eingesetzter Technologie einem Prozess ausgesetzt. Wird E-Mobility als Servicesystem (Spohrer u. a. 2008) verstanden, resultiert der Wert der Services u.a. auch aus den darunter liegenden Prozessen. Daher ist die Prozessakzeptanz des Fahrers ein wichtiger Teil der E-Mobility Erfahrung (Müllerleile und Nissen 2014). Ein schlecht akzeptierter Ladeprozess trägt somit zu der niedrigen EF Adaptionsrate bei.

Wie ein Prozess wahrgenommen wird und ob er umgangen bzw. verändert durchgeführt wird hängt vom Prozess selbst bzw. dessen Eigenschaften ab.

Ein Prozess hat ein Ziel, dennoch sind unterschiedliche Prozesse denkbar dieses Ziel zu erreichen. Einerseits kann es sich um zwei grundlegend verschiedene Prozesse handeln, andererseits ist es denkbar, dass sich die beiden Prozesse nur marginal, z.B. in der Reihenfolge der Prozessschritte unterscheiden. Daher kann folgende Hypothese aufgestellt werden:

H 1: Gibt es Unterschiede in der Prozessakzeptanz bei unterschiedlichen Prozessen, die dasselbe Ergebnis liefern sollen?

Diese Hypothese kann für das Experiment weiter verfeinert, bzw. angepasst werden. Dazu wird im Folgenden die Wahrnehmung des Fahrers bezüglich der zwei Ladetechnologien experimentell untersucht, indem die Prozessakzeptanz mit dem in Kapitel 6 vorgestellten Messinstrument erhoben wird.

Die zu untersuchende Hypothese kann wie folgt aufgestellt werden.

H_{Objekt} 1: Können Unterschiede bezüglich der Prozessakzeptanz der beiden Ladeverfahren festgestellt werden?

Der folgende Abschnitt ordnet sich in die marktorientierte und soziale Perspektive der E-Mobilität ein. Dazu wurde ein Experiment mit 60 Teilnehmern in zwei Gruppen durchgeführt. Gegenwärtige konkurrieren beide Systeme im Markt. Daher bietet die hier durchgeführte Studie eine einmalige Möglichkeit um frühzeitig Prozessakzeptanzstudien im Rahmen der BPM Forschung durchzuführen. Es soll darauf hingewiesen werden, dass das hier gezeigte Vorgehen sich auch auf andere Bereiche, wie z. B. betriebliche Prozesse, übertragen lässt.

Im Folgenden soll untersucht werden, ob sich die beiden Ladeprozesse bezüglich der Prozessakzeptanz aus Nutzersicht unterscheiden und ob die vorliegende Studie helfen kann das Servicesystem der Elektromobilität zu verbessern. Die Untersuchung hat das Objekt der Akzeptanz, den Prozess selbst, im Fokus. Gleichzeitig soll geprüft werden inwiefern die Erkenntnisse auf andere, z. B. nicht-technische Prozesse übertragen werden können.

8.2.2 Ladeverfahren der Elektromobilität

Die große Mehrzahl der heute kommerziell erhältlichen Elektrofahrzeuge werden per Kabel, das das Fahrzeug mit der Ladesäule verbindet, aufgeladen. Aus Prozesssicht ähnelt dieses Ladeverfahren dem klassischen Betankungsprozess. Meistens wird eine Ladesäule pro Parkplatz zur Verfügung gestellt. Das Ladekabel wird dabei entweder von der Ladesäule oder vom Fahrer bereitgestellt. In zweiten Fall muss das Kabel immer im Kofferraum des EV mitgeführt werden um die Ladesäule verwenden zu können. Nachdem das Fahrzeug mit der Ladesäule verbunden wurde, kann durch eine Interaktion mit dem Interface der Ladesäule der Ladevorgang gestartet werden. Die Ladesäule bietet dabei Mechanismen zur Authentifizierung, Konfiguration, Überwachung bzw. Beenden des Ladevorgangs. So können beispielsweise komplexe Ladeprofile verwendet werden. Das Fahrzeug verhandelt mit Hilfe eines Kommunikationsprotokolls über ein eingebettetes Datenkabel die entsprechenden Parameter des Ladevorgangs mit der Ladesäule. Für den Ladevorgang stehen verschiedene Leistungsklassen zur Verfügung. Die gebräuchlichsten sind 3,6 kW, 7,2 kW, 11 kW und 22 kW. Normalerweise kommt Wechselstrom zum Einsatz. Bei Leistungen die 22kW übersteigen wird jedoch oft auf eine Gleichstromübertragung gesetzt.

Induktives Laden:

Unter induktivem Laden bei Elektrofahrzeugen versteht man eine Energieübertragungsmethode von einer Quelle zu der Batterie des EV, bei dem das Transformatorprinzip angewendet wird. Beide Endpunkte sind dabei nicht physisch miteinander verbunden, sondern sie übertragen die Energie mit zwei Spulen. Sie nutzen dabei das Prinzip der elektromagnetischen Induktion der Maxwelltheorie (Küpfmüller u. a. 2013). Die Quellspule erzeugt ein sinusförmiges Magnetfeld, das in der Empfängerspule eine elektrische Spannung induziert. Um eine bessere magnetische Kopplung zu erreichen, müssen beide Spulen optimal positioniert werden (Wambsganß und Parspour 2009).

Da diese Übertragungsmethode kontaktfrei arbeitet und die beschriebenen Nachteile des kabelgebundenen Ladens umgeht, gewinnt dieses Verfahren im Bereich

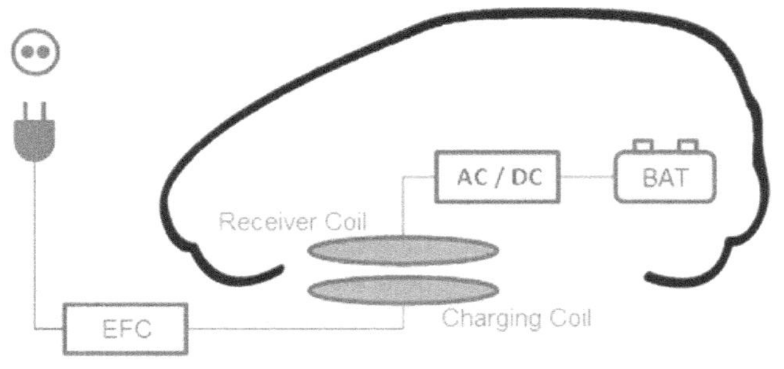

Abb. 8.1 Induktives Laden

der Elektromobilität zunehmend an Bedeutung. Wie in Abbildung 8.1 schematisch dargestellt, ist die in den Parkplatzboden eingelassene Spule über einen elektronischen Frequenzwandler (EFC) mit dem Stromnetz verbunden. Die im Fahrzeugboden installierte Empfängerspule wandelt die sinusförmige Wechselspannung mit Hilfe eines AC/DC Konverters in eine Gleichspannung um, mit der die Batterie (BAT) aufgeladen wird.

Aus Effizienz- und Sicherheitsgründen ist es notwendig, dass der Fahrer das Fahrzeug so parkt, dass beide Spulen exakt übereinander liegen. Diese Positionierung stellt für den Fahrer ein Problem dar und ist ohne Assistenzsystem im Prinzip nicht durchführbar. Daher wurde am Institut für Verbrennungsmotoren und Kraftfahrwesen (IVK) der Universität Stuttgart eine neuartige Methode zur Positionierung entwickelt. Mit Hilfe dieses Verfahrens können die beiden Spulen präzise positioniert werden. Die Abweichung beträgt dabei weniger als ein Zentimeter (Universität Stuttgart, 2015). Das System ist auf den Fotos 8.2 und 8.3 abgebildet.

Das Verfahren basiert auf der Elimination der Magnetfeldverzerrung (Martinovic u. a. 2014b). Es stellt dabei die erste Methode dar, die ein niederfrequentes gepulstes Signal verwendet (Martinovic u. a. 2014a). So können Störungen, die sich aus dem metallischen Unterboden des Fahrzeugs ergeben, vermieden werden. Durch den Einsatz spezieller hochauflösender Magnetfeldsensoren kann das Magnetfeld vermessen werden und daraus mit leistungsfähigen Algorithmen, ohne zusätzlichen Kommunikationsaufwand mit der Signalspule, die Position bestimmt werden (Martinovic u. a. 2015). Im Anschluss wird dem Fahrer die aktuelle Position des Fahrzeugs relativ zur Spule auf einem Display angezeigt. Im Gegensatz zu anderen

Abb. 8.2 Elektrofahrzeug über der Ladespule

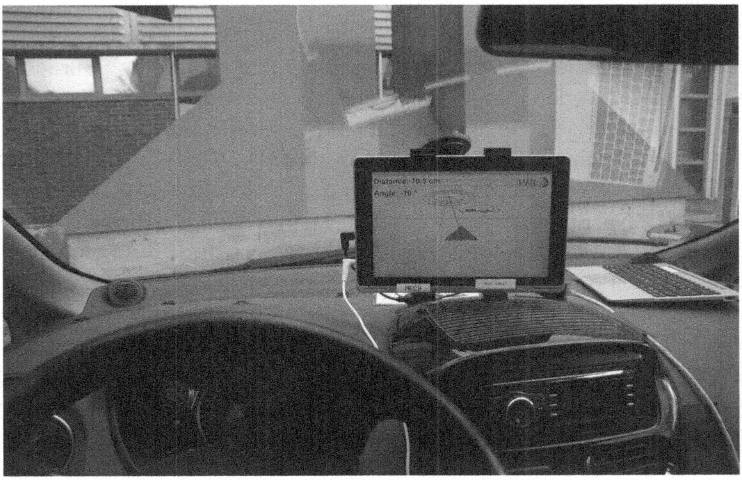

Abb. 8.3 3D Anzeige zur Positionierung

Verfahren weist diese Methode mehrere Vorteile auf, beispielsweise schwächt sich das Magnetfeld nicht ab, wenn Materialien eingebracht werden. Im Vergleich zu elektromagnetischen Wellen (Azzouzi u. a. 2011; Bahl und Padmanabhan 2000) wird es nicht reflektiert und benötigt keine Sichtverbindung, wie sie optische Verfahren benötigen. Somit wird dieses Verfahren nicht durch Wettereinflüsse, wie z. B. Schnee oder Nebel, gestört.

8.2.3 Design

Um die Forschungsfrage zu untersuchen ob verschiedene Ladeverfahren beim Nutzer eine unterschiedliche Prozessakzeptanz aufweisen wurde ein Laborexperiment durchgeführt. Das Experiment fand auf dem Gelände des IVK/FKFS an der Universität Stuttgart vom 9. bis zum 30. November 2015 statt. 60 Personen nahmen an diesem Experiment teil. Die Stichprobe enthielt dabei je 30 Frauen und Männer. Alle Teilnehmer nahmen freiwillig an diesem Experiment teil und waren am Thema Elektromobilität interessiert. Insgesamt wurde darauf geachtet eine repräsentative Auswahl der deutschen Gesellschaft, bezüglich Geschlecht und Alter, zu bilden. Das Durchschnittsalter lag bei 44.3 Jahren ($\sigma = 13$, $Spannweite = 46$). Da für die Teilnahme an diesem Experiment ein gültiger Führerschein notwendig war, ist die Stichprobe offensichtlich linkszensiert, da dafür die Teilnehmer mindestens 18 Jahre alt sein müssen.

Das Experiment wurde wie folgt durchgeführt. Die Stichprobe wurde in zwei Gruppen aufgeteilt. Jede Gruppe musste beide Ladeprozesse, jedoch in einer anderen Reihenfolge (Kabel, Induktiv vs. Induktiv, Kabel), durchlaufen. Beide Prozesse begannen damit, dass der Proband in das Fahrzeug einstieg und etwa 15 m zur Ladestation bzw. Parkplatz fuhr. An der Ladestation angekommen wurde der Ladeprozess, wie in der nachfolgenden Beschreibung dargestellt, durch den Fahrer durchgeführt. Nach Beendigung des Prozesses wurde das Fahrzeug an seine ursprüngliche Position zurückgefahren. Nun konnte der zweite Ladeprozess durchgeführt werden indem der Proband wiederum in das Fahrzeug einstieg. Das verwendete Fahrzeug war ein voll funktionsfähiger Prototyp für induktives und kabelbasiertes Laden, der in einem Joint-Venture zwischen dem IVK und dem FKVS entwickelt wurde. Aus Zeit- und Sicherheitsgründen wurde das Laden selbst sowie die Authentifizierung an der Ladesäule simuliert.

Aus Sicht des Fahrers gestalteten sich die Prozesse wie folgt. Beide Prozesse sind aus technischer Sicht deutlich komplizierter und benötigen verschiedene Technologien wie Sensoren, Assistenzsysteme und Algorithmen. Das vorgestellte Experiment abstrahiert den täglichen Umgang mit einem Elektrofahrzeug. Daher konnten nicht alle im täglichen Leben möglichen Variablen innerhalb des Experiments abgebildet und aufgenommen werden.

Prozess: Kabelgebundenes Laden

Nachdem der Fahrer das Fahrzeug neben der Ladesäule geparkt hat, muss er das Ladekabel im Kofferaum ausfindig machen und damit das Fahrzeug mit der Ladesäule verbinden. Der Ladeprozess kann, nachdem das Fahrzeug abgeschlossen wurde, durch die Interaktion des Fahrers mit der Ladesäule gestartet werden. Nachdem der Fahrer den Ladeprozess autorisiert hat, wird das Kabel aus Sicherheitsgründen mechanisch verriegelt. Der technische Ladevorgang wird dabei über Protokolle wie Chademo (Chademo 2016) geregelt. So können die optimalen Parameter zwischen Fahrzeug und Ladesäule ausgehandelt und Fehler erkannt werden. Nachdem der Ladevorgang erfolgreich abgeschlossen wurde oder der Fahrer eine Unterbrechung wünscht, muss der Nutzer sich aus dem Ladesystem abmelden, welches die mechanische Verriegelung des Kabels löst. Anschließend muss das Kabel aufgerollt und im Kofferraum verstaut werden.

Prozess: Induktives Laden

Im ersten Schritt muss dass Fahrzeug an die Ladestation herangefahren werden. Dabei beginnt das System, alle notwendigen Vorbereitungen, wie z. B. Identifikation und Authentifizierung, durchzuführen. Anschließend muss das Fahrzeug genau auf der Spule positioniert werden. Dabei wird der Fahrer durch ein Assistenzsystem unterstützt. Dieses zeigt dem Fahrer die optimale Trajektorie zum Einparken bzw. Positionierung auf einem Display an. Das System unterstützt eine Feinpositionierung, bei der der Abstand zwischen dem Fahrzeug und der optimalen Position angezeigt wird. Verpasst der Fahrer die optimale Position, wird dies ebenfalls auf dem Display angezeigt. Nachdem die Positionierung durchgeführt wurde, beginnt der Ladeprozess automatisch oder indem mit der Ladeinfrastruktur interagiert wird. In diesem Schritt werden ebenfalls die optimalen Ladeparameter zwischen Fahrzeug und Ladeinfrastruktur ausgehandelt.

Messung der Prozessakzeptanz

Zur Messung der Prozessakzeptanz füllte jeder Proband nach Beendigung des Ladeprozesses einen Fragebogen aus. Der entsprach dem in Kapitel 6 vorgestellten Messinstrument. Für diese Untersuchung wurde der Fragebogen, bzw. manche Formulierungen, entsprechend der Untersuchungsdomäne angepasst.

8.2.4 Ergebnisse

Für die hier vorgestellte Untersuchung war es notwendig, dass jeder Proband beide Prozesse durchführte. Daher wurden für die Analyse zwei Gruppen gebildet. In der ersten Gruppe wurde die Prozessakzeptanz des kabelgebundenen Ladeprozesses gemessen, nachdem die Teilnehmer dieser Gruppe dem induktiven Ladeprozess ausgesetzt waren. In der zweiten Gruppe wurde entsprechend spiegelbildlich die Prozessakzeptanz des induktiven Ladeprozesses gemessen, nachdem die Teilnehmer dem kabelgebundenen Ladeprozess ausgesetzt waren. Die Datenvorverarbeitung umfasste die notwendige Summierung der Binärskalen um eine Summenskala für die einzelnen Kategorien zu erhalten. Höhere Werte kennzeichnen dabei eine größere Akzeptanz. Des Weiteren wurde eine geringe Anzahl nicht beantworteter Fragen durch Anwendung der Hot-Deck Verfahrens imputiert (Joenssen 2013).

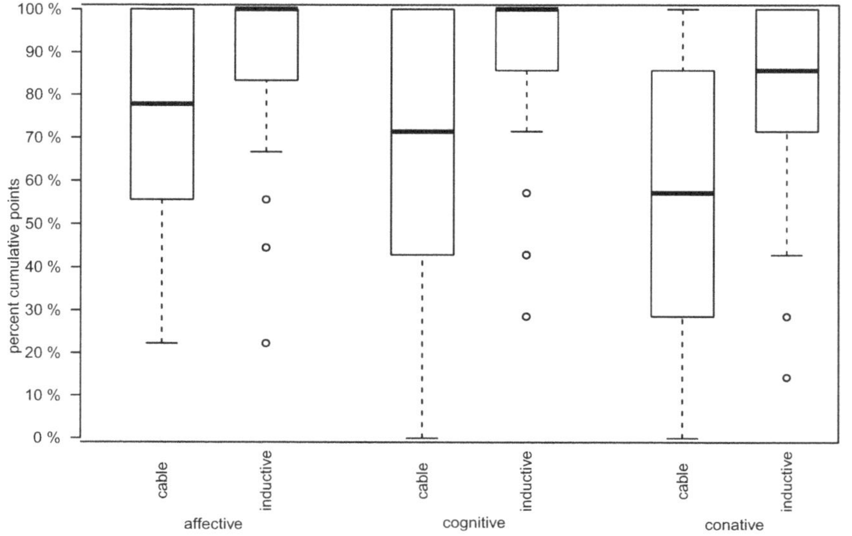

Abb. 8.4 Box-plots der Akzeptanzdimensionen nach Ladetyp

In Abbildung 8.4 sind sechs Boxplots abgebildet, die die Antworten der Teilnehmer bezüglich der Akzeptanzdimensionen und Experimentalgruppen zusammenfassen. Deutlich ist zu erkennen, dass die Probanden die Prozesse unterschiedlich wahrgenommen haben. Aus quantitativer Sicht präferieren die Nutzer das induktive Ladeverfahren gegenüber dem kabelgebundenen Verfahren. Dennoch muss festgestellt werden, dass diese Präferenz nicht von allen Probanden geteilt wird. Dies weist darauf hin, dass das induktive Ladeverfahren weiterhin von Prozessverbesserungen oder besserer Technologie profitieren könnte.

Quantitative Analyse

Die gesammelten Daten resultieren aus einem balancierten, randomisierten Design mit zwei unabhängigen nominal skalierten Variablen. Zur Auswertung dieser Daten empfiehlt sich eine Varianzanalyse (ANOVA). Diese wird normalerweise in zwei Schritten durchgeführt. Im ersten Schritt wird ein lineares Model berechnet. Darauf aufbauend wird der F-Test durchgeführt um Unterschiede zwischen den Faktorstufen der unabhängigen Variable festzustellen. Im zweiten Schritt wird über einen t-Test, bzw. Konfidenzintervalle, berechnet welche Unterschiede existieren und wie stark diese ausgeprägt sind. Ergebnisse aus dem zweiten Schritt, die jenen des ersten Schritts widersprechen sollten als fehlerhaft betrachtet werden.

Tab. 8.1 Ergebnis ANOVA: Affektive Dimension

	Df	Sum Sq	F value	Pr(>F)	Sig.
charging type	1	18.96	4.36	0.0419	*
sex	1	1.44	0.33	0.5674	
interaction	1	0.21	0.05	0.8286	
residuals	50	217.39			

Signif. codes: 0 '***' 0.001 '**' 0.01 '*' 0.05 '.' 0.1 ' ' 1

Die Tabellen 8.1, 8.2 und 8.3 fassen die Ergebnisse der linearen Modelle für alle drei Konstrukte zusammen. Es fällt auf, dass es keine signifikanten Unterschiede bezüglich des Geschlechts gibt. Gleichzeitig sind die Interaktionseffekte in den drei Modellen ohne Bedeutung. Daraus folgt, dass die Präferenz eines Ladeprozes-

Tab. 8.2 Ergebnis ANOVA: Kognitive Dimension

	Df	Sum Sq	F value	Pr(>F)	Sig.
charging type	1	28.17	7.67	0.0079	**
sex	1	0.00	0.00	0.9749	
interaction	1	0.04	0.01	0.9166	
residuals	50	183.66			

Signif. codes: 0 '***' 0.001 '**' 0.01 '*' 0.05 '.' 0.1 ' ' 1

Tab. 8.3 Ergebnis ANOVA: Konative Dimension

	Df	Sum Sq	F value	Pr(>F)	Sig.
charging type	1	39.19	10.15	0.0025	**
sex	1	1.10	1.10	0.5958	
interaction	1	0.00	0.00	0.9756	
residuals	50	193.04			

Signif. codes: 0 '***' 0.001 '**' 0.01 '*' 0.05 '.' 0.1 ' ' 1

ses unabhängig vom Geschlecht ist. Des Weiteren kann festgestellt werden, dass die recht hohen Residualwerte auf weitere Variablen hindeuten, die nicht im Rahmen des Experiments berücksichtigt werden konnten und dennoch einen Einfluss auf die Wahrnehmung des Ladeverfahrens haben. Dazu gehört zum Beispiel, dass die Teilnehmer im Allgemeinen nicht mit dem Thema E-Mobilität aus ihrem täglichen Leben vertraut waren. Bemerkenswert ist, dass dennoch eine Präferenz für ein Ladeverfahren in allen drei Dimensionen der Prozessakzeptanz besteht. Die P-Werte sind dabei unter 5% für den Faktor des Ladetyps (induktiv vs. kabelgebunden) in allen Akzeptanzdimensionen. In den Dimensionen Kognitiv und Konativ sogar unter 1%.

Abbildung 8.5 zeigt die 95% Konfidenzintervalle für jede Akzeptanzdimension, die im Rahmen des linearen Modells, berechnet werden kann. Die Konfidenzintervalle wurden per TukeyHSD (Tukey 1949), aufgrund der großen Anzahl der Vergleiche, angepasst. Die Abkürzungen I (inductive) und C (cable) stehen für den Ladetype, M/F (male / female) für das Geschlecht. Die Konfidenzintervalle, die die Nulllinie überschreiten und somit keine Signifikanz aufweisen wurden grau hinterlegt. Die einzigen signifikanten Ergebnisse bestehen zwischen den Gruppen, wenn der Ladetyp betrachtet wird. Überraschenderweise sind über alle Akzeptanzdimensionen die Mittelwertdifferenzen negativ. Daraus lässt sich schließen, dass die Nutzer das induktive Ladeverfahren präferieren. Im Vergleich zum kabelgebundenen Ladeverfahren fühlen (affektive Dimension) sich die Nutzer besser, denken (kognitive Dimension) dass der induktive Ladeprozess besser ist und würden diesen mit einer höheren Absicht eher wiederholen (konative Dimension). H_{Objekt} 1 kann daher angenommen werden.

Dieses Ergebnis ist auch deswegen überraschend, da die Teilnehmer diesen Prozess nur an einem Prototyp ausprobieren konnten. Es liegt daher nahe, dass viele Potentiale noch gehoben werden können. Die größten Effektstärken können in der konativen Dimension beobachtet werden. Die Nutzer zeigen sich somit bereit den Prozess zu wiederholen. Die dabei eintretenden Lerneffekte könnten sich auch positiv auf die anderen Dimensionen auswirken.

Zusätzlich wurde für jeden Teilnehmer die Ausführungszeit des Ladeprozesses aufgenommen. Die Analyse dieser Daten legt nahe, dass die benötigte Zeit hauptsächlich von den individuellen Fähigkeiten, insbesondere beim Positionieren des Fahrzeugs, des Probanden abhängt. Die Zeiten variierten beim induktiven Laden zwischen 40 und 360 Sekunden, bei einem Mittelwert von 113 Sekunden. Trotz der Unterschiede schafften es alle Probanden das Fahrzeug unterhalb der geforderten Mindestgenauigkeit von 5 cm zu positionieren. Für das kabelgebundene Ladeverfahren benötigten die Probanden zwischen 50 und 270 Sekunden. Der Mittelwert lag bei 106 Sekunden. Zweidrittel der Probanden beendeten den induktiven Ladeprozess schneller als das kabelgebundenen Verfahren, obwohl die Probanden noch über keine Erfahrung mit diesem System und der 3D-Darstellung auf dem Display verfügten. Es liegt nahe, dass durch weiteres Training die Prozessdurchlaufzeiten verringert werden können. Diese Vermutung kann durch die Beobachtung von bereits mit dem System vertrauten Benutzern, wie z. B. die Mitarbeiter des IVK, untermauert werden, deren maximale Prozessausführungszeit bei durchschnittlich 30 Sekunden lag.

Die Durchlaufzeiten des kabelgebundenen Ladeverfahrens können jedoch kaum reduziert werden. Auch wenn der Fahrer sich an das Elektrofahrzeug gewöhnt hat müssen alle notwendigen Schritte durchgeführt werden.

Insgesamt kann festgestellt werden, dass das induktive Ladeverfahren deutlich kürzere Durchlaufzeiten aufweist. Daraus kann eine höhere Prozessakzeptanz resultieren. Insbesondere bei schlechtem Wetter (Regen, Wind, Schnee) sind höhere Akzeptanzwerte des Verfahrens zu erwarten. Während der Studie war das Wetter für die Jahreszeit angemessen und recht konstant. Insofern wurde durch das Wetter eher das kabelgebundene Ladeverfahren bevorzugt. Dennoch wurde das induktive Ladeverfahren von den Teilnehmern bevorzugt. Es ist offensichtlich, dass ein akzeptierter Ladeprozess die Gesamtakzeptanz des Service-Systems Elektromobilität erhöht.

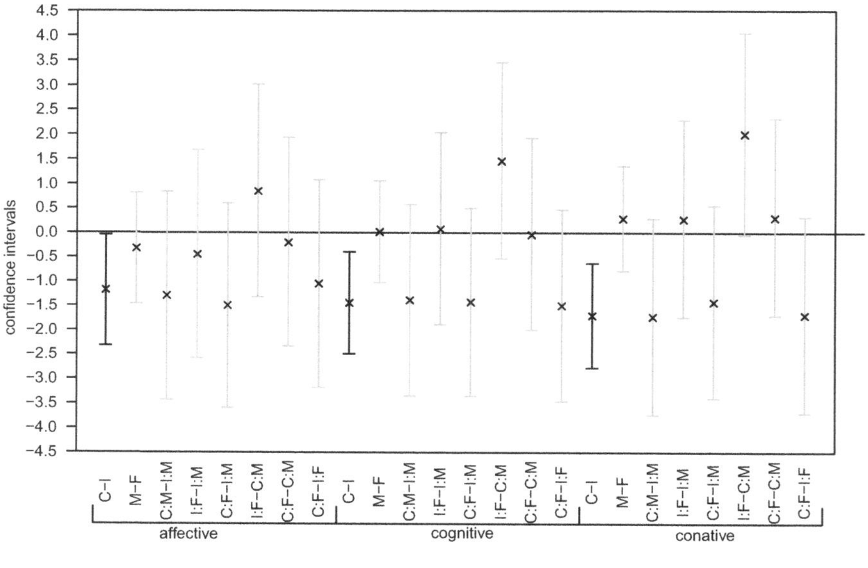

Abb. 8.5 Konfidenzintervalle des linearen Modells

8.2.5 Diskussion

Momentan ist die Elektromobilität noch nicht weit verbreitet. Insbesondere eine mangelnde Reichweite und eine unzureichende Ladeinfrastruktur führen zu Akzeptanzproblemen auf Käuferseite. In die bisherigen Betrachtungen wurde der Ladeprozess jedoch noch nicht einbezogen. Das ist insofern verwunderlich, da dieser ein elementarer und häufiger Bestandteil des Umgangs mit einem Elektrofahrzeug darstellt. Der kabelgebundene sowie der induktive Ladeprozess stellen für den Elektrofahrzeugnutzer unterschiedliche Prozesse dar. In diesem Abschnitt wurden beide Ladeverfahren in einem Experiment mit 60 Teilnehmern auf ihre Prozessakzeptanz untersucht. Insgesamt erfuhr das induktive Ladesystem, dass das magnetische Pulspositionierungssystem (MPS) beinhaltet, eine höhere Akzeptanz, die sich wiederum positiv auf die Gesamtakzeptanz der Elektromobilität auswirken kann.

Zukünftig könnte diese Schlüsseltechnologie weitere Potentiale erschließen. Dazu zählen neuartige Geschäftsmodelle für Elektrofahrzeuge wie z. B. "demand-side managementäuf Verbraucherseite oder die Nutzung der Fahrzeugbatterie als Stromspeicher. Eine autonome Positionierung bzw. Aufladung des Fahrzeugs könnte auch weitreichende Folgen für Dienstleistungssysteme rund um die Elektromobilität haben.

Die erzielten Forschungsergebnisse resultieren aus einem interdisziplinärem Forschungsansatz. Die Untersuchung von Prozessen stellt einen Schwerpunkt der Wirtschaftsinformatik dar. In Kombination mit anderen Disziplinen, wie der Elektrotechnik, kann somit die Adaption von Elektrofahrzeugen verbessert werden. Darüber hinaus unterstützen wohl akzeptierte Prozesse den Erfolg eines nachhaltigen Produkt-Service-Systems (Vom Brocke u. a. 2012). Es liegt somit nahe, die Prozessakzeptanz während des Designs solcher Systeme zu berücksichtigen und zu evaluieren. Im vorliegenden Fall wurde ein eher technischer Prozess untersucht. Es soll jedoch darauf hingewiesen werden, dass insbesondere Dienstleistungsprozesse von Prozessakzeptanzuntersuchungen profitieren könnten.

Aus Prozessmanagementsicht zeigen die Ergebnisse, dass zwei verschiedene Prozesse auf eine unterschiedliche Akzeptanz bei den Nutzern stoßen, obwohl das gleiche Ziel erreicht wird. Insofern wird ein alltägliches Phänomen aufgezeigt. Folglich heben die Ergebnisse hervor, dass die Prozessakzeptanzforschung einen wertvollen Beitrag zum Design von Service Systemen und Prozessen leisten kann.

Die Ergebnisse liefern auch Hinweise wie der Ladeprozess verbessert werden kann. Währende die konative Dimension den Komfort des Verfahrens kapselt, kann die affektive Dimension verbessert werden. Dies kann über die Einführung von "GamificationÄspekten in den Prozess, z. B. über die Vergabe von Erfahrungspunkten für eine genaue Positionierung, geschehen.

Gegenwärtig handelt es sich bei der verwendeten Technologie um einen Prototyp. Mit einem weiter entwickelten Prototyp oder Serienfahrzeug sind eindeutigere Ergebnisse zu erwarten. Die durchgeführten Experimente helfen dennoch den Prototyp zu verbessern. Dazu zählt eine bessere Ergonomie, bessere Signalfilterung und ein zusätzlicher Autopilot der die Positionierung übernimmt.

Aus den Ergebnissen lässt sich auch der kabelgebundene Ladeprozess verbessern. So ist denkbar, dass die Ladekabel von der Ladesäule bereitgestellt oder mit einem Roboterarm am Fahrzeug angeschlossen werden. Dies könnte die Durchlaufzeit signifikant reduzieren.

Zukünftiger Forschungsbedarf:

Weitere Untersuchungen könnten auch einen stärkeren Realitätsbezug aufweisen. In einem zukünftigen Experiment könnte das Fahrzeug tatsächlich geladen werden, während der Proband einer alltäglichen Aufgabe, wie z. B. einkaufen gehen, nachgeht. Des Weiteren könnten weitere Variablen über das Subjekt, den Kontext oder die Kultur erhoben und ausgewertet werden.

Im Prozessmanagement selbst könnten die Ergebnisse einer solchen Untersuchung, bezogen auf betriebliche Prozesse, auch dazu beitragen schlagkräftigeren Prozessverbesserungsinitiativen durchzuführen. Ein Prozess der wenig Punkte in der kognitiven Dimension erhält, könnte durch Trainingsmaßnahmen verbessert werden. Bei affektiv schlecht akzeptierten Prozessen ist eine Veränderung des Prozessmodells, z. B. durch das Streichen einzelner Prozessschritte oder unnötiger Interaktionen, möglicherweise sinnvoll. Investitionen in den Komfort verbessern sicherlich die konative Dimension, insbesondere wenn der Prozess oft ausgeführt wird.

Die hier vorgestellte Untersuchung unterliegt auch verschiedenen Einschränkungen. Zwar ist die Stichprobe recht repräsentativ, jedoch wäre eine größere Anzahl an Probanden wünschenswert. Gleichzeitig wurden andere Dimensionen der Akzeptanz, wie z. B. Subjekt und Kontext, nicht betrachtet. Experimente sind weiterhin in der Wirtschaftsinformatik selten anzutreffen. Dennoch könnte eine Längsschnittstudie, bei der die Prozessakzeptanz experimentell über die Zeit in der realen Welt erfasst wird, weitere wertvolle Ergebnisse liefern.

Zukünftig sind Experimente denkbar, bei denen spezielle Variablen der Prozessakzeptanz, wie z. B. Prozessrückmeldung, erhaltene Schulungen, Komfort oder Interdependenz, gezielt in einem Zweigruppendesign manipuliert und untersucht werden.

8.3 Kontext: Szenarioexperiment mit AMT

8.3.1 Ausgangslage und Hypothesen

Prozesse werden innerhalb eines gegebenen Kontextes ausgeführt. Dieser wirkt sich, wie in Kapitel 5 dargestellt, auf die Prozessakzeptanz aus. Zu diesem Kontext gehört zum einen die übergeordneten Umwelt- und Rahmenbedingungen, wie z. B. die Unternehmenskultur, zum anderen auch die aktuelle Situation in der ein Prozess ein- oder ausgeführt wird. Es ist offensichtlich, dass sich eine Untersuchung dieser Faktoren, insbesondere in der realen Umwelt, als sehr schwierig gestaltet. Im Prinzip kann der Kontext bei einem Feldexperiment kaum verändert werden. Zwar wäre ein Vergleich zwischen unterschiedlichen Unternehmen prinzipiell denkbar, jedoch muss davon ausgegangen werden, dass die vorhanden Prozesse in beiden Unternehmen voneinander abweichen. Daher wurde ein Laborexperiment mit drei Teilexperimenten konstruiert. In den drei Teilexperimenten wurde jeweils der Einfluss einer Kontextvariable, in zwei Ausprägungen, untersucht. Die Variablen ergeben sich aus den qualitativen Untersuchungen in Kapitel 5. Zur Erstellung und Durchführung der Experimente kam die Software Jatos und die Crowdsourcingplattform AMT zum Einsatz.

Insofern können, in Anlehnung an Tabelle 5.1, folgende Hypothesen gebildet werden.

$H_{Kontext}$ 1: Die Informationsstrategie bezüglich des neuen Prozesses hat keinen Einfluss auf die Prozessakzeptanz.

$H_{Kontext}$ 2: Der Einführungskontext hat keinen Einfluss auf die Prozessakzeptanz.

$H_{Kontext}$ 3: Prozesse, bei denen die Teilnehmer derselben Hierarchiestufe angehören, werden nicht eher akzeptiert.

8.3.2 Design

Innerhalb der Experimente hatte der Proband die Aufgabe einen Prozess, der in einem gegebenen Kontext abläuft, zu bewerten. Eine große Schwierigkeit bestand darin einen leicht verständlichen Prozess zu finden, der weder zu trivial noch zu großes Fachwissen benötigt. Gleichzeitig sollte der Prozess keine kulturellen Besonderheiten aufweisen, da die Teilnehmer des Experiments über AMT weltweit rekrutiert werden sollten. Daher wurde ein Prozess modelliert, der sich an einem Reklamationsprozess eines Möbelherstellers orientiert.

In dem ersten Teil des Experiments wurden die Probanden über die fiktive Firma „Pure Nature" und den bisherigen Reklamationsprozess informiert. Dieser wurde wie folgt beschrieben:

> „Pure Nature is a medium-sized company, which specialized on producing wooden furniture and is best-known for their easy to assemble products, their wide selection of different kinds of wood to work with and their high-quality custom design.
>
> For the last five years you've been one of circa 300 employees with a position in the purchasing department. Your main tasks are maintaining contact with your suppliers, preparing and concluding contracts or the negotiation of delivery terms. Additionally, you're responsible for processing all the internally arising claims.
>
> By doing so you're receiving e-mails from the warehouse staff whenever they find flaws with the shipped materials which happens typically several times per week, with poor shipments even several times per day. These e-mails contain descriptions of the shipments deficiencies as well as instructions how to proceed with the faulty materials. The notice of defects format is standardized thanks to a PDF-document on the company's intranet and contains all important information - like item number, quantity or the material's source - which are needed for further processing. It might happen that the warehouse staff included errors in the form or didn't fill out the whole form, in which case you have to contact them either via e-mail or telephone. After clearing up such misunderstandings you start writing an official claim to the supplier to inform them about their material's deficiencies and how you want them to remedy these shortcomings, for example by shipping new materials free of charge or by reducing the materials price."

Dadurch sollte bei den Teilnehmern eine gemeinsame Messbasis geschaffen werden. Gleichzeitig diente dieser Schritt dazu die gegebenen Informationen über ein

Captcha, wie in der Literatur empfohlen, abzufragen. Das Captcha ist in Abbildung 8.6 dargestellt. So sollte sichergestellt werden, dass die Teilnehmer den Text aufmerksam gelesen und verstanden haben.

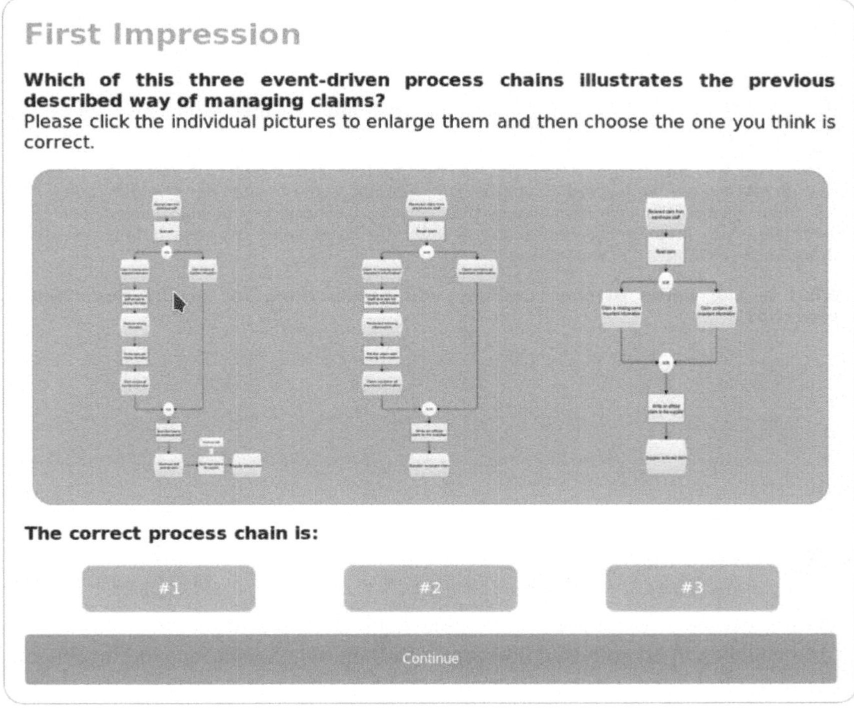

Abb. 8.6 ATM Experiment: Captcha

Zu diesem Zweck wurden den Teilnehmern drei EPKs gezeigt. Nur eine davon beschrieb dabei den Prozess korrekt. Wurde eine falsche EPK ausgewählt wurde der Proband darüber informiert und auf die vorherige Seite, in dem das Ausgangsszenario beschrieben wurde, umgeleitet. Das Experiment konnte erst bei einer richtigen Eingabe fortgeführt werden.

In den Experimenten wurden die Probanden unterschiedlichen Szenarien ausgesetzt. Über die Szenarien konnten die Kontextvariablen manipuliert werden. Dies geschah, indem die Probanden per Zufall einem Szenario zugeordnet wurden. Darin wird ein Prozess sowie der Kontext in dem dieser ein- bzw. ausgeführt wird erläutert. Nachdem die Probanden das Szenario gelesen und ein IMC, dargestellt in Abbildung 8.7, absolviert hatten, wurde die Prozessakzeptanz bezüglich des im Szenario enthaltenen Prozesses, durch einen Fragebogen, erhoben.

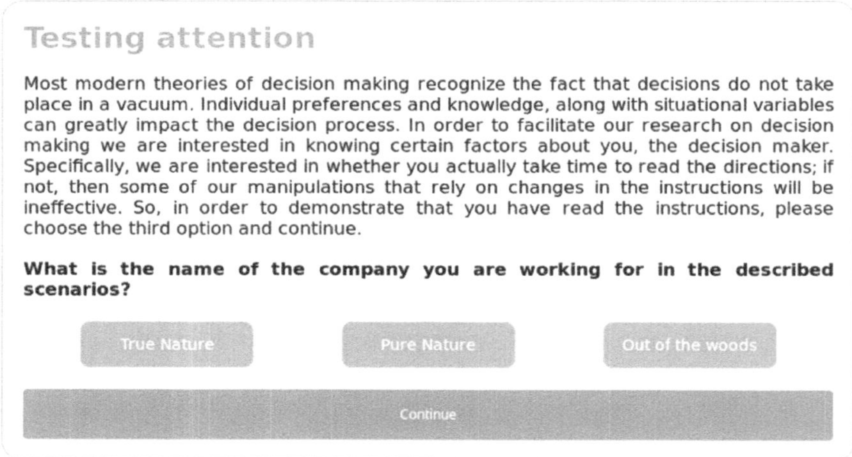

Abb. 8.7 ATM Experiment: IMC

Insgesamt kamen neben dem Ausgangsszenario drei Szenarien zum Einsatz, die die drei gegebenen Hypothesen überprüfen sollten. Die Szenarien sind im Folgenden dargestellt:

8.3.3 Experiment 1

Manipulation der Variablen

Experiment 1 untersucht die Fragestellung, ob die verwendete Informationsstrategie einen Einfluss auf die Prozessakzeptanz hat. Die dazu entwickelten Szenarien manipulierten den Ort sowie den Übertragungsweg der Information. Im ersten wurde der neue Prozess inoffiziell durch einen Kollegen in der Küche dem Mitarbeiter mitgeteilt, im zweiten Szenario wurde der offizielle Weg, im Büro durch den Vorgesetzten, dargestellt. Ansonsten wurden in beiden Szenarien der gleiche Prozess beschrieben.

Szenario 1.1

„Since you started working for Pure Nature, the process for carrying out claims didn't change once. You're neither happy nor unhappy about it, in fact you never really thought about how good or bad this procedure is. You simply did what was shown and taught to you during your first weeks working at Pure Nature.

Now you're standing in your department kitchen, brewing coffee and chatting with your co-worker Paul. You're talking about the weather and about your plans for the upcoming weekend, just some small talk to kill the time, while both of you are waiting for the coffee machine to be done. Suddenly Paul changes the topic and asks you: "Did you hear about the plans of changing the way of processing claims?"You shake your head no. "Well...", Paul continues "They want to introduce a new way of doing it. They want to be 'up-to-date' with it again. At least that's what Beth told me.What else did she tell you about it?", you ask. Paul explains you that sadly he doesn't know all the details. But that Pure Nature wants to introduce a new program which will manage the claims. So instead of sending e-mails from one person to another the warehouse staff just needs to open the program and can create their notices of defect there. All important information will be saved in a database, which can then be used generate the writings for the supplier, to inform them about the faulty materials. Even sending these writings via e-mail will be automated, and won't be more work than pushing a button. Of course, it might take some weeks or even months until everyone is able to use the program correctly, which might cause mistakes at the beginning thus increasing the workload. But on the long term the program will be a big help and speed up the whole process of managing claims. Therefore, a training course is scheduled for next week so everyone can learn the basics and explore the program by themselves afterwards.

You're nodding thoughtfully and before taking your coffee mug and returning to your office you thank Paul for his time and for sharing this important news with you. If not for Paul you wouldn't know about the upcoming changes."

Szenario 1.2

> „Since you started working for Pure Nature, the process for carrying out claims didn't change once. You're neither happy nor unhappy about it, in fact you never really thought about how good or bad this procedure is. You simply did what was shown and taught to you during your first weeks working at Pure Nature. Now you're sitting at your desk like always, talking with one of your suppliers about a shipment that was supposed to be delivered today. Just a few minutes after finishing that phone call your boss enters the room and asks you and your co-workers to join him for a brief meeting in his office. After sitting down at the round table in your boss' office, he tells you about a new program which will soon be introduced and which will be used to manage the claims. So instead of sending e-mails from one person to another the warehouse staff just needs to open the program and can create their notices of defect there. All important information will be saved in a database, which can then be used generate the writings for the supplier, to inform them about the faulty materials. Even sending these writings via e-mail will be automated and won't be more work than pushing a button. Of course, it might take some weeks or even months until everyone is able to use the program correctly, which might cause mistakes at the beginning thus increasing the workload. But on the long term the program will be a big help and speed up the whole process of managing claims. Your boss is visibly happy about this new and apparently easier way of working and informs you about a training course scheduled for next week so everyone can learn the basics and explore the program by themselves afterwards. You're nodding thoughtfully and write a note for yourself about the program and the upcoming training course, before returning with your co-workers to your office and resume your work."

8.3.4 Experiment 2

Manipulation der Variablen

In Experiment 2 wurde die Art der Einführung des Prozesses manipuliert. Während Szenario 2.2 eine Schulung in Aussicht stellt, ist dies bei Szenario 2.1 nicht der Fall. Ansonsten wurden in beiden Szenarien der gleiche Prozess beschrieben.

Szenario 2.1

„Since you started working for Pure Nature, the process for carrying out claims didn't change once. You're neither happy nor unhappy about it, in fact you never really thought about how good or bad this procedure is. You simply did what was shown and taught to you during your first weeks working at Pure Nature.

Now you're sitting at your desk like always, talking with one of your suppliers about a shipment that was supposed to be delivered today. After that you check your mailbox and notice that you've received an e-mail addressed to you and the rest of your department. In this e-mail the Head of IT, Logan, explains, that he and his team spent the last months working on a new program which will manage the claims. So instead of sending e-mails from one person to another the warehouse staff just needs to open the program and can create their notices of defect there. All important information will be saved in a database, which can then be used generate the writings for the supplier, to inform them about the faulty materials. Even sending these writings via e-mail will be automated and won't be more work than pushing a button. Of course, it might take some weeks or even months until everyone is able to use the program correctly, which might cause mistakes at the beginning thus increasing the workload. But on the long term the program will be a big help and speed up the whole process of managing claims.

Logan is proud to introduce the program to everyone working in the purchasing department and informs you that the old process will retire at the end of the week so from next Monday on everyone can start exploring the program and learn the basics by themselves.

You're nodding thoughtfully and write a note for yourself about the program and the upcoming training course, before returning to your normal work."

Szenario 2.2

„Since you started working for Pure Nature, the process for carrying out claims didn't change once. You're neither happy nor unhappy about it, in fact you never really thought about how good or bad this procedure is. You simply did what was shown and taught to you during your first weeks working at Pure Nature.

Now you're sitting at your desk like always, talking with one of your suppliers about a shipment that was supposed to be delivered today. After that you check your mailbox and notice that you've received an e-mail addressed to you and the rest of your department. In this e-mail the Head of IT, Logan, explains, that he and his team spent the last months working on a new program which will manage the claims. So instead of sending e-mails from one person to another the warehouse staff just needs to open the program and can create their notices of defects there. All important information will be saved in a database, which can then be used generate the writings for the supplier, to inform them about the faulty materials. Even sending these writings via e-mail will be automated and won't be more work than pushing a button. Of course, it might take some weeks or even months until everyone is able to use the program correctly, which might cause mistakes at the beginning thus increasing the workload. But on the long term the program will be a big help and speed up the whole process of managing claims.

Logan is proud to introduce the program to everyone working in the purchasing department and informs you about a training course scheduled for next week so everyone can learn the basics and explore the program by themselves afterwards."

8.3.5 Experiment 3

Manipulation der Variablen

In Experiment 3 wurde die Hierarchiestufe, der am Prozess beteiligten Mitarbeiter, manipuliert. In Szenario 3.1 waren die Prozessbeteiligten einer untergeordneten Hierarchieebene zugeordnet, in Szenario 3.2 einer übergeordneten.

Szenario 3.1

„Since you started working for Pure Nature, the process for carrying out claims didn't change once. You're neither happy nor unhappy about it, in fact you never really thought about how good or bad this procedure is. You simply did what was shown and taught to you during your first weeks working at Pure Nature.

Now you're sitting at your desk like always, talking with one of your suppliers about a shipment that was supposed to be delivered today. Just a few minutes after finishing that phone call your boss enters the room and asks you to join him for a brief meeting in his office. After sitting down at the round table in your boss' office, he tells you about a new way of managing claims, which he would like to introduce. He explains his dislike for the old process and high amount of work, which is needed to manage the claims. Hence, he talked with the warehouse manager and came to the agreement that a warehouse intern would check the notices of defects and gather the missing information. Once you have time to work on the claims, you can contact the warehouse intern and receive all claims in one mail. This way you can concentrate both on your normal day-to-day work and on the claim management, without getting interrupted by new claims, phone calls or meetings. Your boss is visibly happy about this new and apparently easier way of working and informs you that the old process will retire at the end of the week. So from next Monday you'll be able to benefit from the process. You're nodding thoughtfully and write a note for yourself about the upcoming changes, before returning to your office and resume your work."

Szenario 3.2

„Since you started working for Pure Nature, the process for carrying out claims didn't change once. You're neither happy nor unhappy about it, in fact you never really thought about how good or bad this procedure is. You simply did what was shown and taught to you during your first weeks working at Pure Nature.

Now you're sitting at your desk like always, talking with one of your suppliers about a shipment that was supposed to be delivered today. Just a few minutes after finishing that phone call your boss enters the room and asks you to join him for a brief meeting in his office.

> After sitting down at the round table in your boss' office, he tells you about a new way of managing claims, which he would like to introduce. He explains his dislike for the old process and high amount of work, which is needed to manage the claims. Hence, he talked with the warehouse manager and came to the agreement that the manager himself, which will also act as your new supervisor for claims management, would check the notices of defects and gather the missing information. Once you have time to work on the claims, you can contact him and receive all claims in one mail. This way you can concentrate both on your normal day-to-day work and on the claim management, without getting interrupted by new claims, phone calls or meetings.
>
> Your boss is visibly happy about this new and apparently easier way of working and informs you that the old process will retire at the end of the week. So from next Monday you'll be able to benefit from the process. You're nodding thoughtfully and write a note for yourself about the upcoming changes, before returning to your office and resume your work."

Ergebnisse

Die Experimente fanden vom 25.7.2016 bis zum 14.8.2016 statt. Alle Probanden, die das Experiment beendeten erhielten je 0.20 €. Durchschnittlich benötigten die Teilnehmer im Schnitt ca. 15 Minuten um das Experiment zu beenden.

Experiment 1

Insgesamt nahmen im ersten Teilexperiment 394 Probanden erfolgreich teil. Das bedeutet, dass alle Teilnehmer das Captcha und das IMC erfolgreich absolvierten und das Experiment komplett durchliefen.

Tab. 8.4 Ergebnis Experiment 1: Affektiv

	Df	Sum Sq	Mean Sq	F value	Pr(>F)	Sig.
scenarionumber	1	86.69	86.69	23.06	0.0000	***
Residuals	392	1473.91	3.76			

Signif. codes: 0 '***' 0.001 '**' 0.01 '*' 0.05 '.' 0.1 ' ' 1

In Experiment 1 wurde die Informationsstrategie untersucht. In Szenario 1 wurde der Mitarbeiter von einem Kollegen informiert, in Szenario 2 durch den Vorgesetzten. In der affektiven Dimension der Prozessakzeptanz wurde der Prozess in Szenario 1 im Mittel mit 3.13 bewertet, in Szenario 2 mit 2.19. Durch die vorgenommene Kodierung der Antworten stehen kleinere Werte für eine höhere Prozessakzeptanz. Die Unterschiede in den Mittelwerten der beiden Szenariogruppen sind, wie in Tabelle 8.4 aufgeschlüsselt, signifikant.

Tab. 8.5 Ergebnis Experiment 1: Kognitiv

	Df	Sum Sq	Mean Sq	F value	Pr(>F)	Sig.
scenarionumber	1	14.53	14.53	2.14	0.1445	
Residuals	392	2664.03	6.80			

Signif. codes: 0 '***' 0.001 '**' 0.01 '*' 0.05 '.' 0.1 ' ' 1

In der kognitiven Dimension der Prozessakzeptanz wurde der Prozess in Szenario 1 im Mittel mit 2.26 bewertet, in Szenario 2 mit 1.87. Die Unterschiede in den Mittelwerten der beiden Szenariogruppen sind, wie in Tabelle 8.5 aufgeschlüsselt, nicht signifikant.

In der konativen Dimension der Prozessakzeptanz wurde der Prozess in Szenario 1 im Mittel mit 3.04 bewertet, in Szenario 2 mit 2.65. Die Unterschiede in den Mittelwerten der beiden Szenariogruppen sind, wie in Tabelle 8.6 aufgeschlüsselt, nicht signifikant.

Tab. 8.6 Ergebnis Experiment 1: Konativ

	Df	Sum Sq	Mean Sq	F value	Pr(>F)	Sig.
scenarionumber	1	14.50	14.50	2.02	0.1562	
Residuals	392	2816.82	7.19			

Signif. codes: 0 ‘***’ 0.001 ‘**’ 0.01 ‘*’ 0.05 ‘.’ 0.1 ‘ ’ 1

Die Ergebnisse zeigen Unterschiede in den Mittelwerten der beiden Gruppen. Davon ist jedoch nur das Ergebnis der affektiven Dimension der Prozessakzeptanz signifikant. Im Mittel wurde der Prozess im zweiten Szenario besser bewertet. Bezogen auf die affektive Dimension kann somit nur die Nullhypothese $H_{Kontext}$ 1 verworfen werden. Für die kognitive und konative Dimension kann die Nullhypothese $H_{Kontext}$ 1 nicht verworfen werden, da kein signifikanter Unterschied zwischen den Gruppen festgestellt werden konnte.

Experiment 2

Insgesamt nahmen im zweiten Teilexperiment 397 Probanden erfolgreich teil. Das bedeutet, dass alle Teilnehmer das Captcha und das IMC erfolgreich absolvierten und das Experiment komplett durchliefen.

Tab. 8.7 Ergebnis Experiment 2: Affektiv

	Df	Sum Sq	Mean Sq	F value	Pr(>F)	Sig.
scenarionumber	1	2.03	2.03	0.50	0.4806	
Residuals	396	1615.04	4.08			

Signif. codes: 0 ‘***’ 0.001 ‘**’ 0.01 ‘*’ 0.05 ‘.’ 0.1 ‘ ’ 1

In Experiment 2 wurde die Einführungsstrategie untersucht. In Szenario 1 wurde dem Mitarbeiter eine Schulung in Aussicht gestellt, in Szenario 2 nicht.

In der affektiven Dimension der Prozessakzeptanz wurde der Prozess in Szenario 1 im Mittel mit 2.60 bewertet, in Szenario 2 mit 2.45. Durch die vorgenommene Kodierung der Antworten stehen kleinere Werte für eine höhere Prozessakzeptanz. Die Unterschiede in den Mittelwerten der beiden Szenariogruppen sind, wie in Tabelle 8.7 aufgeschlüsselt, nicht signifikant.

Tab. 8.8 Ergebnis Experiment 2: Kognitiv

	Df	Sum Sq	Mean Sq	F value	Pr(>F)	Sig.
scenarionumber	1	10	9.965	1.797	0.181 8	
Residuals	395	2190	5.545			

Signif. codes: 0 '***' 0.001 '**' 0.01 '*' 0.05 '.' 0.1 ' ' 1

In der kognitiven Dimension der Prozessakzeptanz wurde der Prozess in Szenario 1 im Mittel mit 2.04 bewertet, in Szenario 2 mit 1.72. Die Unterschiede in den Mittelwerten der beiden Szenariogruppen sind, wie in Tabelle 8.8 aufgeschlüsselt, nicht signifikant.

Tab. 8.9 Ergebnis Experiment 2: Konativ

	Df	Sum Sq	Mean Sq	F value	Pr(>F)	Sig.
scenarionumber	1	2.46	2.46	0.36	0.5475	
Residuals	395	2676.45	6.78			

Signif. codes: 0 '***' 0.001 '**' 0.01 '*' 0.05 '.' 0.1 ' ' 1

In der konativen Dimension der Prozessakzeptanz wurde der Prozess in Szenario 1 im Mittel mit 2.65 bewertet, in Szenario 2 mit 2.49. Die Unterschiede in den Mittelwerten der beiden Szenariogruppen sind, wie in Tabelle 8.9 aufgeschlüsselt, nicht signifikant.

Die Ergebnisse zeigen nicht signifikante Unterschiede in den Mittelwerten der beiden Gruppen. Im Mittel wurde der Prozess im zweiten Szenario besser bewertet.

Die Nullhypothese $H_{Kontext}$ 2 kann somit für die affektive, kognitive und konative Dimension der Prozessakzeptanz nicht verworfen werden.

Experiment 3

Insgesamt nahmen im dritten Teilexperiment 648 Probanden erfolgreich teil. Das bedeutet, dass alle Teilnehmer das Captcha und das IMC erfolgreich absolvierten und das Experiment komplett durchliefen.

In Experiment 3 wurde der hierarchische Kontext, in dem ein Prozess abläuft, manipuliert. Während in Szenario 2 ein übergeordneter Angestellter am Prozess beteiligt ist, ist dies in Szenario 1 der entgegengesetzte Fall.

Tab. 8.10 Ergebnis Experiment 3: Affektiv

	Df	Sum Sq	Mean Sq	F value	Pr(>F)	Sig.
scenarionumber	1	0.05	0.05	0.01	0.9151	
Residuals	646	2631.06	4.07			

Signif. codes: 0 '***' 0.001 '**' 0.01 '*' 0.05 '.' 0.1 ' ' 1

In der affektiven Dimension der Prozessakzeptanz wurde der Prozess in Szenario 1 im Mittel mit 2.62 bewertet, in Szenario 2 mit 2.63. Die Unterschiede in den Mittelwerten der beiden Szenariogruppen sind, wie in Tabelle 8.10 aufgeschlüsselt, nicht signifikant.

Tab. 8.11 Ergebnis Experiment 3: Kognitiv

	Df	Sum Sq	Mean Sq	F value	Pr(>F)	Sig.
scenarionumber	1	0.17	0.17	0.02	0.8775	
Residuals	646	4569.05	7.07			

Signif. codes: 0 '***' 0.001 '**' 0.01 '*' 0.05 '.' 0.1 ' ' 1

In der kognitiven Dimension der Prozessakzeptanz wurde der Prozess in Szenario 1 im Mittel mit 2.37 bewertet, in Szenario 2 mit 2.34. Die Unterschiede in den Mittelwerten der beiden Szenariogruppen sind, wie in Tabelle 8.11 aufgeschlüsselt, nicht signifikant.

Tab. 8.12 Ergebnis Experiment 3: Konativ

	Df	Sum Sq	Mean Sq	F value	Pr(>F)	Sig.
scenarionumber	1	0.02	0.02	0.00	0.9621	
Residuals	646	4614.26	7.14			

Signif. codes: 0 '***' 0.001 '**' 0.01 '*' 0.05 '.' 0.1 ' ' 1

In der konativen Dimension der Prozessakzeptanz wurde der Prozess in Szenario 1 im Mittel mit 2.18 bewertet, in Szenario 2 mit 2.19. Die Unterschiede in den Mittelwerten der beiden Szenariogruppen sind, wie in Tabelle 8.12 aufgeschlüsselt, nicht signifikant.

Insgesamt muss festgestellt werden, dass keine Unterschiede in der Prozessakzeptanz gemessen werden konnten. Die Nullhypothese $H_{Kontext}$ 3 kann somit für die affektive, kognitive und konative Dimension der Prozessakzeptanz nicht verworfen werden.

Diskussion

In den Experimenten wurde versucht den Kontext über ein Szenario zu manipulieren und im Anschluss die Prozessakzeptanz in ihren drei Dimensionen zu messen. Dazu wurden drei Hypothesen formuliert und untersucht. In Experiment 1 und 2 konnten Unterschiede in den Mittelwerten gemessen werden. Jedoch waren die Mittelwerte nur in der affektiven Dimension im ersten Experiment signifikant unterschiedlich, d.h. die Nullhypothese kann abgelehnt werden. Für die kognitive und konative Dimension kann die Nullhypothese für Hypothese 2, in Experiment 1, nicht verworfen werden. Es bestehen folglich keine Unterschiede in den Mittelwerten der Gruppen.

Die Ergebnisse legen nahe, dass eine offizielle Informationsstrategie, zumindest in der affektiven Dimension, die Prozessakzeptanz verbessern kann. Das Ergebnis bestätigt zwar die Resultate der in Kapitel 5 vorgestellten Einflussfaktoren, sollte jedoch kritisch bewertet werden. Da alle weiteren Nullhypothesen nicht verworfen werden konnten, ist es möglich, dass bei diesem Ergebnis, aufgrund der Alphafehler-Kumulierung („family wise error"), die Nullhypothese zu unrecht verworfen wurde (Typ I Fehler) (Bortz und Weber 2005, S. 271).

Für die Hypothesen 3 und 4 kann die Nullhypothese nicht verworfen werden. Insbesondere im dritten Experiment sind die Unterschiede in den Mittelwerten vernachlässigbar.

Für die hier dargestellten Resultate gibt es mehrere mögliche Interpretationen.

1. Manipulation der Variablen: Es ist denkbar, dass die Manipulation der Variablen nicht ausreichend gewirkt hat. Zwar sind Unterschiede in den Mittelwerten in Experiment 1 und 2 zu beobachten, jedoch erscheint es plausibel, dass die Manipulation, gegeben der Stichprobengröße, nicht stark genug war. Durch eine Ausweitung der Stichprobengröße könnte dieses Problem gelöst werden.

2. Die Szenarios unterschieden sich zu wenig vom dargestellten Ausgangsprozess. In den Experimenten wurde, um eine gemeinsame Messbasis zu schaffen, der bisherige Prozess dargestellt. Möglicherweise überschattete dieser die Manipulation und die darauf folgende Messung, da die zwei neuen Prozesse sich nicht stark genug von diesem abgrenzen. In einer zukünftigen Untersuchung sollte darauf geachtet werden Prozesse zu modellieren, die sich stärker voneinander unterscheiden.

3. Messinstrument: Möglicherweise ist das Messinstrument nicht sensitiv genug um die Unterschiede in der Wahrnehmung der Prozesse zu erfassen. Die vorliegende Untersuchung basiert auf einem Messinstrument, welches auf dem C-OAR-SE Ansatz aufbaut. Es empfiehlt sich dieses zu überarbeiten und z. B. durch Hinzufügen weiterer Fragen sensitiver zu gestalten. Eine andere Möglichkeit liegt in der Anwendung und Entwicklung eines MTMM basierten Fragebogeninstruments. Dieses müsste jedoch von Grund auf neu entwickelt werden.

4. Kleine Effektstärken: Die beobachteten Effekte sind sehr klein. Um die geringe Sensitivität des Messinstruments auszugleichen und den kleinen Effekten Rechnung zu tragen, könnte die Anzahl der Teilnehmer noch weiter ausgeweitet werden.

5. Kontextexperimente: Es ist auch denkbar, dass auf diese Art der Kontext in den Experimenten nicht ausreichend vermittelt werden kann. Dies kann darin begründet sein, dass der Kontext hier nur textuell dem Probanden mitgeteilt wurde. Es kann daher vermutet werden, dass der Proband kein Verständnis über den Prozess und den Kontext bilden konnte. Feldexperimente in Unternehmen könnten hier wertvolle Hinweise liefern, da hier der Kontext natürlich vorliegt und die Probanden diesen erleben können.

6. Einfluss Kontext: Möglicherweise ist der Einfluss des Kontextes auf die Prozessakzeptanz, im Vergleich zu Subjekt und Objekt, geringer.

Die große Herausforderung der Kontextexperimente stellt die Art und Weise dar, wie der Kontext und auch der Prozess vermittelt werden kann. Im Gegensatz zum Objektexperiment in Kapitel 8.2 konnten die Probanden den Prozess und den Kontext nicht selbst erleben. Insgesamt bleibt fraglich, ob der Kontext innerhalb eines Online-Experiments wirklich manipulierbar ist. Als Alternative bieten sich Feldstudien an, bei denen die Probanden innerhalb eines Unternehmenskontextes leben und mit Prozessen arbeiten. Dabei gingen jedoch die Vorteile von Laborexperimenten verloren.

Aus den Ergebnissen kann auch gefolgert werden, dass eine schriftliche Beschreibung des Kontextes oder Prozesses nicht ausreicht. Zukünftige Experimente, die den Kontext oder den Prozess (Objekt) selbst untersuchen, sollten daher so gestaltet werden, dass die Probanden den Prozess, bzw. Kontext, erleben.

8.4 Subjekt

8.4.1 Ausgangslage und Hypothesen

Die Prozessakzeptanz wird aus dem Zusammenspiel von Subjekt, Objekt und Kontext erzeugt. In den vorherigen Experimenten wurde der Prozess selbst (Objekt) und der Kontext, in dem ein Prozess ausgeführt wird, untersucht. Im Folgenden soll nun die dritte Dimension, das Subjekt, näher betrachtet werden.

Prozesse dienen der Strukturierung von Abläufen und prägen dadurch normativ den Handlungsbereich der Subjekte. Diese bringen dabei ihre eigenen Einstellungen, Eigenschaften, Werte und Normen in den Prozessablauf ein. Diese vorhandenen Einstellungen können bei der Bildung der Prozessakzeptanz einen Einfluss haben. Für die betriebliche Praxis ist dieser Sachverhalt von großer Bedeutung. Es ist vorstellbar, dass je nach „Zielgruppe", welche Prozesskunden und Prozessmitarbeiter mit einschließt, besonderes Augenmerk auf die Subjektvariablen des Prozesses gelegt werden muss. Beispielsweise könnte ein Prozess für ältere Prozessteilnehmer anders gestaltet werden. Es ist daher notwendig zu untersuchen, welche Variablen des Subjekts die Prozessakzeptanz beeinflussen.

Aus dem Rückkopplungsmodell von Reichwald, siehe Abbildung 6.1, folgt, dass das Subjekt über physiologische, psychologische und sonstige Individualfaktoren (demographische Faktoren) verfügt.

Für die in den Experimenten beschriebenen Prozesse spielten die physiologischen Faktoren keine Rolle. Gleichzeitig sind diese online nur schwer abfragbar bzw. überprüfbar. Daher wurde darauf verzichtet dieses in die Untersuchung mit einzubeziehen.

Es stellt sich somit die Frage, welche Eigenschaften des Subjekts die Prozessakzeptanz beeinflussen. Aus der großen Anzahl möglicher demographischer Faktoren wurde das Alter, Geschlecht und der höchste Bildungsabschluss als Variablen gewählt. Mit zunehmendem Alter verändern sich die kognitiven Fähigkeiten (Bucur und Madden 2007). Die Gedächtnisleistung und Reaktionsfähigkeit nimmt im Allgemeinen, teilweise durch fehlendes Training, ab. Demgegenüber steht ein Zugewinn an Erfahrung und Weisheit. Da Prozesse Tätigkeiten ordnen und so die kognitive Belastung senken kann folgende Hypothese formuliert werden:

$H_{Subjekt}$ 1: Zunehmendes Alter hat keinen Einfluss auf die Prozessakzeptanz.

Eine weitere oft untersuchte Variable ist die des Geschlechts. Prozesse interagieren im Prinzip nicht mit der Geschlechterrolle. Dennoch kann folgende Hypothese aufgestellt und untersucht werden:

$H_{Subjekt}$ 2: Es gibt keinen geschlechtsspezifischen Unterschied in der Prozessakzeptanz.

In Kapitel 5 wurden verschiedene Einflussfaktoren der Prozessakzeptanz ermittelt. Die subjektbezogenen Variablen, wie z. B. die Art und Weise der Kommunikation sowie die Darlegung der Gründe für einen Prozess, beziehen sich auch auf die kognitiven Fähigkeiten der Beteiligten. So liegt die Vermutung nahe, dass die Prozessakzeptanz je nach Bildungsgrad unterschiedlich ausgeprägt ist. Eine einfache Methode diese in Ansätzen zu erheben ist die Frage nach dem höchsten Bildungsabschluss. Es lässt sich daher folgende Hypothese formulieren:

$H_{Subjekt}$ 3: Die Höhe des Bildungsabschlusses hat keinen Einfluss auf die Prozessakzeptanz.

Zwar sind noch weitere Variablen wie z. B. Einkommen denkbar, jedoch wurde darauf geachtet den Fragebogen möglichst kurz zu halten. Des Weiteren mussten Variablen gewählt werden, die mit vertretbarem Aufwand international erhebbar und vergleichbar sein sollen.

Bei den psychologischen Faktoren stellt sich die Frage welche davon prinzipiell die Prozessakzeptanz beeinflussen. Prozesse werden arbeitsteilig von verschiedenen Personen ausgeführt. Insofern spielt Teamarbeit eine wichtige Rolle. Daher wurden die psychologischen Kovariaten Misstrauen, Kontrollwunsch, Individualität bzw. Kollektivismus und Kooperation während des Experiments erhoben.

Die Skalen für den Wunsch nach Kontrolle und Misstrauen gegenüber anderen, stammen aus der „Machiavellian Personality Scale“ von Dahling et al. (2008). Die Autoren dieser Studie argumentieren, dass Menschen die eine „machiavellische“ Persönlichkeit aufweisen tendenziell eine kontraproduktives Arbeitsweise (Diebstahl, Opportunismus, Abtrünnigkeit) an den Tag legen. Gleichzeitig misstrauen solche Persönlichkeiten anderen, da sie negative Folgen für sich selbst befürchten.

Prozesse wirken dem entgegen, da sie Arbeitsabläufe transparent und überprüfbar machen. Daher kann folgende Hypothese aufgestellt werden:

$H_{Subjekt}$ 4: Je misstrauischer eine Person ist, umso höher ist dessen Prozessakzeptanz.

Die durch Prozesse gegebene Überprüfbarkeit und Ordnung impliziert auch ein gewisses Maß an Kontrolle. Gleichzeitig kann der Wunsch nach Kontrolle über andere auch implizieren, dass andere möglichst wenig Kontrolle über einen selbst haben (ebd. 2008). Daraus kann folgende Hypothese gebildet werden:

$H_{Subjekt}$ 5: Der Wunsch nach Kontrolle über andere wirkt sich negativ auf die (eigene) Prozessakzeptanz aus.

Eine weitere Größe, die sich auf die Wahrnehmung von Prozessen und somit auf die Prozessakzeptanz niederschlagen könnte, ist der Grad des Individualismus bzw. Kollektivismus. Diese Gedanken- und Wertesysteme stellen entweder das Individuum oder das Kollektiv in den Mittelpunkt der Betrachtung. Beide Konstrukte spielen eine große Rolle in der Organisationstheorie. Gruppen, die eher kollektivistisch geprägt sind, wird eine höhere Leistungsfähigkeit bei Aufgaben die eine hohe Arbeitsteilung erfordern attestiert. Gruppen, die sowohl individualistisch sowie kollektivistisch geprägte Personen umfassen, zeigen eine hohe Leistungsfähigkeit bei der Bearbeitung von gemischten Aufgaben, die sowohl arbeitsteilig sowie individuell abzuarbeiten sind (Wagner u. a. 2012).

Triandis und Gelfand (1998) erweitern beide Konstrukte um die vertikale und horizontale Dimension. Die vertikale Dimension besteht dabei aus Hierarchien, die horizontale betont die Gleichheit. Folglich können für die Konstrukte Individualismus und Kollektivismus die vier unterschiedlichen Muster, horizontaler Individualismus (HI), vertikaler Individualismus (VI), horizontaler Kollektivismus (HC) und vertikaler Kollektivismus (VC) gebildet werden.

Personen, die HI zugeordnet werden können zeichnen sich durch den Wunsch nach Selbstständigkeit aus. Demgegenüber streben VI Persönlichkeiten nach Status und Wettbewerbssituationen. Auf der Seite des Kollektivismus stellen VC Persönlichkeiten das Wohl der (In-) Gruppe über ihr eigenes, während HC Persönlichkeiten Gleichheit zwischen den Individuen anstreben. Es liegt nahe, dass sich diese unterschiedlichen Persönlichkeitsmerkmale auf die Handhabung von Prozessen auswirken. Beispielsweise würde eine VC Persönlichkeit einen Teilprozess oder Arbeitsschritt trotz Schwierigkeiten durchführen, um dem Wohl der Gruppe zu dienen. Es können somit folgende Hypothesen formuliert werden:

$H_{Subjekt}$ 6: Je stärker der vertikale Kollektivismus (VC) ausgeprägt ist, umso höher ist die Prozessakzeptanz.

$H_{Subjekt}$ 7: Je stärker der horizontale Kollektivismus (HC) ausgeprägt ist, umso höher ist die Prozessakzeptanz.

$H_{Subjekt}$ 8: Je geringer der horizontale Individualismus (HI) ausgeprägt ist, umso höher ist die Prozessakzeptanz.

$H_{Subjekt}$ 9: Je geringer der vertikale Individualismus (VI) ausgeprägt ist, umso höher ist die Prozessakzeptanz.

Eine weitere Komponente ist der Wille zur Kooperation. Durch kooperatives Verhalten können gemeinsame Vorteile geschaffen und Beziehungen zwischen den Akteuren vertieft werden (Wieland und Marcus Wallenburg 2013). Prozesse organisieren und strukturieren diese Zusammenarbeit. Es ist naheliegend, dass der

Wille zur Kooperation eine einflussreiche Variable für die vorliegende Untersuchung sein kann. Wieland und Wallenburg (ebd. 2013) legen dazu eine Skala vor. Ausgehend davon kann folgende Hypothese aufgestellt werden:

$H_{Subjekt}$ 10: Je stärker der Wille zur Kooperation ausgeprägt ist, umso höher ist die Prozessakzeptanz.

Alle Hypothesen können für jede der drei Dimensionen der Prozessakzeptanz einzeln untersucht werden.

8.4.2 Daten der Stichprobe

Die Erhebung, der demographischen und psychologischen Merkmale der Teilnehmer, fand im Rahmen der AMT Kontextexperimente, die in Kapitel 8.3 beschrieben wurden, vom 25.7.2016 bis zum 14.8.2016 statt. Die Messung der Kovariaten wurde vor der Durchführung der Experimente durchgeführt. Die Messung der Prozessakzeptanz bezieht sich auf den ursprünglichen Prozess (siehe Seite 142) innerhalb der Szenarien, der später in den Experimenten manipuliert wurde. Aus diesem Grund konnten alle Probanden in die Erhebung mit einbezogen werden, da derselbe Prozess bewertet wurde.

An der Befragung nahmen 2359 Personen teil. Die Anzahl der weiblichen Teilnehmer lag bei 1093 (46.3%), die der männlichen bei 1266 (53.7%). Insofern ist das Verhältnis der Geschlechter fast ausgeglichen.

Tab. 8.13 Alter der Teilnehmer

	mean	sd	median	min	max	range	skew	kurtosis	se
Alter	32.64	10.78	30.00	13.00	74.00	61.00	1.27	1.41	0.22

Die Teilnehmer waren im Alter zwischen 13 und 74 Jahren. Der Mittelwert lag bei 32.64 Jahren. Insgesamt waren die Teilnehmer, wie in Tabelle 8.13 und Abbildung 8.8 dargestellt, eher jünger. Dies entspricht der Annahme, dass Internetangebote wie AMT eher technikaffine jüngere Menschen ansprechen.

Tabelle A.2, im Anhang, zeigt die Aufschlüsselung des Bildungsgrades der Teilnehmer. Die Verteilung ist in Abbildung 8.9 dargestellt. Mit 39,54% ist der Ba-

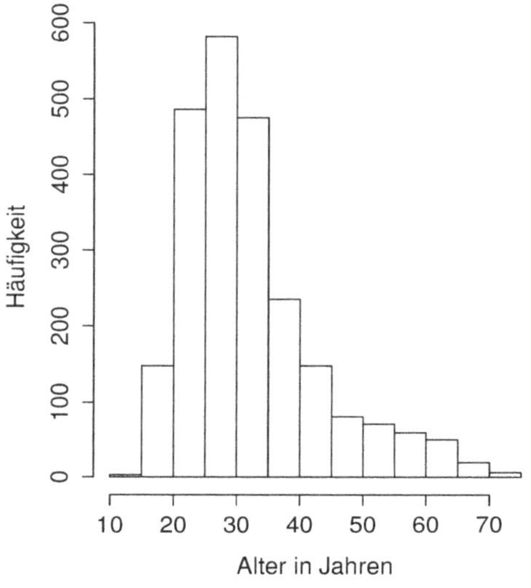

Abb. 8.8 Subjekt: Alter der Teilnehmer

chelor der häufigste Abschluss der Teilnehmer. An zweiter Stelle steht der Master mit 18.86%. Insgesamt kann festgehalten werden, dass die Teilnehmer eher über höhere Bildungsabschlüsse verfügen. Aufgrund der Heterogenität der Bildungsabschlüsse in sowie zwischen den einzelnen Ländern bleibt ein Vergleich jedoch schwierig. Daraus kann zumindest geschlossen werden, dass die Probanden keine Verständnisprobleme während der Durchführung der Experimente bzw. beim Ausfüllen des Fragebogens hatten.

Die Stichprobe weist eine große Heterogenität bezüglich der Herkunft der Teilnehmer auf. Während der Erhebung gaben die Probanden an, aus 100 verschiedenen Ländern zu kommen. Dabei kamen 1031 (43,5 %) Personen aus den USA und 585 (24,68 %) aus Indien [1]. Dies ist weniger überraschend, da AMT am längsten in den USA verfügbar ist.

[1] Für die vollständige Tabelle s. Anhang 1

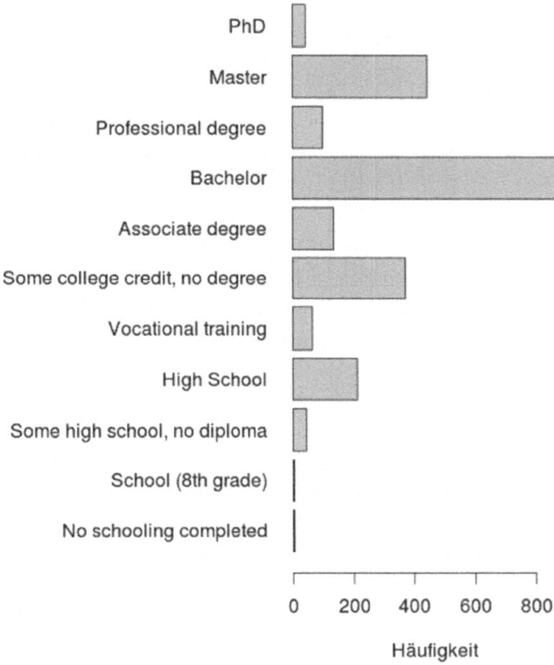

Abb. 8.9 Subjekt: Ausbildungsgrad der Teilnehmer

Tabelle 8.14 und Abbildung 8.10 zeigen die Details der psychologischen Kovariaten. Tendenziell erreichen HI und VC im Mittel eher kleinere Werte, während HC und VI im Mittel eher höhere Werte aufweisen. HI, HC und VC sind rechtsschief. Die Probanden waren somit im Allgemeinen weniger horizontal individualistisch, kollektivistisch und vertikal kollektivistisch geprägt.

8.4.3 Ergebnisse

Die in Kapitel 8.4 aufgestellten Hypothesen lassen sich im Rahmen einer linearen Regression untersuchen. Die abhängige Variable der Prozessakzeptanz soll von den unabhängigen Variablen, vorgestellt in Kapitel 8.4, erklärt werden. Dazu wurde für jede Dimension der Prozessakzeptanz (affektiv, kognitiv, konativ) ein eige-

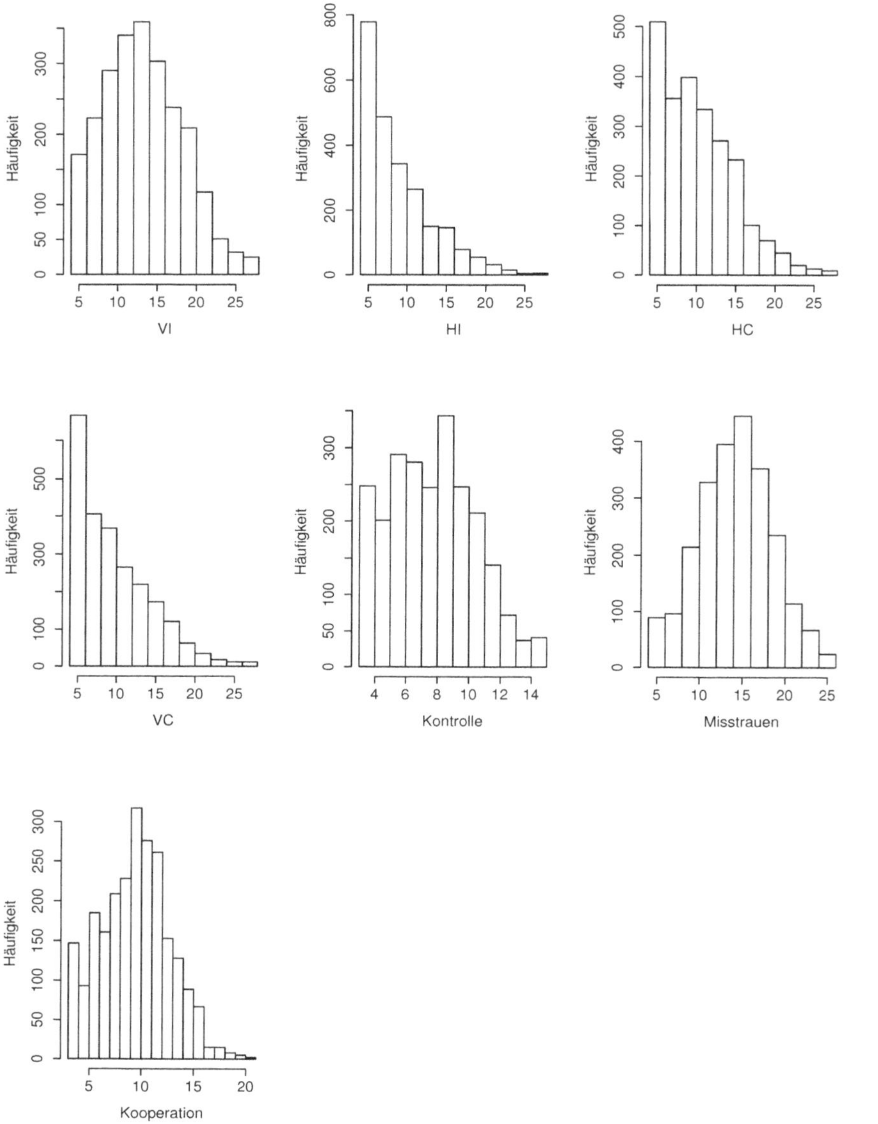

Abb. 8.10 Subjekt: Psychologische Kovariaten

Tab. 8.14 Subjekt: Psychologische Kovariaten

	Min.	1st Qu.	Median	Mean	3rd Qu.	Max.
HI	4.00	6.00	8.00	9.18	12.00	28.00
HC	4.00	7.00	10.00	10.68	14.00	28.00
VI	4.00	10.00	13.00	13.67	17.00	28.00
VC	4.00	6.00	9.00	9.99	13.00	28.00
Kooperation	3.00	8.00	10.00	9.86	12.00	21.00
Misstrauen	5.00	12.00	15.00	14.65	18.00	25.00
Kontrolle	3.00	6.00	8.00	8.13	10.00	15.00

nes lineares Modell gebildet. Die Schätzung der Regressionsgeraden erfolgte über den OLS-Ansatz. Aufgrund der Art und Weise der Datenkodierung stehen positive Schätzwerte (Estimates) für eine geringere Akzeptanz, negative Werte für eine höhere Akzeptanz. Die hier durchgeführte lineare Regression hat nicht zum Ziel einen besseren Prozess zu entwickeln, sondern zu ergründen inwiefern die Variablen des Subjekts einen Einfluss auf die Prozessakzeptanz haben.

In allen drei Modellen wurde die Variable "genderäls Dummy-Variable kodiert. Folglich wird nur eine Ausprägung der Variable angezeigt.

Affektive Dimension

Tabelle 8.15 stellt die Ergebnisse der linearen Regression für die affektive Dimension der Prozessakzeptanz dar. Das Gesamtmodell weist ein R^2 von 0.069 auf. Der F-Test ist signifikant ($F = 17.49$; $DF = 10$; $p < 2.2e-16$). Bei den demografischen Variablen war das Geschlecht und Alter signifikant. Es gibt folglich geschlechtsspezifische Unterschiede in der affektiven Prozessakzeptanz, d.h. die Prozessakzeptanz in der affektiven Dimension ist bei Männern stärker ausgeprägt. Das Alter hat ebenfalls einen Effekt. Mit zunehmenden Alter stieg die affektive Prozessakzeptanz der Teilnehmer. Daher müssen die Nullhypothesen $H_{Subjekt}$ 1 und 2 verworfen werden. Der in $H_{Subjekt}$ 3 postulierte Zusammenhang, dass der Bildungsgrad einen Einfluss auf die Prozessakzeptanz hat, kann für die affektive

Tab. 8.15 Regression: Affektive Prozessakzeptanz

	Estimate	Std. Error	t value	Pr(>|t|)	
(Intercept)	3.3513	0.3404	9.84	0.0000	***
gender (male)	-0.3005	0.1065	-2.82	0.0048	**
age	-0.0325	0.0050	-6.52	0.0000	***
education	-0.0235	0.0297	-0.79	0.4290	
VC	0.0285	0.0134	2.13	0.0330	*
VI	-0.0118	0.0127	-0.93	0.3531	
HC	0.0672	0.0141	4.76	0.0000	***
HI	0.0293	0.0128	2.29	0.0220	*
Control	0.0458	0.0207	2.22	0.0267	*
Distrust	-0.0576	0.0139	-4.15	0.0000	***
Cooperation	0.0130	0.0180	0.72	0.4702	

Signif. codes: 0 ‘***’ 0.001 ‘**’ 0.01 ‘*’ 0.05 ‘.’ 0.1 ‘ ’ 1

Dimension nicht bestätigt werden, daher kann die Nullhypothese $H_{Subjekt}$ 3 nicht verworfen werden.

Signifikante Zusammenhänge konnten ebenfalls bei den psychologischen Variablen entdeckt werden. So zeigte sich, dass sich der vertikale und horizontale Kollektivismus negativ auf die affektive Prozessakzeptanz auswirkt. Die Richtung der Wirkbeziehung entspricht jedoch nicht der der Hypothesen 6 und 7. Folglich müssen $H_{Subjekt}$ 6 und 7 abgelehnt werden.

Des Weiteren wirkt sich der horizontale Individualismus und der Wunsch nach Kontrolle negativ auf die affektive Prozessakzeptanz aus. $H_{Subjekt}$ 8 kann daher angenommen, $H_{Subjekt}$ 9 abgelehnt werden.

Gleichzeitig wirkte sich das Misstrauen positiv auf die affektive Prozessakzeptanz aus. $H_{Subjekt}$ 4 kann daher angenommen werden. $H_{Subjekt}$ 5 postuliert, dass der

Wunsch nach Kontrolle sich negativ auf die Prozessakzeptanz auswirkt. Dieser Zusammenhang wird bestätigt, $H_{Subjekt}$ 5 kann somit angenommen werden. Für Hypothese 10 liegt kein signifikanter Zusammenhang vor und muss daher verworfen werden.

Insgesamt muss festgestellt werden, dass das Modell zwar signifikante Zusammenhänge offenbart, jedoch nur einen kleinen Teil der Varianz erklärt.

Kognitive Dimension

Tab. 8.16 Regression: Kognitive Prozessakzeptanz

	Estimate	Std. Error	t value	Pr(>|t|)	
(Intercept)	3.6623	0.3893	9.41	0.0000	***
gendermale	-0.1401	0.1217	-1.15	0.2501	
age	-0.0272	0.0057	-4.76	0.0000	***
education	0.0581	0.0339	1.71	0.0867	.
VC	0.0281	0.0153	1.84	0.0662	.
VI	-0.0106	0.0145	-0.73	0.4648	
HC	0.0429	0.0162	2.66	0.0079	**
HI	0.0232	0.0146	1.59	0.1123	
Control	0.0342	0.0236	1.45	0.1484	
Distrust	-0.0464	0.0159	-2.92	0.0035	**
Cooperation	0.0110	0.0205	0.53	0.5938	

Signif. codes: 0 '***' 0.001 '**' 0.01 '*' 0.05 '.' 0.1 ' ' 1

Tabelle 8.16 stellt die Ergebnisse der linearen Regression für die kognitive Dimension der Prozessakzeptanz dar. Das Gesamtmodell weist ein R^2 von 0.032 auf. Der F-Test ist signifikant ($F = 7.891$; $DF = 10$; $p < 1.385e - 12$).

Bei den demografischen Variablen war das Alter signifikant. Ähnlich wie bei der affektiven Dimension wirkt sich zunehmendes Alter positiv auf die kognitive Prozessakzeptanz aus. Daher kann die Nullhypothese $H_{Subjekt}$ 1 verworfen werden.

Das Geschlecht hat keinen Einfluss, die Nullhypothese $H_{Subjekt}$ 2 kann daher nicht verworfen werden. Dies gilt ebenfalls für den Bildungsgrad. Dieses Ergebnis ist für die kognitive Dimension überraschend.

Ein ebenfalls schwacher Zusammenhang weist die Variable VC auf. Der horizontale Kollektivismus ist hingegen signifikant. Beide Arten des Kollektivismus wirken folglich negativ auf die kognitive Prozessakzeptanz ein. Die Richtung der Wirkbeziehung entspricht jedoch nicht der, die in den Hypothesen 6 und 7 aufgestellt wurde. Folglich müssen $H_{Subjekt}$ 6 und 7 abgelehnt werden.

Als einzige weitere Variable wirkt sich das Misstrauen positiv auf die affektive Prozessakzeptanz aus. $H_{Subjekt}$ 4 kann daher angenommen werden. Für $H_{Subjekt}$ 8, 9 und 10 liegen keine signifikanten Zusammenhänge vor, sie werden daher abgelehnt.

Das Modell offenbart zwar signifikante Zusammenhänge, jedoch wird nur einen kleiner Teil der Varianz erklärt.

Konative Dimension

Tabelle 8.16 stellt die Ergebnisse der linearen Regression für die kognitive Dimension der Prozessakzeptanz dar. Das Gesamtmodell weist ein R^2 von 0.029 auf. Der F-Test ist signifikant ($F = 7.127$; $DF = 10$; $p < 3.83e - 11$).

Bei den demografischen Variablen war das Alter signifikant. Ähnlich wie bei der affektiven und kognitiven Dimension wirkt sich zunehmendes Alter positiv auf die konative Prozessakzeptanz aus. Daher kann die Nullhypothese $H_{Subjekt}$ 1 verworfen werden.

Das Geschlecht und der Bildungsgrad haben keinen Einfluss, die Nullhypothesen $H_{Konativ}$ 2 und 3 können daher nicht verworfen werden.

Für die Variablen des horizontalen und vertikalen Individualismus existiert ein signifikanter Zusammenhang. HI wirkt negativ , VI positiv auf die konative Dimension der Prozessakzeptanz. $H_{Konativ}$ 8 kann somit nicht verworfen werden. Die

Tab. 8.17 Regression: Konative Prozessakzeptanz

	Estimate	Std. Error	t value	Pr(>|t|)	
(Intercept)	4.8916	0.3804	12.86	0.0000	***
gendermale	-0.0460	0.1189	-0.39	0.6988	
age	-0.0144	0.0056	-2.59	0.0097	**
education	0.0457	0.0331	1.38	0.1675	
VC	0.0371	0.0149	2.49	0.0129	*
VI	-0.0417	0.0141	-2.95	0.0032	**
HC	0.0010	0.0158	0.06	0.9515	
HI	0.0467	0.0143	3.28	0.0011	**
Control	0.0120	0.0231	0.52	0.6038	
Distrust	-0.0677	0.0155	-4.36	0.0000	**
Cooperation	0.0102	0.0201	0.51	0.6119	

Signif. codes: 0 '***' 0.001 '**' 0.01 '*' 0.05 '.' 0.1 ' ' 1

Richtung der Wirkbeziehung entspricht bei $H_{Konativ}$ 9 jedoch nicht der der Hypothese. Folglich muss $H_{Subjekt}$ 9 abgelehnt werden.

Des weiteren wirkt der vertikale Kollektivismus sich negativ aus. Auch bei dieser Variable stimmt die Wirkungsrichtung nicht, $H_{Konativ}$ 6 muss somit abgelehnt werden.

Als einzige weitere Variable wirkt sich das Misstrauen positiv auf die konative Prozessakzeptanz aus. $H_{Konativ}$ 4 kann daher angenommen werden.

Für $H_{Konativ}$ 8, 9 und 10 liegen keine signifikanten Zusammenhänge vor, sie werden daher abgelehnt.

Das Modell offenbart zwar signifikante Zusammenhänge, jedoch wird nur einen kleiner Teil der Varianz erklärt.

8.4.4 Diskussion

Tabelle 8.18 stellt die Ergebnisse, bezüglich der drei Dimensionen der Prozessakzeptanz, zusammengefasst dar. Angenommene Hypothesen sind mit einem Häkchen gekennzeichnet. Bei fünf Hypothesen konnten innerhalb der drei Dimensionen signifikante Zusammenhänge aufgedeckt werden. Alle drei Modelle weisen ein sehr kleines R^2 auf. Das heißt, ein Großteil der Varianz konnte durch die Modelle nicht erklärt werden. Es muss daher angenommen werden, dass weitere einflussreiche Variablen existieren. Diese Beobachtung lässt zwei Schlussfolgerungen zu. Zum einen ist es denkbar, dass das Messinstrument nicht fein genug war. In Zukunft könnte es, u.a. durch die Aufnahme weiterer Variablen, verbessert werden. Zum anderen ist es auch denkbar, dass die Erhebungsmethode ungeeignet ist. Die Probanden wurden gebeten eine textuelle Beschreibung des Prozesses zu lesen und danach zu bewerten. Möglicherweise reicht diese Vorgehen nicht aus um den Prozess wirklich bewerten zu können. Vielmehr erscheint es notwendig sich selbst dem Prozess auszusetzen und zu erleben. Diese Schlussfolgerung wird auch durch die deutlicheren Ergebnisse in Kapitel 8.2 unterstützt, bei denen die Probanden beide Prozesse selbst ausführten.

Tab. 8.18 Subjekt: Übersicht der Hypothesen

Hypothese	Beziehung	affektiv	kognitiv	konativ
$H_{Subjekt}$ 1	$PA \sim Alter$	✓	✓	✓
$H_{Subjekt}$ 2	$PA \sim Geschlecht$	✓	-	-
$H_{Subjekt}$ 3	$PA \sim Bildung$	-	-	-
$H_{Subjekt}$ 4	$PA \sim Misstrauen$	✓	✓	✓
$H_{Subjekt}$ 5	$PA \sim Kontrolle$	✓	-	-
$H_{Subjekt}$ 6	$PA \sim VC$	-	-	-
$H_{Subjekt}$ 7	$PA \sim HC$	-	-	-
$H_{Subjekt}$ 8	$PA \sim HI$	✓	-	✓
$H_{Subjekt}$ 9	$PA \sim VI$	-	-	-
$H_{Subjekt}$ 10	$PA \sim Kooperation$	-	-	-

Dennoch können aus der Untersuchung des Subjekts interessante Ergebnisse gewonnen werden. Bei den demographischen Faktoren war insbesondere das Alter signifikant. Das heißt, je nach Alter wird einem Prozess eine unterschiedliche Prozessakzeptanz in allen drei Dimensionen, zugeschrieben. Mit steigendem Alter bewerteten die Teilnehmer den Prozess signifikant besser. Ein möglicher Erklärungsansatz ist, dass Prozesse kognitiv entlastend wirken. Gleichzeitig trägt möglicherweise das Erfahrungswissen dazu bei den Prozess eher hinzunehmen und zu erkennen, dass der Prozess eine Daseinsberechtigung hat.

Das ist insofern interessant, da es sich in Teilen mit den Ergebnissen aus Kapitel 3.2.3 deckt. Durch die darin beschriebene Prozessverbesserung wurde der Prozess deutlich strukturierter. Dies wurde positiv von den Kunden aufgenommen. Daraus resultierend konnte EasyJet das Durchschnittsalter der Passagiere deutlich steigern.

Zukünftige Studien könnten diese Variable, in einem kontrastreichen Zweigruppendesign, genauer untersuchen. Da die Erhebung über AMT durchgeführt wurde, waren die Teilnehmer im Schnitt eher jünger. Dennoch kann die Vermutung aufgestellt werden, dass ältere Prozessteilnehmer einen höheren Strukturierungsgrad schätzen.

Das Geschlecht spielte in der Wahrnehmung der Prozesse nur eine untergeordnete Rolle. So konnte nur in der affektiven Dimension ein Zusammenhang festgestellt werden. Dabei wurde der Prozess von Männern besser bewertet.

Eine weitere Variable, die in allen drei Dimensionen einen signifikanten Zusammenhang darstellte, war das Misstrauen. Das heißt, je stärker diese Variable ausgeprägt war, umso höher wurde die Prozessakzeptanz beurteilt. Eine mögliche Erklärung ist, dass misstrauische Persönlichkeiten Prozesse aufgrund ihrer Transparenz und Klarheit schätzen. Aufgaben werden durch Prozesse klar strukturiert und zugeteilt. Dies wirkt sich wiederum entlastend auf eine misstrauische Persönlichkeit aus. In der affektiven Dimension konnte des weiteren $H_{Subjekt}$ 5 angenommen werden. Das heißt, Personen mit einem Wunsch nach Kontrolle, fühlten sich ungern selbst in einen Prozess eingebunden. Aus den verbleibenden Hypothesen konnte nur $H_{Subjekt}$ 8 für die affektive und konative Dimension angenommen werden. Personen die stark horizontal individualistisch geprägt sind, zeichnen sich durch den Wunsch nach Selbstständigkeit aus. Prozesse strukturieren jedoch Arbeitsabläufe und minimieren somit auch die damit verbundenen möglichen Freiheitsgerade. Sie fühlen sich nicht nur eingeschränkt, sondern lehnen den Prozess auch bei dem Gedanken an eine erneute Durchführung ab.

Die hier vorgestellten Ergebnisse zeigen, dass sich demografische und psychologische Variablen auf die Wahrnehmung von Prozessen auswirken. Je nach dem welche Zielgruppe als Prozessbeteiligte in einen Prozess eingebunden werden soll, kann es sich lohnen den Prozess entsprechend anzupassen.

9 Ansatz zur Untersuchung der Prozessakzeptanz mit Hilfe ausführbarer Geschäftsprozesse

9.1 Prozessakzeptanz im Kontext ausführbarer Geschäftsprozesse

Die Experimente in Kapitel 8 lassen neben den eigentlichen Ergebnissen verschiedene Schlüsse zu. Prozessexperimente können bei physischen und virtuellen Prozessen durchgeführt werden. Diese Experimente können wertvolle Hinweise liefern. Jedoch sind sie oft teuer und im Falle des Experiments zur Elektromobilität auch recht aufwendig. Bei den virtuellen Experimenten sind die Kosten geringer. Als negativ erwies sich im Vergleich zu dem Ladeprozessexperiment, dass die Probanden den Prozess nicht erleben bzw. selbst durchführen konnten. Dies führte möglicherweise dazu, dass die Manipulation der Variablen nicht ausreichend wirkte.

Dieses Problem kann bei den virtuellen Experimenten durch ausführbare Geschäftsprozesse gelöst werden. Die Idee hierbei ist, dass die Prozesse ausführbar modelliert werden und innerhalb einer Process-Engine ausgeführt werden. So kann der Proband mit der Process-Engine interagieren und im Anschluss den Prozess bewerten. Die Bewertung kann eine Messung zur Prozessakzeptanz darstellen, jedoch sind auch andere Messungen denkbar. Offensichtliche Beispiele wären Messungen von Prozessdurchlaufzeiten oder Prozesskosten.

In Verbindung mit einer Crowdsourcing-Plattform könnten Prozesse mit vielen Probanden kostengünstig getestet werden. Durch die Heterogenität der Plattformteilnehmer könnten die Untersuchungen auch mit speziellen Gruppen, z. B. bezogen auf das Alter oder die Herkunft, durchgeführt werden. Für die wissenschaftliche Untersuchung von Prozessen ergibt sich durch dieses Vorgehen ein weiterer Vorteil. Die Prozessexperimente könnten nachprüfbar wiederholt werden. Solche Replikationsstudien sind bisher in der Wirtschaftsinformatik selten.

Neben der Nutzung einer Crowdsourcing-Plattform ist es auch denkbar, dass die Prozessexperimente direkt in der Organisation, in der der Prozess eingeführt werden soll, durchgeführt wird. Bisher wurden Prozessprobleme oftmals nur nach der Einführung entdeckt. Es kann angenommen werden, dass analog zum Softwareengineering die Kosten steigen, je später der Fehler im Prozesslebenszyklus entdeckt wurde.

T. Müllerleile, *Prozessakzeptanz*, Forschung zur Digitalisierung der Wirtschaft | Advanced Studies in Business Digitization, https://doi.org/10.1007/978-3-658-27103-9_9

Darüber hinaus, können die Prozessmodelle leicht geändert und wiederum getestet werden. So sind einfach durchzuführende A/B Tests möglich. Da die Prozessakzeptanz die Kosten der Hierarchie beeinflusst könnten durch systematische Tests Einsparpotentiale aufgedeckt werden.

Dieses Vorgehen ist jedoch nur bei ausführbaren, also nicht physischen Prozessen, möglich. Auch muss ein ausführbares Prozessmodell vorliegen. Das heißt, es müssen Ressourcen aufgewendet werden ein solches Modell zu erstellen. Im Allgemeinen ist ein ausführbares Prozessmodell aufwendiger zu modellieren als ein rein graphisches Modell. Ist dies jedoch möglich, können zwei Ziele gleichzeitig erreicht werden. Zum einen ist das Modell testbar und kann über die hier beschriebene Vorgehensweise verbessert werden, zum anderen liegt es als ausführbares Modell vor und kann direkt eingesetzt werden. Die virtuellen Prozesse stellen sicherlich nur eine Untergruppe aller Prozesse dar, jedoch kann davon ausgegangen werden, dass mittelfristig deren Anzahl in Unternehmen zunimmt. Ähnliches kann im Bereich „E-Government" beobachtet werden. Hier entsteht auch ein gesellschaftlicher Auftrag an die Wirtschaftsinformatik akzeptierte Prozesse zu gestalten, um allen Bürgern die gesellschaftliche und politische Teilhabe zu ermöglichen.

Aus wissenschaftlicher Sicht muss diskutiert werden, inwiefern die Ergebnisse von Untersuchungen virtueller Prozesse sich auf nicht ausführbare Prozesse übertragen lassen. Im Allgemeinen sind physische Prozesse weiteren (Umwelt-) Einflüssen unterworfen. Im Experiment bezüglich der Ladeprozesse in Kapitel 6 wäre dies beispielsweise das Wetter. Dennoch können Ergebnisse der Untersuchung der eher abstrakten Prozesseigenschaften, wie z. B. Wiederholungen, Schleifen oder Interdependenzen im Prozess, auf physische Prozesse in Teilen übertragen werden. Die Untersuchung von virtuellen Prozessen stellt somit in gewisser Weise eine Art „Mausmodell", wie in der Biologie, dar. In weiteren Forschungsarbeiten könnte auch geklärt werden, wie sich die Einflussfaktoren von virtuellen und physischen Prozessen unterscheiden.

Im Folgenden soll daher ein IT-Artefakt entwickelt werden, um ausführbare Prozessmodelle experimentell innerhalb einer Crowdsourcing-Plattform zu untersuchen.

9.2 Experimentalsoftware

9.2.1 Anforderungen

Aus der in Kapitel 9.1 dargestellten Idee ausführbare Prozessmodelle durch Nutzerinteraktion zu untersuchen, lassen sich Anforderungen an ein IT-Artefakt ableiten. Diese können im Rahmen des Requirements-Engineering erhoben werden. Requirements-Engineering ist ein Ansatz zur Spezifikation und zum Management von Anforderungen. Ziel ist es, die Anforderungen strukturiert, definiert und dokumentiert zu erheben, prüfen und zu verwalten (Pohl und Rupp 2015, S. 4). Diese dienen dem späteren IT-System als Vertrag oder Spezifikation, die darin implementiert werden müssen. Später kann geprüft werden, inwiefern das IT-System die Anforderungen erfüllt. Anforderungen können in gewünschte und dokumentierte Anforderungen unterteilt werden (IEEE 1990). Während eine dokumentierte Anforderung im Endprodukt enthalten sein muss, trifft dies bei einer gewünschten Anforderung nicht zu. Des Weiteren kann zwischen funktionalen und nicht funktionalen Anforderungen unterschieden werden. Unter nicht funktionalen Anforderungen werden qualitative Eigenschaften des Systems subsumiert (Gilb 1997). Dazu zählt beispielsweise die Wartbarkeit oder die Sicherheit. Funktionale Anforderungen beschreiben dagegen welche Funktionen ein IT-System implementieren muss (Ebert 2014). Neben diesen beiden Kategorien gibt es noch Rahmenbedingungen, die im Zuge des Requirements-Engineering definiert werden müssen. Diese können rechtlicher, technischer oder organisatorischer Natur sein. Beispielsweise kann gefordert werden, dass nur Bibliotheken eingesetzt werden, die unter einer bestimmten Lizenz veröffentlicht wurden oder einen rechtlich verbindenden Sicherheitsstandard einhalten.

Für das vorgeschlagene IT-Artefakt (Nissen u. a. 2016) können folgende Anforderungen definiert werden:

Anforderung F1. Die Benutzer sollen entweder weltweit oder aus dem Unternehmen heraus requiriert werden. Das heißt, der Zugriff auf das IT-System darf keine besondere Software auf dem Rechner des Teilnehmers voraussetzen. Daher soll die Interaktion über einen Webbrowser, bzw. Web-Anwendung stattfinden. Dies hat auch den Vorteil, dass im späteren Verlauf keine Einschränkungen bezüglich des Betriebssystems oder Endgeräts existieren (Balzert 2011, S. 197–200).

Anforderung F2. Die Experimente sollen auf einer Crowdsourcing-Plattform, z. B. AMT durchgeführt werden. Gleichzeitig soll es auch möglich sein die Experimente unternehmensintern, ohne die Nutzung einer Crowdsourcing-Plattform, durchzuführen.

Anforderung F3. Die Software soll die Ergebnisdaten der Experimente, z. B. die ausgefüllten Fragebögen, in einer Datenbank zur späteren Bearbeitung, speichern.

Anforderung F4. Zusätzlich soll die Zeit, die ein Proband zur Beendigung des Experiments benötigt hat, gespeichert werden.

Anforderung F5. Mit Hilfe der Anwendung soll es für die Probanden möglich sein mit ausführbaren BPMN Prozessmodellen zu interagieren. Daher muss eine BPMN konforme Process-Engine verwendet werden. Die Engine soll auch ein standardisiertes Austauschformat für die BPMN Prozessmodell unterstützen.

Neben den funktionalen Anforderungen (F1–F5) können auch qualitative Anforderungen beschrieben werden.

Anforderung Q1. Die Anwendung soll plattformunabhängig sein.

Anforderung Q2. Die Anwendung soll, sofern möglich, bereits existierende Bibliotheken und Programme verwenden.

Anforderung Q3. Die verwendeten Bibliotheken und Programme sollen unter eine Open-Source-Lizenz nutzbar sein. Dies ermöglicht die Herstellung der Interoperabilität. Zusätzlich fallen keine Lizenzgebühren an. So können die Experimente, im Sinne der Wissenschaftstheorie, reproduzierbar veröffentlicht bzw. durchgeführt werden.

9.2.2 Entwurf und Aufbau

Aus den Anforderungen kann die Umsetzung entworfen werden. Die dazu nötigen Bestandteile werden im Folgenden erläutert.

Bonita BPM

Es wurde gefordert, dass die Testumgebung mit ausführbaren BPMN-Prozessmodellen arbeiten kann. Daher wurden verschiedene BPMN Process-Engines evaluiert. Aufgrund der sehr guten Dokumentation wurde die BPM- und Workflowsuite Bonita BPM [1] ausgewählt. Bonita BPM, seit 2001 in der Entwicklung, ist in einer quelloffenen Version verfügbar, die plattformunabhängig ausführbar ist und seit 2009 kommerziell entwickelt wird (Chabanoles und Ozil 2015). Sie besteht aus einem graphischen Modellierungswerkzeug (Bonita BPM Studio), der eigentlichen Process-Engine und einer standardisierten Portal-Benutzeroberfläche. Mit dieser Oberfläche können die Anwender Aufgaben, die ihnen durch den Prozess zugeteilt wurden, verwalten und bearbeiten. Die Engine bzw. die Modellierungskomponente unterstützen BPMN 2.0 als Prozessmodellierungssprache. Auf die Bonita BPM Engine kann über eine REST Schnittstelle zugegriffen werden. Diese stellt alle relevanten API Methoden zur Verfügung, um externen Applikationen die Möglichkeit zu geben mit der Engine zu interagieren. So können Operationen auf Bonita BPM Objekten durchgeführt und mit den Prozessen, bzw. der Prozessinstanz, interagiert werden (Bonitasoft 2016).

Just Another Tool for Online Studies (Jatos)

Diese Open-Source Webanwendung zum Management von Onlineexperimenten wurde bereits bei der Durchführung der Experimente in Kapitel 8 erfolgreich eingesetzt. Mit diesem Tool können Onlineexperimente erstellt und verwaltet werden (Lange u. a. 2015). Die Administration erfolgt über eine HTML-basierte GUI. Die Anwendung basiert auf Java und ist daher serverseitig plattformunabhängig einsetzbar. Jatos Experimente können auf AMT veröffentlicht werden. Der Nutzer erklärt sich bereit an einem Experiment auf AMT teilzunehmen. Nachdem er einen Link angeklickt hat wird er auf das Experiment, welches von Jatos bereitgestellt wird, umgeleitet. Nachdem der Nutzer das Experiment erfolgreich beendet hat, wird ihm ein Token mitgeteilt. Dieser Token kann dann in AMT eingegeben werden und so die Bezahlung veranlasst werden. Jatos benötigt zur Durchführung der Experimente nicht zwangsweise AMT. Es reicht die URL zu veröffentlichen unter der das Experiment aufgerufen werden kann. In Jatos können Fragebögen hinterlegt werden. Die Ergebnisse werden in einer H2-Datenbank [2] gespeichert. Ein Jatos Experiment liefert in erster Linie eine Webseite aus. Das heißt, es ist möglich in diese Webseite weitere Javascript-Bibliotheken einzubinden. Jatos baut auf dem Play-Framework [3] auf, daher implementiert es eine Model-View-Controller Architektur. Dabei kapselt das Model die Speicherung und Verwaltung der Daten, der Controller implementiert die Geschäftslogik und stellt eine Verbindung zwischen der Model und der View-Schicht her. Der View ermöglicht mit dieser Logik

[1] http://www.bonitasoft.com/

[2] http://www.h2database.com/

[3] http://www.playframework.com/

und den Daten zu interagieren. Aus diesem Architekturmuster resultiert eine lose gekoppelte Anwendung.

AngularJS

AngularJS ist ein clientseitiges JavaScript Framework. Es implementiert das Model View View-Model Architekturmuster und wird vornehmlich bei der Entwicklung von Single-Page Webapplikationen (Spindler 2014) eingesetzt. Eine Besonderheit bei diesem Muster stellt die View-Schicht dar. Diese dient als Beobachter des ViewModels. Dadurch kann der View während der Laufzeit problemlos geändert werden (Garofalo 2011, S. 43; Steyer und Softic 2015, S. 35).

In AngularJS betrifft dies in erster Linie die Synchronisation zwischen View und Anwendungslogik. Hier verwendet AngularJS unidirektionale und bidirektionale Databindings. Kommt es zu einer Änderung im Model wird, sofern gewünscht, die entsprechende Repräsentation im View auch geändert (Tarasiewicz und Böhm 2014, S. 19–25; AngularJS 2016a; 2016b). Abbildung 9.1 illustriert, wie sich AngularJS in das MVC-Muster einbettet.

Zusammenspiel der einzelnen Komponenten

Die Herausforderung bei der Erstellung dieser Experimentalumgebung liegt in der Kommunikation zwischen den einzelnen Komponenten. Dieses Zusammenspiel wird in Abbildung 9.2 dargestellt. In ein Jatos Experiment kann ein AMT Token eingebaut werden, so dass das Experiment von der AMT Plattform aus aufrufbar und abrechenbar ist.

Innerhalb von Jatos werden Experimente erstellt. Diese beinhalten wiederum AngularJS Komponenten. Über diese Komponenten kann mit Bonita BPM kommuniziert werden. Diese Kommunikation findet dabei zustandslos über REST statt. REST (Representational State Transfer) bezeichnet dabei einen Architekturstil für verteilte Systeme und Webanwendungen (Fielding 2000). Dieser Stil legt Wert darauf eine einheitliche Schnittstelle auf eine Ressource zu schaffen. Die Ressource ist dabei eindeutig und konsistent adressierbar. Durch den Transfer von Daten auf eine Ressource kann der Zustand dieser Ressource verändert werden, bzw. in einen neuen übergehen. REST bedient sich dabei den HTTP Verben, wie in Tabelle 9.1 dargestellt, um die entsprechende Ressource zu manipulieren. Die weite Verbreitung von HTTP ermöglicht es REST-konforme Dienste in vielen Anwendungen zu konsumieren.

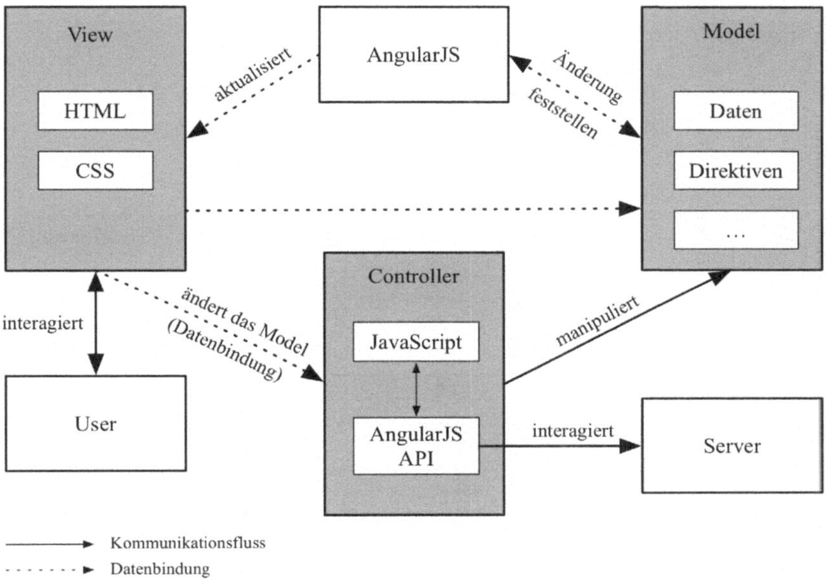

Abb. 9.1 AngularJS im Rahmen des MVC-Musters, in Anlehnung an (Gopinath 2015)

Nachdem an ein REST-Service eine Anfrage gestellt wurde, antwortet der Dienst mit einem entsprechenden HTTP Statuscode und ggf. den angeforderten Daten.

Abbildung **??** zeigt die Verknüpfung der einzelnen Komponenten und ihre verwendete Version. Bonita BPM und JATOS stellen dabei die zentralen Elemente dar. JATOS liegt in Version 2.1.9 vor, Bonita in der Version 7.3.3 in der Community Edition. Mit Hilfe von AngularJS wird mit der REST-Schnittstelle von Bonita BPM kommuniziert. AngularJS wird in der Version 1.5.9 verwendet.

9.2.3 Implementierung

Ziel der Implementierung ist es ein Prozessmodell in Bonita BPM auszuführen und über Jatos als Experiment auf AMT zu veröffentlichen. Dazu sind verschiedene Schritte notwendig. Zuerst muss das zu untersuchende Prozessmodell in Bonita BPM erstellt werden. Danach kann die Experimentalstruktur in JATOS angelegt

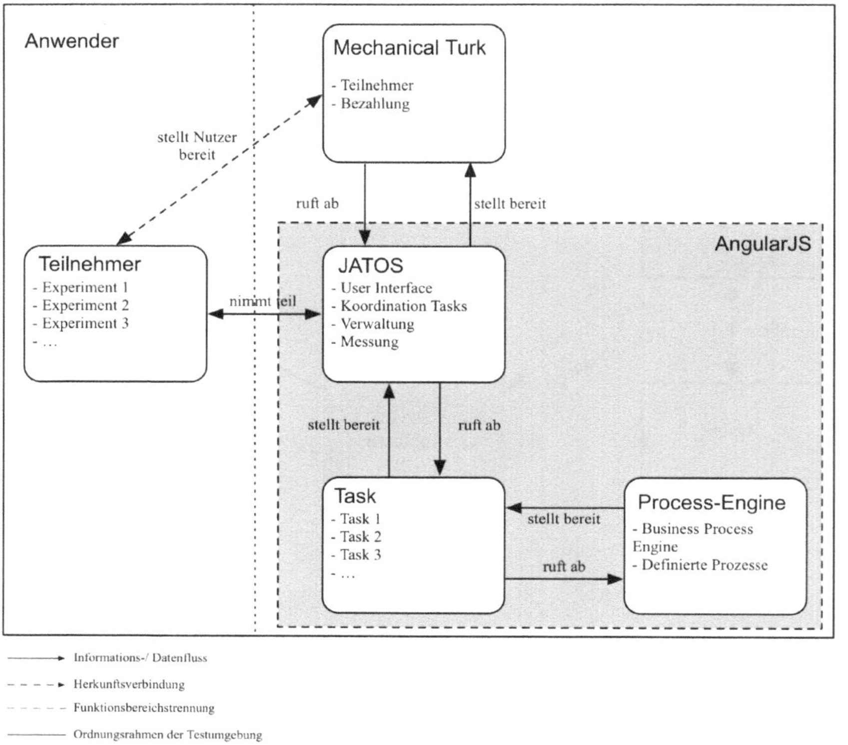

Abb. 9.2 Architekturentwurf der Testumgebung

werden. Über AngularJS kann nun innerhalb von Jatos mit Bonita BPM interagiert werden. Zuletzt, falls gewünscht kann das Experiment auf AMT veröffentlicht werden.

Erstellung des BPMN Prozessmodells in Bonita BPM

Um einen Prozess untersuchen zu können, muss dieser modelliert und als ausführbares Prozessmodell vorliegen. Der Prozess kann mit Hilfe des Bonita BPM Studios erstellt werden. Als Beispielprozess kommt im Folgenden ein Dienstreiseantragsprozess zum Einsatz, der bereits von Bonitasoft als Einführungsbeispiel be-

Tab. 9.1 HTTP-Methoden von REST

HTTP-Methode	*Aufgabe*
GET	Fragt die Repräsentation (Information) einer Ressource ab
PUT	Fügt einer bestehenden Ressource etwas hinzu
POST	Erzeugt eine neue Ressource oder ersetzt den Inhalt einer bestehenden
DELETE	Löscht eine Ressource

reitgestellt wurde[4]. Dieser kann einfach implementiert werden, ist allgemeingültig, hat eine betriebswirtschaftliche Relevanz und einen geringen Komplexitätsgrad.

Der Prozess besteht aus drei Arbeitsschritten, die von zwei Rollen, Manager und Mitarbeiter, bearbeitet werden. Der Mitarbeiter kann den Prozess starten und einen neuen Dienstreiseantrag per Formular erstellen und ggf. an den Vorgesetzten zur Freigabe weiterleiten. Das Formular enthält Felder zur Eingabe von Datum, Reisedauer, Ziel und den Grund der Reise. Dieser prüft den Antrag und kann diesen bewilligen oder ablehnen.

Abb. 9.3 Definiertes Prozessmodell in Bonita BPM

Der Prozess ist als BPMN Diagramm in Abbildung 9.3 dargestellt. Aus diesem Prozess lässt sich eine weitere Variante erstellen, indem die einzelnen Formularfelder in einzelne Eingabeschritte unterteilt werden. Insofern ergibt sich eine Variante, in der die Daten einmalig komplett eingegeben werden und eine Variante

[4]http://documentation.bonitasoft.com/?page=getting-started-tutorial

Tab. 9.2 Gegenüberstellung der Varianten des Prozessmodells

Prozessschritte	Step-by-Step-Ansatz	Gekoppelter Ansatz	Prozessschritte
Schritt 1	Submit travel request - departure date eintragen	Submit travel request -	
Schritt 2	Submit travel request - number of nights eintragen	departure date,	
Schritt 3	Submit travel request - hotel needed eintragen	number of nights,	Schritt1
Schritt 4	Submit travel request - destination eintragen	hotel needed,	
Schritt 5	Submit travel request - reason eintragen	destination, reason	
Schritt 6	Review travel request	Review travel request	Schritt 2
Schritt 7	Fragebogen ausfüllen	Fragebogen ausfüllen	Schritt 3

in der die Anzahl der Prozessschritte für den Mitarbeiter erhöht wird. Gleichzeitig wird die Information sequenziell abgefragt.

Dieses Beispiel ist sicherlich so nicht direkt in der betrieblichen Umwelt anzutreffen, illustriert jedoch gut wie Prozesse untersucht werden können und welche Unterschiede diese, bei gleichem Ergebnis, haben können. Tabelle 9.2 stellt beide Prozesse nochmals gegenüber.

Das graphische Modell ist jedoch noch nicht ausführbar. Um die Ausführbarkeit zu gewährleisten, müssen weitere Daten hinterlegt werden. Das Business Data Model (BDM) umfasst alle Business Objects (z. B. TravelRequest) des Prozesses. In Bonita BPM sind dies klassische Java-Objekte. Führt die Engine einen Prozess aus, werden die Objekte instantiiert und die Prozessvariablen (z. B. departureDate) entsprechend verwendet und falls nötig evaluiert. Nachdem der Prozess und das zugehörige BDM erstellt wurden, kann der Prozess auf der Engine installiert und verwendet werden.

Experiment in JATOS anlegen

Nachdem der Prozess erstellt wurde, kann in JATOS ein Experiment hinterlegt werden. Dazu werden die einzelnen Prozessschritte als JATOS-Komponenten angelegt.

Die Komponenten sind einzeln aktivierbar und kapseln alle notwendigen Bibliotheken sowie das notwendige HTML. In der HTML Datei selbst kann die GUI

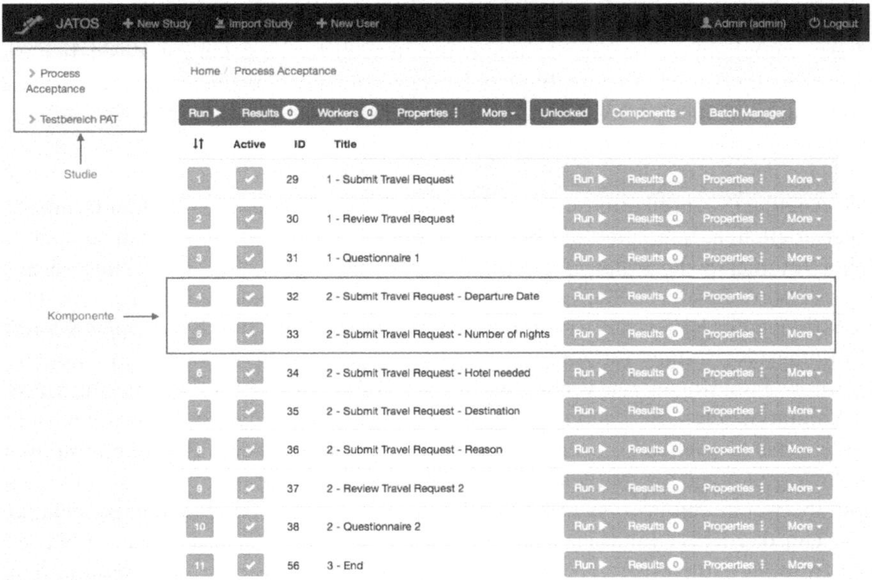

Abb. 9.4 JATOS - Studie und Komponenten

gestaltet und Javascript Bibliotheken geladen werden. Die HTML-GUI stellt interaktive Elemente und Formulare bereit. Die Übermittlung der Daten per HTTP bzw. REST geschieht im Hintergrund.

```
<html ng-app="SomeAppName"> <!-- $scope APP -->

  <head>
    // define dependencies
  </head>
  <body ng-controller="SomeController"> <!-- $scope Controller
      -->
    // do something
    // html, angularjs
    // {...}
  </body> <!-- End $scope Controller-->

</html> <!-- End $scope App-->
```

Listing 9.1 Aufbau des HTML-Grundgerüsts

In jeder Komponente muss die Jatos Javascript Bibliothek eingebunden werden. Diese ermöglicht es von einer Komponente zu nächsten zu gelangen. Zusätzlich ist es notwendig AngularJS einzubinden. Dies geschieht entsprechend der AngularJS-Konvention, indem per $ng - controller$ die entsprechende AngularJS App, wie in Listing 14 dargestellt, eingebunden wird.

Die AngularJS Applikation hat nun die Aufgabe die Interaktion mit dem Benutzer zu ermöglichen. Interagiert der Nutzer mit dem Prozess, z. B. durch Dateneingabe, leitet AngularJS die Daten über REST an Bonita BPM weiter. Dazu müssen die Cross Origin Resource Sharing (CORS) Filter entsprechend konfiguriert sein. Die Funktionen der REST-API von Bonita BPM werden dabei durch die Open-Source Bibliothek NgBonita[5] für AngularJS gekapselt. Das heißt, es stehen in AngularJS direkt Funktionen zur Verfügung um per HTTP bzw. REST mit Bonita BPM zu kommunizieren. So kann auf Prozesse und Aufgaben zugegriffen werden. Beispielsweise können auf diesem Weg Prozesse gestartet werden. Bonita nimmt diese Anfragen entgegen und leitet sie an die Process-Engine weiter. Diese verwaltet und überwacht den Prozess und führt die an sie gestellten Aufgaben entsprechend aus. Um das REST-Interface benutzen zu können, muss sich der Nutzer bei jeder Anfrage authentifizieren. Für diesen Zweck erstellt Bonita eine Session und ein Cookie der durch AngularJS verwaltet werden muss. Der Nutzeraccount muss dabei bereits in Bonita erstellt worden sein.

```
/**
 * username: walter.bates, helen.kelly
 * passwortd: bpm
 */

// 1. Authentifizierung
bonitaAuthentication
    .login('username', 'password')
    .then(doSomethingFn());

    // 2. Ausfuehrung
    function doSomethingFn() {
      // do something here

      // 3. Logout
      bonitaAuthentication.logout();
    }
```

Listing 9.2 Login-Funktionalität von Bonita BPM via REST-API

[5]https://github.com/rodriguelegall/ngBonita

Listing 9.2 stellt diesen Vorgang exemplarisch dar. Wie bereits beschrieben muss für jeden Prozessschritt ein Controller angelegt werden. So sind es im ersten Beispiel zwei, im zweiten Beispiel sechs Controller.

Im ersten Beispiel beginnt der Prozess nachdem die Webseite aufgerufen wurde, indem der Nutzer verschiedene Eingaben tätigt. Diese Komponente wird von JATOS ausgeliefert.

Im ersten Schritt muss die *pocessID* des installierten Prozesses abgefragt werden. Diese wird benötigt um mit dem Prozess zu interagieren. Ein *GET*-Request auf die URL $'/API/bpm/process?p = 0\&c = 10'$ [6] liefert eine Liste aller installierten Prozesse zurück. In der Community-Edition kann nur ein Prozess installiert werden, daher reicht diese Abfrage aus.

Um den Prozess zu starten, kann nun ein *POST*-Request, mit den in das Formular eingegebenen Nutzerdaten als Nutzlast, übermittelt werden. Bonita nimmt die Daten entgegen und legt eine neue Prozessinstanz an. Als Ergebnis wird die ID der Prozessinstanz und der entsprechende HTTP Statuscode zurückgegeben und der Nutzer kann vom System, durch einen entsprechenden Funktionsaufruf, abgemeldet werden.

```
var URL_BONITA    = 'http://localhost:8080/bonita';
var ProcessDataOp = {}; //initialise empty object

// processId: ID des installierten Prozesses
// requestPayload: Nutzereingaben als JSON-Objekt
ProcessDataOp.setProcessIdInUrl = function (processId,
    requestPayload) {
    return $http.post(URL_BONITA + '/API/bpm/process/' +
        processId + '/instantiation', requestPayload)
};
```

Listing 9.3 *HTTP-POST*-Request zur Übertragung von Daten an Bonita BPM

Die zurückgelieferte ID sollte von AngularJS lokal gespeichert werden. Im weiteren Verlauf können mit dieser ID weitere Anfragen gestellt werden, um auf die Daten der Instanz zuzugreifen. Dies ist beispielsweise bei der Prüfung des Dienstreiseantrags durch den Vorgesetzten der Fall. Dazu wird eine weitere Jatos-Komponente benötigt.

[6] Die *GET*-Parameter geben die Anzahl der Seiten und die maximal anzuzeigenden Ergebnisse pro Seite an.

```
var URL_BONITA            = 'http://localhost:8080/bonita';
var BUSINESS_DATA_MODEL = 'TravelRequest';
var ProcessDataOp         = {}; //initialise empty object

ProcessDataOp.setCaseIdInUrl = function (caseId) {
   return $http.get(URL_BONITA + '/API/bdm/businessDataReference
       /' + caseId + '/' + BUSINESS_DATA_MODEL);
};

{...}

// JSON-Objekt der Antwort zur GET-Abfrage
{"name":"travelRequest","type":"com.company.model.TravelRequest"
    ,"link":"API/bdm/businessData/com.company.model.
    TravelRequest/15","storageId":15,"storageId_string":"15"}
```

Listing 9.4 *HTTP-GET*-Abfrage mit caseId

Dazu sind zwei Abfragen notwendig. Zuerst muss mit der *caseId* das entsprechende Business Object Model abgefragt werden. Als Antwort gibt Bonita ein JSON-Array zurück, das die *storageID* enthält.

Eine weitere Abfrage liefert die entsprechenden Informationen. Diese können nun geprüft werden.

```
var URL_BONITA            = 'http://localhost:8080/bonita';
var BUSINESS_DATA_MODEL = 'com.company.model.';
var JAVA_OBJECT           = 'TravelRequest';
var ProcessDataOp         = {}; //initialise empty object

// storageId: Referenz-ID zu den getaetigten Nutzereingaben
ProcessDataOp.setStorageIdInUrl = function (storageId) {
    return $http.get(URL_BONITA + '/API/bdm/businessData/'+
        BUSINESS_DATA_MODEL + JAVA_OBJECT + '/' + storageId);
};

// JSON-Objekt der Antwort zur GET-Abfrage der storageId
{"persistenceId":17,"persistenceId_string":"17","
    persistenceVersion":0,"persistenceVersion_string":"0","
    userId":4,"userId_string":"4","departureDate":"Sat Dec 24
    01:00:00 CET 2016","numberOfNights":3,"hotelNeeded":true,"
    destination":"Hamburg","reason":"Christmas Business","status
    ":"pending","refusalReason":null}
```

Listing 9.5 *HTTP-GET*-Abfrage mit storageId

Der Antrag kann nun angenommen, abgelehnt oder archiviert werden. Wird der Antrag archiviert, kann dieser später nochmals bearbeitet werden. Zur Bearbeitung wird ein *PUT*-Request abgesetzt, der die Ressource verändert. Nachdem die Aufgabe ausgeführt wurde, sollte der Nutzer vom System abgemeldet werden.

```
var URL_BONITA          = 'http://localhost:8080/bonita';
var ProcessDataOp       = {}; //initialise empty object

ProcessDataOp.getActivityId = function () {
    return $http.get(URL_BONITA + '/API/bpm/activity?p=0&c=10')
};

var activityStatePayload = {"state": "skipped"};

// activityId: Task ID der Prozessinstanz
// activityStatePayload: JSON-Objekt zum Updaten der Ressource
ProcessDataOp.setStateForActivity = function (activityId,
    acitivityStatePayload) {
    return $http.put(URL_BONITA + '/API/bpm/humanTask/' +
        activityId, acitivityStatePayload);
};
```

Listing 9.6 Abfragen und Updaten der activityId-Ressource

Für das zweite Beispiel ist das Vorgehen analog. Der einzige Unterschied besteht in der Anzahl der Komponenten bzw. Controller.

Durchführung mit und ohne AMT

Nachdem das Experiment angelegt wurde, kann es verwendet werden. JATOS stellt dazu eine URL der Studie bereit, die an prospektive Teilnehmer verteilt werden kann. Ruft ein Proband diese auf, kann er das Experiment durchlaufen und im Anschluss den Fragebogen beantworten. Diese Art der Experimentdurchführung eignet sich, wenn innerhalb einer Organisation ein Prozess getestet werden soll. Besteht jedoch das Ziel den Prozess möglichst großflächig zu testen, empfiehlt es sich eine Crowdsourcing-Plattform (z. B. AMT) zu verwenden. Dazu muss ein von JATOS generierter Code in die auf AMT erstellte Aufgabe eingebunden werden. So kann von AMT aus der Link auf die JATOS-Studie aufgerufen werden.

9.2.4 Beispiele für zukünftige Experimente

Kapitel 5 beschreibt mögliche Einflussfaktoren der Prozessakzeptanz. Mit Hilfe des vorgestellten IT-Artefakts können diese nun systematisch untersucht werden. Dazu sollten für jede Variable mehrere Prozessmodelle erstellt werden. Die Anzahl der Modelle hängt dabei von den möglichen Ausprägungen der Treatmentvariable ab. Die Prozesse können mit einem Zweigruppenplan als Laborexperiment durchgeführt werden.

Interdependenz

Eine mögliche Variable, die bereits in Kapitel 3 und 5 diskutiert wurde, ist die Interdependenz der Prozessteilnehmer. Diese kann sich negativ auf die Prozessakzeptanz auswirken und sollte daher näher untersucht werden. Es müssen folglich zwei Prozesse modelliert werden, in denen einmal eine Abhängigkeit zwischen den Teilnehmern existiert und einmal nicht.

Das folgende Beispiel stellt ein Quiz dar, das zwei Teilnehmer spielen können. Die Anzahl der richtigen Antworten bestimmt die Gesamtpunktzahl. Im ersten Fall, in dem keine Interdependenz vorliegt, werden die Fragen beiden Teilnehmern gestellt. Derjenige, der die meisten Fragen richtig beantworten kann gewinnt das Quiz. Die Fragen werden dazu aus einer Datenbank geladen und dem Nutzer angezeigt. Nachdem der Nutzer die Frage beantwortet hat, prüft das System diese auf ihre Richtigkeit.

Im zweiten Fall erhöht sich die Anzahl der Punkte nur, wenn beide Teilnehmer die richtige Antwort angegeben haben. Das Prozessergebnis eines Teilnehmers ist, wie in Abbildung 9.5 dargestellt, vom Verhalten des anderen Teilnehmers abhängig.

Zeitliche Restriktion

Oft werden Prozesse umgangen, da Zeit- und Ressourcenrestriktionen vorliegen. Diese können ebenfalls als Treatmentvariable untersucht werden. Im folgenden Beispiel wird ein Prozess dargestellt, mit dem ein Zugticket gebucht werden kann. Während des Prozesses, dargestellt in Abbildung 9.6, muss der Nutzer verschiedene Eingaben tätigen. Nach erfolgreicher Buchung kann das Ticket ausgedruckt werden. In einer Variante ist eine zeitliche Begrenzung eingebaut. Das heißt, während der Nutzer mit dem Prozess interagiert reduziert sich ein Zähler und der Prozess wird abgebrochen. Es ist auch denkbar, dass dieser Zähler nur angezeigt wird

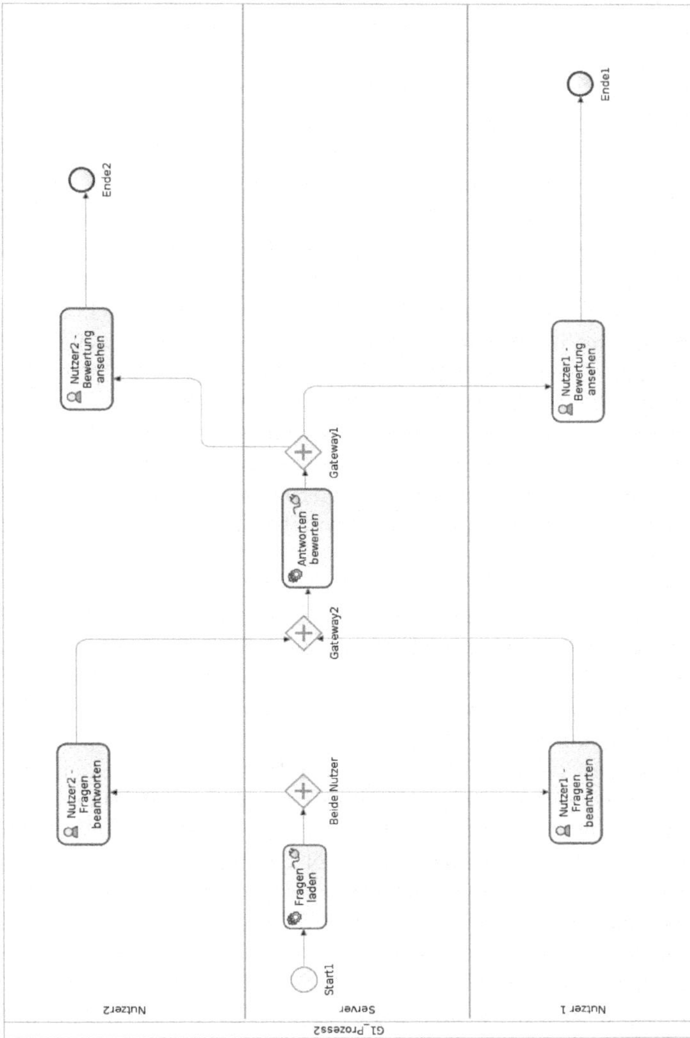

Abb. 9.5 Prozess: Quiz / Interdependenz

und so der Nutzer einem gewissen Stressniveau ausgesetzt wird. Wird der Prozess durch Ablauf des Timers abgebrochen, beginnt er von vorne und der Nutzer muss wiederum seine Daten eingeben. Offensichtlich sollte ein solcher Prozess in der Realität nicht verwendet werden. Durch Variation des Timers könnten aus diesem Experiment interessante Ergebnisse gewonnen werden.

9.2.5 Diskussion

Das vorgestellte IT-Artefakt ermöglicht es mit einer großen Anzahl von Teilnehmern Prozesse experimentell zu untersuchen. Dabei erleben die Probanden den Prozess, da sie mit diesem interagieren. Das IT-Artefakt erweitert das Methodenspektrum der Wirtschaftsinformatik. Die Verwendung von schon bestehenden Komponenten führt insgesamt zu einem akzeptablen Erstellungsaufwand. Durch die Verwendung von Bonita BPM können standardisierte BPMN Modelle verwendet werden. Die Modelle und die JATOS-Komponenten können exportiert und geteilt werden. So können alle Experimente von Dritten nachvollziehbar wiederholt werden. Neben der Forschung kann auch die betriebliche Praxis von dem IT-Artefakt profitieren. Die Untersuchung realer Prozesse kann zu empirisch verankerten Prozessverbesserungen führen. Dies stellt ein Wertbeitrag der Wirtschaftsinformatik dar.

Aus technischer Sicht kann das IT-Artefakt verbessert werden. Gegenwärtig werden zwei Datenbanken gleichzeitig verwendet. Die Umsetzung der Prozesse in Experimente mit JATOS erfordert ein gewisses Maß an Programmierkenntnissen. Es kann angenommen werden, dass die Anforderungen an den Entwickler mit der Prozesskomplexität steigen. In einer zukünftigen Version könnten durch eine automatische Codegenerierung Teile der JATOS-Komponenten automatisch erstellt werden. Dies würde zu geringeren Kosten bei der Erstellung der Komponenten führen. Das Umfeld der Webtechnologien ist sehr dynamisch. Beispielsweise gibt es bereits mit Angular 2 einen Nachfolger für AngularJS. Das heißt, insgesamt sollte das IT-Artefakt so angepasst werden, dass es mit den technischen Entwicklungen Schritt halten kann. JATOS unterstützt bisher nur AMT als Crowdsourcing-Plattform. Zukünftig sollten weitere Plattformen integriert werden. Insgesamt könnten auf diese Art nur ausführbare, digitale Prozesse untersucht werden. Es sollte bedacht werden, dass viele Prozesse gleichermaßen digitale und physische Aufgaben enthalten.

Zukünftig könnten weitere Variablen untersucht werden. Neben den in Kapitel 5.1.4 vorgestellten Variablen könnten auch verschiedene Referenzprozessmodelle

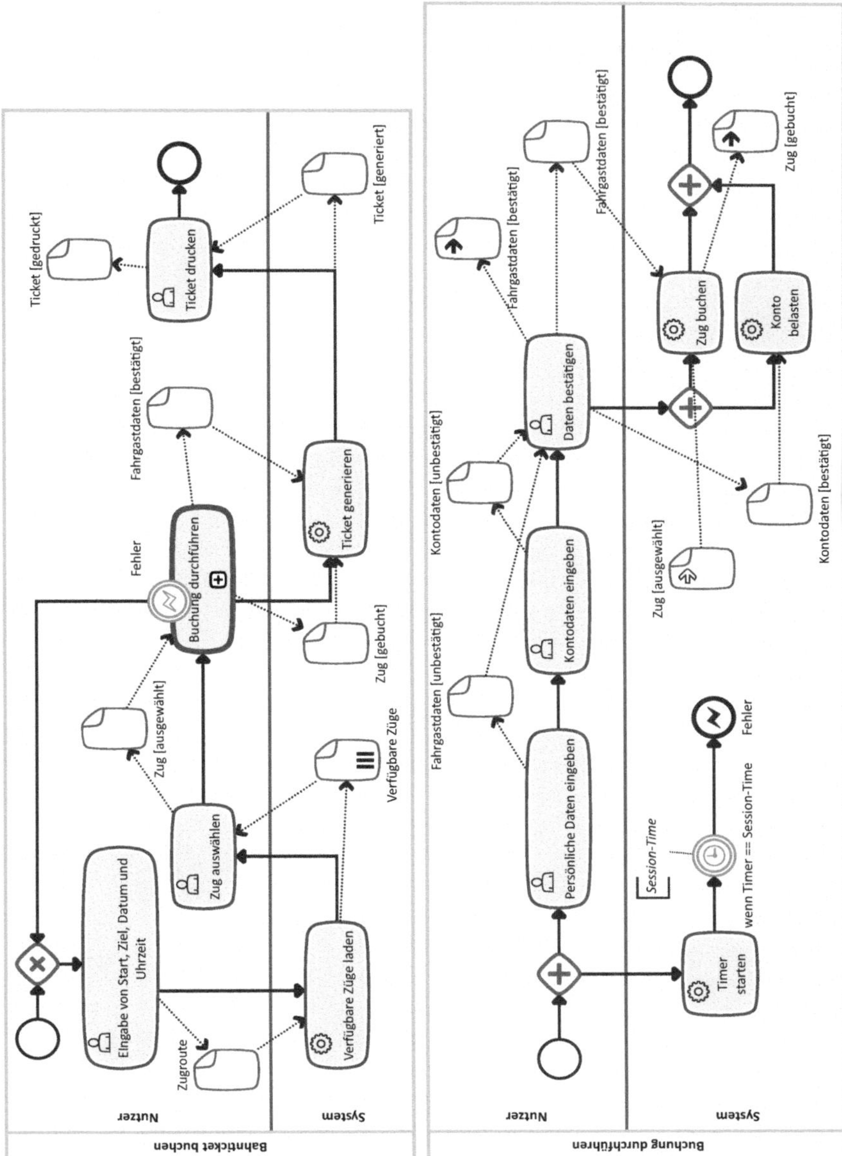

Abb. 9.6 Prozess: Buchung eines Zugtickets

gegeneinander evaluiert werden. Neben der Prozessakzeptanz könnten auch andere abhängige Variablen wie Zeit und Kosten untersucht werden.

Plattform teilautomatisiert getestet werden können. Dies stellt ein neues Verfahren dar. Dabei können auch andere Variablen als die Prozessakzeptanz im Mittelpunkt der Betrachtung stehen. Variablen wie Durchlaufzeiten und Kosten sind hier naheliegend. Insofern konnte die Arbeit ein neuartiges Werkzeug für die WI-Forschung entwickeln.

10.2.2 Einordnung der Prozessakzeptanz in das GPM

GPM ist ein strategisches Managementinstrument. Daher ist es von Interesse zu untersuchen wie die „Theorie der Prozessakzeptanz" in die bestehenden Phasenmodelle bzw. Lebenszyklusmodelle, wie in Kapitel 2.1.1 dargestellt, integriert werden kann. Am Beispiel des 7-Phasenmodells von Becker et al. soll dies nun exemplarisch erörtert werden. In der Modellierungsvorbereitung kann einerseits das Ziel der Erhöhung der Prozessakzeptanz verankert werden. Andererseits können schon in dieser Phase Werkzeuge ausgewählt werden, die dieses Ziel unterstützen. Denkbar ist hier, dass Modellierungswerkzeuge die hier vorgestellten Erkenntnisse aufnehmen. Dies könnte anhand eines hinterlegten Regelsatzes, der auf den zu modellierenden Prozess angewandt wird, geschehen. Ein solcher Regelsatz könnte beispielsweise das Prozessmodell statisch untersuchen und relevante Variablen, wie z. B. Interdependenzen, erkennen und den Nutzer darauf aufmerksam machen.

In Phase 2, die die strategischen Rahmenbedingungen festlegt, könnten schlecht akzeptierte Prozesse identifiziert werden. Gleichzeitig kann hier das Ziel der Prozessakzeptanz strategisch verankert werden. Die Identifikation zur Auswahl der zu modellierenden Prozesse könnte über Process-Mining, genauer Conformance-Mining geschehen. Es ist auch denkbar, dass vor allem teure oder wichtige Prozesse mit Priorität behandelt werden.

In Phase 3, der Ist-Analyse und Ist-Modellierung, könnten durch den Einsatz qualitativer sozialwissenschaftlicher Methoden während der Prozesserhebung mögliche Prozessakzeptanzprobleme erkannt werden. Bei bestehenden Prozessen könnte auch das hier entwickelte quantitative Messinstrument zur Erhebung der aktuellen Prozessakzeptanz zum Einsatz kommen. Geeignete Software und der Rückgriff auf die hier vorgestellten Erkenntnisse, wie z. B. in Kapitel 5 könnte die Sollmodellierung in Phase 4, 5 und 6 unterstützen.

Neu modellierte Prozesse könnten durch den Einsatz der in Kapitel 6 vorgestellten Vorgehensweise experimentell untersucht werden. Dabei kann mithilfe von Crowdsourcing auf eine große Anzahl externer Testpersonen zurückgegriffen werden. Sollen nur interne Mitarbeiter den Prozess testen, können auch nur diese als Grundgesamtheit ausgewählt werden.

In Phase 7, der kontinuierlichen Prozessverbesserung, lassen sich mehrere Instrumente einsetzen. So kann die Prozessakzeptanz quantitativ und qualitativ periodisch gemessen werden. Gleichzeitig können mögliche Abweichungen durch Conformance-Mining oder andere statistische Verfahren erkannt werden. Es ist beispielsweise denkbar, dass sich die Anzahl der Prozessdurchläufe bei sinkender Akzeptanz verändert. Da Akzeptanz sich im Zeitverlauf verändern kann, ist es sinnvoll kontinuierliche Messungen durchzuführen und somit die Prozessakzeptanz als weitere Kennzahl in die existierenden KPIs aufzunehmen. Werden Akzeptanzprobleme erkannt, kann das Phasenmodell erneut durchlaufen werden.

10.3 Implikationen für Forschung und Praxis

10.3.1 Empfehlungen zur Erhöhung der Prozessakzeptanz

Die Arbeit zeigt, dass Menschen Prozesse unterschiedlich wahrnehmen. Ein gutes Prozessdesign entscheidet über den Erfolg eines Service-Systems. Die folgenden Empfehlungen ergeben sich aus der qualitativen Untersuchung in Kapitel 4 und den Experimenten bzw. der Erhebung in Kapitel 8. Leider konnten nicht alle aussichtsreichen Einflussvariablen untersucht werden.

Die Ergebnisse lassen sich wie folgt aufteilen:

- Es hat sich gezeigt, dass Prozesse die das gleiche Ergebnis liefern unterschiedlich akzeptiert werden. Daraus folgt, dass die vorgeschlagene Theorie der Prozessakzeptanz nicht falsifiziert werden konnte.

- Prozesse werden unterschiedlich wahrgenommen. Prozessdesigner sollten insgesamt ihre Zielgruppe, also die Prozesskunden, kennen. Die Ergebnisse der Experimente deuten darauf hin, dass insbesondere das Alter eine wichtige Variable darstellt. Die Prozessakzeptanz korreliert dabei positiv mit dem Alter. Gleichzeitig scheint es der Fall zu sein, dass ältere Menschen wohl strukturierte Prozesse eher schätzen.

- Die Prozessakzeptanz kann durch eine überlegte Modellierung erhöht werden. Es empfiehlt sich insbesondere Schleifen, Interdependenzen und Wiederholungen in den Prozessen kritisch zu überdenken. Auch sollten unnötige Arbeitsschritte vermieden oder falls möglich automatisiert werden. Dadurch kann die empfundene Prozesslänge reduziert werden. Hoher Abstimmungsbedarf durch Kommunikation wirkt sich ebenfalls negativ auf die Prozessakzeptanz aus. Prozesse sollten dem Prozesskunden und anderen Stakeholdern den Status der aktuellen Prozessinstanz mitteilen. Zusätzlich ist es erstrebenswert Prozesse fehlertolerant zu gestalten. Prozesse innerhalb einer Organisation profitieren ebenfalls von Konsistenz und Standardisierung.

Prozesse können helfen Transparenz und Vertrauen zu schaffen. Insbesondere misstrauische Menschen zeigten in den Experimenten eine höhere Prozessakzeptanz. Das heißt, überall dort wo Transparenz und Vertrauen geschaffen werden muss, sollten prinzipiell Prozesse eingeführt werden. Gleichermaßen helfen Prozesse Personen die misstrauisch veranlagt sind. Prozesse schränken durch ihre normative Art Freiheitsgerade ein. Die Erhebung aus Kapitel 8 legt nahe, dass auch psychologische Variablen auf die Prozessakzeptanz einwirken. Individualistisch veranlagte Menschen bewerten Prozesse eher schlechter. Daher kann der Hinweis gegeben werden, dass bei Prozessen, die kreative individualistische Personen als Prozesskunden haben, Wert darauf gelegt werden sollte mögliche Freiheitsgerade während des Prozesses zu erhalten. Daraus folgt, dass die Prozessbeteiligten bereits bei der Prozessgestaltung und Einführung mit einbezogen werden sollten.

Insgesamt sollten Prozesse innerhalb einer sinnvollen Kommunikations- und Einführungsstrategie sachlich und ruhig implementiert werden. Dabei ist es notwendig Umwelteinflüsse und andere Zeit- und Ressourcenrestriktionen zu beachten. Gleichermaßen ist es unumgänglich, dass Prozesse gewartet und ausnahmslos, d.h. ohne „Chefauftrag“, angewendet werden.

Die hier vorgestellten Ergebnisse lassen sich auch aus einer negativen Perspektive anwenden. Dies entspricht zwar nicht dem in der Prozessakzeptanz innewohnenden humanistischen Gedanken, ist prinzipiell jedoch möglich. Soll ein Prozess tendenziell eher weniger oft oder gar nicht angestoßen oder durchgeführt werden, kann der Prozess auch im Hinblick auf eine negative Prozessakzeptanz entwickelt werden. Ein solcher Prozess, der möglicherweise kurzfristig Kosten einspart, könnte sich jedoch mittelfristig negativ auf den Unternehmenserfolg auswirken.

10.3.2 Limitationen und zukünftiger Forschungsbedarf

Im Rahmen der vorliegenden Arbeit konnten aus forschungssökonomischen Gründen nicht alle aufgedeckten Variablen untersucht werden. Es wurde jedoch exemplarisch gezeigt, wie eine solche experimentelle Überprüfung durchgeführt werden kann. Aus der gewählten Untersuchungsmethode ergeben sich auch Limitationen. So muss festgestellt werden, dass die Experimente nicht alle möglichen Einfluss- und Störvariablen abdecken können. Auch wurde ein abstrakter künstlicher Kontext verwendet. In zukünftigen Forschungsarbeiten könnten weitere einflussreiche Variablen aufgedeckt und untersucht werden. Dazu bieten sich insbesondere die in Kapitel 5 bereits beschriebenen Variablen an. Diese zukünftigen Untersuchungen sollten insbesondere in einen betrieblichen Kontext eingebettet werden. Dadurch entsteht erst die Möglichkeit Variablen, wie z. B. die Motivation oder erhaltene Schulungen, sinnvoll zu erheben. Auch die Frage nach der Rückkopplung akzeptierter Prozesse auf die Organisation und auf das Subjekt könnte untersucht werden. Allgemein eignen sich dafür explorative quantitative oder qualitative Methoden, wie z. B. Interviews und Fallstudien. Zusätzlich erscheint es lohnenswert weitere Datenquellen, wie z. B. Datenbanken des Beschwerdemanagements oder Bugtracker, zu erschließen.

Gleichzeitig könnten auch Process-Mining Verfahren eingesetzt werden, um Abweichungen zu erkennen. Dafür sind jedoch entsprechende Log-Daten notwendig. Die so entdeckten Variablen könnten dann wiederum experimentell untersucht werden. Insgesamt erscheint der Einsatz verschiedener Methoden sinnvoll, die im Rahmen einer Methodentriangulation eingesetzt werden können.

Eine weitere Forschungsrichtung umfasst die Entdeckung der Strukturzusammenhänge und Wechselwirkungen der Variablen und der einzelnen Dimensionen der Akzeptanz. Die Wechselwirkungen zwischen den Variablen sind insbesondere für die Praxis von Interesse, da Prozesse oft mehrere der hier zur Untersuchung vorgeschlagenen Variablen enthalten. Gleichzeitig sollte untersucht werden, welche Strukturzusammenhänge zwischen Objekt, Subjekt und Kontext existieren. Insbesondere die Art und Größe der Wirkbeziehungen könnte aufschlussreich sein. Ergebnisse einer solchen Untersuchung könnten bei einer Priorisierung möglicher Investitionen in Subjekt, Objekt und Kontext helfen. Insgesamt können auch die Untersuchungsmethoden ausgeweitet werden. In einer Methodentriangulation könnten sowohl quantitative als auch qualitative Methoden kombiniert werden. Insbesondere die Einbeziehung von Process-Mining Verfahren erscheint hierbei aussichtsreich.

Das vorliegende Messinstrument basiert auf dem in Kapitel 6 beschriebenen C-OAR-SE Ansatz. Bei der Entwicklung wurde besonderer Wert darauf gelegt einen kurzen Fragebogen zu entwickeln. Insofern ergeben sich daraus mögliche Verbesserungspotentiale. Neben einem anderen theoretischen Ansatz (MTMM) könnte das vorliegende Messinstrument auch erweitert bzw. verfeinert werden.

Die hier vorgestellten Ergebnisse könnten auch in eine Software zur Modellierungsunterstützung und Analyse einfließen. Ähnlich einer statischen Codeanalyse in der Softwareentwicklung könnten Prozessmodelle analysiert werden. Aus zukünftigen sowie aus den vorliegenden Ergebnissen könnten Regelsätze erzeugt werden, mit denen sich ein Prozessmodell auf mögliche Prozessakzeptanzprobleme überprüfen lässt.

Als weiterer Forschungsansatz bietet es sich an, die Wirkung von Maßnahmen zur Erhöhung der Prozessakzeptanz, in einer Längsschnittstudie, auf den Unternehmenserfolg zu untersuchen.

Literaturverzeichnis

Afuah, A, Tucci, CL (2012) Crowdsourcing as a solution to distant search. Academy of Management Review 37(3): 355–375.

Ajzen, I (1985), „From Intentions to Actions: A Theory of Planned Behavior“, en, In: *Action Control* Kuhl, PDJ, Beckmann, DJ (Hrsg), SSSP Springer Series in Social Psychology, Springer Berlin Heidelberg, S. 11–39.

Ajzen, I, Fishbein, M, Heilbroner, RL (1980) Understanding Attitudes and Predicting Social Behavior. Revised. Prentice Hall, Englewood Cliffs, N.J.

Allerbeck, M, Helmreich, R (1984) Akzeptanz planen – aber wie? Office Management 13(11): 1080–1082.

Allweyer, T (2005) Geschäftsprozessmanagement. 1. Aufl. W3l.

Alonso, O, Lease, M (2011), „Crowdsourcing 101: putting the WSDM of crowds to work for you.“, In: *WSDM 11: Proceedings of the fourth ACM international conference on Web search and data mining*, S. 1–2.

Alter, S (2000) Information Systems: A management perspective Addison-Wesley.

Alter, S (2014) Theory of Workarounds. Communications of the Association for Information Systems 34(55).

AngularJS (2016a), *Conceptual Overview*, https://docs.angularjs.org/guide/concepts, Zugriff am 2016-11-01.

AngularJS (2016b), *Data Bindung*, https://docs.angularjs.org/guide/databinding, Zugriff am 2016-11-01.

Antunes, A, Rupino da Cunha, P (2013), „Business Processes The Way They Should Be: Tuning For Low Friction And Sustainability“, In: *Proceedings of the 21st European Conference on Information Systems*, S. 1–12.

Archive, ESSD (2014), *European Social Survey, ESS Round 7.*

Azad, B, King, N (2008) Enacting computer workaround practices within a medication dispensing system. European Journal of Information Systems 17(3): 264–278.

T. Müllerleile, *Prozessakzeptanz*, Forschung zur Digitalisierung der Wirtschaft | Advanced Studies in Business Digitization, https://doi.org/10.1007/978-3-658-27103-9

Azzouzi, S, Cremer, M, Dettmar, U, Kronberger, R, Knie, T (2011), „New measurement results for the localization of uhf rfid transponders using an angle of arrival (aoa) approach“, In: *RFID (RFID), 2011 IEEE International Conference on*, IEEE, S. 91–97.

Bachmat, E, Berend, D, Sapir, L, Skiena, S, Stolyarov, N (2009) Analysis of Airplane Boarding Times. Oper. Res. 57(2): 499–513.

Baddoo, N, Hall, T (2003) De-motivators for software process improvement: an analysis of practitioners' views. Journal of Systems and Software 66(1): 23–33.

Bagozzi, RP (2007) The Legacy of the Technology Acceptance Model and a Proposal for a Paradigm Shift. Journal of the Association for Information Systems 8(4): 3.

Bahl, P, Padmanabhan, VN (2000), „RADAR: An in-building RF-based user location and tracking system“, In: *INFOCOM 2000. Nineteenth Annual Joint Conference of the IEEE Computer and Communications Societies. Proceedings. IEEE*, Bd. 2, Ieee, S. 775–784.

Balzert, H (2011) Lehrbuch der Softwaretechnik: Entwurf, Implementierung, Installation und Betrieb. 3. Aufl. Springer Spektrum.

BBC News (2013), *EasyJet Sees Profits Boost Through Seat Booking Option*, http://www.bbc.co.uk/news/business-24997505.

Beck, U (1986) Risikogesellschaft. Auf dem Weg in eine andere Moderne. Auflage: 1. Suhrkamp Verlag, Frankfurt am Main.

Becker, J, Algermissen, L, Delfmann, P, Niehaves, B (2004), „Prozessorientierte Reorganisation in öffentlichen Verwaltungen—Erfahrungen bei der Anwendung eines Referenzvorgehensmodells“, In: *Referenzmodellierung*, Springer, S. 151–175.

Becker, J, Kugeler, M, Rosemann, M (2011) Process management: a guide for the design of business processes Springer, Berlin; London.

Becker, J, Kugeler, M, Rosemann, M (2012) Prozessmanagement: Ein Leitfaden zur prozessorientierten Organisationsgestaltung. Auflage: 7., korr. und erw. Aufl. 2012 Springer Gabler, S.l.

Becker, J, Pfeiffer, D (2006a), „Beziehungen zwischen behavioristischer und konstruktionsorientierter Forschung in der Wirtschaftsinformatik“, In: *Fortschritt in den Wirtschaftswissenschaften* Zelewski, S, Akca, N (Hrsg), DUV, S. 1–17.

Becker, J, Pfeiffer, D (2006b) Konzeptionelle Modellierung-ein wissenschaftstheoretischer Forschungsleitfaden. Multikonferenz Wirtschaftsinformatik 2(): 3–19.

Becker, J, Probandt, W, Vering, O (2012) Grundsätze ordnungsmäßiger Modellierung - Konzeption und Praxisbeispiel für ein effizientes Prozessmanagement Springer Berlin Heidelberg.

Becker, J, Rosemann, M, Schütte, R (1995) Grundsätze ordnungsmäßiger modellierung. Wirtschaftsinformatik 37(5): 435–445.

Beckman, SL, Barry, M (2007) Innovation as a Learning Process: Embedding Design Thinking. California Management Review 50(1).

Behrens, S (2009) Shadow systems: The good, the bad and the ugly. Communications of the ACM 52(2): 124–129.

Bendoly, E, Cotteleer, MJ (2008) Understanding behavioral sources of process variation following enterprise system deployment. Journal of Operations Management 26(1): 23–44.

Bergkvist, L, Rossiter, JR (2007) The predictive validity of multiple-item versus single-item measures of the same constructs. Journal of marketing research 44(2): 175–184.

Berinsky, AJ, Huber, GA, Lenz, GS (2012) Evaluating Online Labor Markets for Experimental Research: Amazon.com's Mechanical Turk. Political Analysis 20(3): 351–368.

Biernacki, P, Waldorf, D (1981) Snowball Sampling: Problems and Techniques of Chain Referral Sampling. en. Sociological Methods & Research 10(2): 141–163.

BMWI (2015), *Impulse für Wachstum, Beschäftigung und Innovation*, Techn. Ber.

Bonitasoft (2016), *Bonita BPM 7.3 – REST API overview*, http://documentation.bonitasoft.com/?page=rest-api-overview, Zugriff am 2016-11-19. Login erforderlich.

Bortz, J, Döring, N (2009) Forschungsmethoden und Evaluation: Für Human- und Sozialwissenschaftler. 4., überarb. Aufl., Nachdr. Springer-Medizin-Verl., Heidelberg.

Bortz, J, Weber, R (2005) Statistik für Human- und Sozialwissenschaftler: mit 242 Tabellen. 6., vollst. überarb. und aktualisierte Aufl. Springer Medizin, Heidelberg.

Borucka-Arctowa, M (1975) Die gesellschaftliche Wirkung des Rechts. Auflage: 1 Duncker & Humblot, Berlin.

Bourdieu, P (1987) Die feinen Unterschiede. Kritik der gesellschaftlichen Urteilskraft. Auflage: 23 Suhrkamp, Frankfurt am Main.

Bowersox, DJ, Closs, DJ, Drayer, RW (2005) The digital transformation: technology and beyond. Supply Chain Management Review 9(1): 22–29.

Brehm, J (1966) Theory of psychological reactance. In: Burke, WW, Lake, DG, Paine, JW Organization Change: A Comprehensive Reader. John Wiley & Sons.

Breithaupt, M (1986) Die Akzeptanz des Zerrüttungsprinzips des 1. EheRG V. Florentz.

Bucur, B, Madden, D (2007), „Information Processing/Cognition", In: *Encyclopedia of Gerontology (Second Edition)* Birren, JE (Hrsg), Second Edition, New York: Elsevier, S. 749–758.

Buhrmester, M, Kwang, T, Gosling, SD (2011) Amazon's Mechanical Turk a new source of inexpensive, yet high-quality, data? Perspectives on psychological science 6(1): 3–5.

Business Rules Group (2014) BRG: Defining 'Business Rule'. businessrulesgroup.org/defnbrg.shtml. Abruf am 2014-8-15.

Buzacott, JA (1996) Commonalities in reengineered business processes: models and issues. Management Science 42(5): 768–782.

Campbell, DT, Fiske, DW (1959) Convergent and discriminant validation by the multitrait-multimethod matrix. Psychological bulletin 56(2): 81.

Campbell, P (2013), *EasyJet Lures Older Fliers by Ending the Scramble for Seats: Profits Surge by 50% After Change in Policy*, http://www.dailymail.co.uk/news/article-2510268/easyJet-lures-older-fliers-ending-scramble-seats-Profits-surge-50-change-policy.html.

Casler, K, Bickel, L, Hackett, E (2013) Separate but Equal? A Comparison of Participants and Data Gathered via Amazon's MTurk, Social Media, and Face-to-face Behavioral Testing. Comput. Hum. Behav. 29(6): 2156–2160.

Chabanoles, N, Ozil, P (2015), „Bonita BPM: an open-source BPM-based application development platform to build adaptable business applications“, In: *Proceedings of the BPM Demo Session 2015 Co-located with the 13th International Conference on Business Process Management (BPM 2015), Innsbruck, Austria, September 2, 2015*. S. 21–24.

Chademo (2016), *The Chademo consortium*, Techn. Ber.

Charmaz, KC (2006) Constructing Grounded Theory: A Practical Guide Through Qualitative Analysis Sage Publications Ltd, London ; Thousand Oaks, Calif.

Churchill Jr, GA (1979) A paradigm for developing better measures of marketing constructs. Journal of marketing research (): 64–73.

Coase, RH (1937) The Nature of the Firm. Economica 4(16): 386–405.

Corbin, JM, Strauss, AC (2015) Basics of Qualitative Research: Techniques and Procedures for Developing Grounded Theory. Auflage: Revised. Sage Pubn Inc, Thousand Oaks, CA.

Crowston, K (2012), „Amazon mechanical turk: a research tool for organizations and information systems scholars“, In: *Shaping the Future of ICT Research. Methods and Approaches*, Springer, S. 210–221.

Cugola, G, Di Nitto, E, Fuggetta, A, Ghezzi, C (1996) A framework for formalizing inconsistencies and deviations in human-centered systems. ACM Transactions on Software Engineering and Methodology (TOSEM) 5(3): 191–230.

Dahling, JJ, Whitaker, BG, Levy, PE (2008) The Development and Validation of a New Machiavellianism Scale. en. Journal of Management 35(2): 219–257.

Davenport, TH, Markus, ML (1999) Rigor vs. relevance revisited: Response to Benbasat and Zmud. MIS Quarterly 23(1): 19–23.

Davis, FD (1986), „A Technology Acceptance Model for Empirically Testing New End-User Information Systems: Theory and Results“, Diss., Massachuestts Institute of Technology.

Davis, FD (1989) Perceived Usefulness, Perceived Ease of Use, and User Acceptance of Information Technology. MIS Quarterly 13(3): 319.

Davis, FD, Bagozzi, RP, Warshaw, PR (1989) User acceptance of computer technology: a comparison of two theoretical models. Management science 35(8): 982–1003.

Degenhardt, W (1986) Akzeptanzforschung zu Bildschirmtext: Methoden und Ergebnisse R. Fischer, München.

Degerli, M (2012), „Identifying Factors Influencing the Acceptance Of Processes: An Empirical Investigation using the Structural Equation Modeling Approach“, Magisterarb.

Derby, CA, Lapane, KL, Feldman, HA, Carleton, RA (2001) Possible Effect of DRGs on the Classification of Stroke Implications for Epidemiological Surveillance. Stroke 32(7): 1487–1491.

Dethloff, C (2004) Akzeptanz und Nicht-Akzeptanz von technischen Produktinnovationen. Auflage: 1., Aufl. Pabst Science Publishers, Lengerich; Berlin; Bremen; Miami; Riga; Viernheim; Wien; Zagreb.

Diamantopoulos, A (2005) The C-OAR-SE procedure for scale development in marketing: a comment. International Journal of Research in Marketing 22(1): 1–9.

Earl, M, Khan, B (1994) How new is business process redesign? European Management Journal 12(1): 20–30.

EasyJet plc (2013), *Annual Report. easyJet.* http://2012annualreport.easyJet.com/downloads/PDFs/Full_Annual_Report_2012.pdf, Finanzbericht.

Ebert, C (2014) Systematisches Requirements Engineering – Anforderungen ermitteln, dokumentieren, analysieren und verwaltne. 5. Aufl. Dpunkt.Verlag GmbH, Heidelberg.

Edmondson, AC, McManus, SE (2007) Methodological fit in management field research. Academy of management review 32(4): 1246–1264.

Edwards, JR, Bagozzi, RP (2000) On the nature and direction of relationships between constructs and measures. Psychological Methods 5(2): 155–174.

Eisel, M, Hildebrandt, B, Kolbe, L, Schmidt, J (2015), „Applying Demand Response Programs for Electric Vehicle Fleets“, In: *Proceedings of the 21st Americas Conference on Information Systems (AMCIS) 2015, Puerto Rico.*

Eldridge, NE, Woods, SS, Bonello, RS, Clutter, K, Ellingson, L, Harris, MA, Livingston, BK, Bagian, JP, Danko, LH, Dunn, EJ, Parlier, RL, Pederson, C, Reichling, KJ, Roselle, GA, Wright, SM (2006) Using the Six Sigma Process to Implement the Centers for Disease Control and Prevention Guideline for Hand Hygiene in 4 Intensive Care Units. Journal of General Internal Medicine 21(S2): S35–S42.

Ellis, C, Keddara, K, Rozenberg, G (1995), „Dynamic Change Within Workflow Systems“, In: *Proceedings of Conference on Organizational Computing Systems*, COCS ’95, New York, NY, USA: ACM, S. 10–21.

Endruweit, G, Trommsdorff, G (2002) Wörterbuch der Soziologie. Auflage: 2., völlig neu bearb. Aufl. UTB, Stuttgart, Stuttgart.

Engisch, K (1982) Auf der Suche nach der Gerechtigkeit. Hauptthemen der Rechtsphilosophie Piper Verlag GmbH, München.

Englisch, M, Ewert-Altenhain, D, Klein, M, Scholl, C, Steffen, J, Górniak, M, Petzoldt, J, Schäfer, K, Weßels, N (2015) TUD - E-Learning - Versuchsplanung - Wichtige Begriffe von A-Z - Hypothesenarten. http://elearning.tu-dresden.de/versuchsplanung/e35/e286/e707/. Abruf am 2015-6-14.

ENTSO-E (2016), *Yearly Statistics & Adequacy Retrospect 2014 – European electricity System Data*, Techn. Ber., European Network of Transmission System Operators for Electricity (ENTSO-E).

Estellés-Arolas, E, González-Ladrón-De-Guevara, F (2012) Towards an integrated crowdsourcing definition. Journal of Information science 38(2): 189–200.

Fan, YW, Wu, CC (2011), „The Role of Social Capital in Knowledge Sharing: A Meta-Analytic Review“, In: Bd. 0, Los Alamitos, CA, USA: IEEE Computer Society, S. 1–10.

Ferneley, EH, Sobreperez, P (2006) Resist, comply or workaround? An examination of different facets of user engagement with information systems. en. European Journal of Information Systems 15(4): 345–356.

Fielding, RT (2000), „Architectural Styles and the Design of Network-based Software Architectures“, Diss., University of California.

Filipp, H (1996) Akzeptanz von Netzdiensten und Netzanwendungen: Entwicklung eines Instruments zur permanenten Akzeptanzkontrolle Universität Karlsruhe.

Fischermanns, G (2006) Praxishandbuch Prozessmanagement: Grundlagen der Prozessorganisation. Auflage: 6., Aufl. Schmidt, Götz, Gießen.

Fishbein, M, Ajzen, I (1975) Belief, attitude, intention, and behavior: an introduction to theory and research Addison-Wesley Pub. Co.

Flath, C, Ilg, J, Weinhardt, C (2012), „Decision support for electric vehicle charging“, In: *AMCIS 2012 Proceedings*.

Frei, FX, Kalakota, R, Marx, LMM (1999), *Process Variation as a Determinant of Service Quality and Bank Performance: Evidence from the Retail Banking Study*, Working Paper 97-36, Wharton.

Gadenne, V (1999), „Der kritische Rationalismus und die Rolle von Theorien in der Wirtschaftsinformatik“, In: *Wirtschaftsinformatik und Wissenschaftstheorie - Grundpositionen und Theoriekerne* Schütte, R; Siedentopf, J, Zelewski, S (Hrsg).

Garofalo, R (2011) Building Enterprise Applications with Windows Presentation Foundation and the Model View ViewModel Pattern Microsoft Press.

Gasser, L (1986) The integration of computing and routine work. ACM Transactions on Information Systems (TOIS) 4(3): 205–225.

Gilb, T (1997) Towards the engineering of requirements. Requirements Engineering 2(3): 165–169.

Glaser, BG, Strauss, AL (1999) The Discovery of Grounded Theory: Strategies for Qualitative Research. Auflage: 0008 Aldine Pub, Chicago.

Goodhue, DL, Thompson, RL (1995) Task-Technology Fit and Individual Performance. MIS Quarterly 19(2): 213.

Gopinath, S (2015), *AngularJS-Superheroic JavaScript MVW Framework*, https://www.edureka.co/blog/webinars/angularjs-superheroic-javascript-mvw-framework-2/.

Grundwald, A (2003) Eine Stellungnahme aus Sicht der klassischen Technikfolgenabschätzung. In: Giesecke, S (Hrsg) Technikakzeptanz durch Nutzerintegration? : Beiträge zur Innovations- und Technikanalyse. VDI - Technologiezentrum, Teltow.

Hallerbach, A, Bauer, T, Reichert, M (2008), „Managing Process Variants in the Process Lifecycle.“, In: *10th Int'l Conf. on Enterprise Information Systems (ICEIS'08)*, S. 154–161.

Hamby, T, Taylor, W (2016) Survey Satisficing Inflates Reliability and Validity Measures: An Experimental Comparison of College and Amazon Mechanical Turk Samples. Educational and Psychological Measurement 76(6).

Hammer, M, Champy, J (1994) Reengineering the Corporation: A Manifesto for Business Revolution. Auflage: Reprint HarperBusiness, New York, NY.

Hammon, L, Hippner, H (2012) Crowdsourcing. WIRTSCHAFTSINFORMATIK 54(3): 165–168.

Harmelink, M, Voogt, M, Cremer, C (2006) Analysing the effectiveness of renewable energy supporting policies in the European Union. Energy Policy 34(3): 343–351.

Helfferich, C (2010) Die Qualität Qualitativer Daten: Manual für die Durchführung qualitativer Interviews. 4. Aufl. 2011 VS Verlag für Sozialwissenschaften.

Helmreich, R (1981) Auf die Akzeptanz kommt es an! Grundlagenforschung zur Akzeptanz neuer Technik im Büro. data report 16(4): 5–8.

Helmreich, R (1980) Was ist Akzeptanzforschung? Elektronische Rechenanlagen 22(1): 21–24.

Hempel, CG, Oppenheim, P (1948) Studies in the Logic of Explanation. Philosophy of Science 15(2): 135–175.

Hermanns, A (2013) Anwender-Akzeptanz und Bewertung unbemannter Flugsysteme ("Drohnen") im Katastrophenschutz: Theorie, Empirie, regulatorische Implikationen Lit Verlag, Berlin u.a.

Hess, T, Wilde, T (2008), „Potenzial experimenteller Forschung in der Wirtschaftsinformatik: Ein Beitrag zur methodischen Fundierung", In: *Quo vadis Wirtschaftsinformatik?* Jung, R, Myrach, T (Hrsg), Gabler-Edition Wissenschaft, Wiesbaden: Gabler, S. 57–82.

Hilbig, W (1984) Akzeptanzforschung neuer Bürotechnologien. Office Management 3(11): 320–323.

Hill, H (1988) Akzeptanz des Rechts — Notwendigkeit eines besseren Politikmanagements. JuristenZeitung 43(8): 377–381.

Hirschheim, R, Newman, M (1988) Information Systems and User Resistance: Theory and Practice. en. The Computer Journal 31(5): 398–408.

Hirth, M, Hoßfeld, T, Mellia, M, Schwartz, C, Lehrieder, F (2015) Crowdsourced network measurements: Benefits and best practices. Computer Networks 90(C): 85–98.

Hofstede, G, Hofstede, GJ, Minkov, M (2010) Cultures and Organizations - Software of the Mind: Intercultural Cooperation and Its Importance for Survival. 3., revised edition. Mcgraw-Hill Publ.Comp., New York.

Huet, E, Zaleski, O (2017) Silicon Valleys 400 Juicer May Be Feeling the Squeeze. (), Abgerufen: 10.9.2017.

Humphreys, P (1989) The chances of explanation: Causal explanations in the social, medical, and physical sciences. Princeton University Press, Princeton,'New Jersey ().

Hüsing, B, Bierhals, R, Bührlen, B, Friedewald, M, Kimpeler, S, Menrad, K, Wengel, J, Zimmer, R, Zoche, P (2002) Technikakzeptanz und Nachfragemuster als Standortvorteil Fraunhofer'Institut für Systemtechnik und Innovationsforschung, Karlsruhe.

IEEE (1990), *IEEE Standard Glossary of Software Engineering Terminology*, IEEE.

IEEE (2016), *IEEE Standard for eXtensible Event Stream (XES) for Achieving Interoperability in Event Logs and Event Streams*, Techn. Ber., S. 1–50.

Ipeirotis, PG (2010), *Demographics of mechanical turk*, Techn. Ber.

Jarulaitis, G, Monteiro, E (2009), „Cross-contextual use of integrated information systems", In: *17th European Conference on Information Systems, ECIS 2009, Verona, Italy, 2009* Newell, S; Whitley, EA; Pouloudi, N; Wareham, J, Mathiassen, L (Hrsg), S. 2073–2084.

Jenkins, HS (2008) Gibson's "affordances": evolution of a pivotal concept. Journal of Scientific Psychology 12(2008): 34–45.

Joenssen, D (2013), *HotDeckImputation: Hot Deck Imputation Methods for Missing Data.*

Joenssen, HDW (2015) Hot-Deck-Verfahren zur Imputation fehlender Daten: Auswirkungen des Donor-Limits. TU-Ilmenau.

Kabaale, E, Kituyi, GM (2015) A theoretical framework for requirements engineering and process improvement in small and medium software companies. Business Process Management Journal 21(1): 80–99.

Kamiske, G (1995) Reengineering versus Prozeßmanagment- Der richtige Weg zur prozeßorientierten Organisationsgestaltung. Zeitschrift Führung und Organisation : ZfO (Nr.3): 142–148.

Kasprzyk, D, Montaño, DE, FISHBEIN, M (1998) Application of an Integrated Behavioral Model to Predict Condom Use: A Prospective Study Among High HIV Risk Groups1. Journal of Applied Social Psychology 28(17): 1557–1583.

King, WR, He, J (2006) A meta-analysis of the technology acceptance model. en. Information & Management 43(6): 740–755.

Kittur, A, Chi, EH, Suh, B (2008), „Crowdsourcing user studies with Mechanical Turk", In: *Proceedings of the SIGCHI conference on human factors in computing systems*, ACM, S. 453–456.

Klein, M (1995) 10 principles of reengineering. Executive Excellence 12(2): 20–20.

Kling, R, Scacchi, W (1979), „Recurrent dilemmas of computer use in complex organizations", In: *Managing Requirements Knowledge, International Workshop on*, IEEE Computer Society, S. 107–107.

Kobayashi, M, Fussell, SR, Xiao, Y, Seagull, FJ (2005), „Work coordination, workflow, and workarounds in a medical context", In: *CHI'05 Extended Abstracts on Human Factors in Computing Systems*, ACM, S. 1561–1564.

Kollmann, T (1998) Akzeptanz innovativer Nutzungsgüter und -systeme: Konsequenzen Für Die Einführung Von Telekommunikations- Und Multimediasystemen. Auflage: 1998 Dr. Th. Gabler Verlag, Wiesbaden.

Kollmann, T (1998) Akzeptanz innovativer Nutzungsgüter und -systeme: Konsequenzen Für Die Einführung Von Telekommunikations- Und Multimediasystemen. Auflage: 1998 Dr. Th. Gabler Verlag, Wiesbaden.

König, Wolfgang, Heinzl, Armin, Rumpf, Markus, von Poblotzki, Ansgar (1994), *Zur Entwicklung der Forschungsmethoden und Theoriekerne der Wirtschaftsinformatik in den nächsten zehn Jahren - Eine kombinierte Delphi- und AHP - Untersuchung*.

Koopman, P, Hoffman, RR (2003) Work-arounds, make-work, and kludges. Intelligent Systems, IEEE 18(6): 70–75.

Kosiol, E (1976) Organisation der Unternehmung Gabler Verlag.

Kostka, C, Mönch, A (2009) Change Management: 7 Methoden für die Gestaltung von Veränderungsprozessen. 4. Auflage Carl Hanser Verlag GmbH & Co. KG, München.

Kowitt, B (2017) Juicero Slashes Connected Juicer Price from 699 to 399. fortune.com (17.1.2017), Abgerufen: 10.9.2017.

Kramp, MK (2004), „Exploring life and experience through narrative inquiry", In: *Foundations for research: Methods of inquiry in education and the social sciences*, Lawrence Erlbaum Associates Mahwah, NJ: S. 103–121.

Kuhn, TS (1994) The Structure of scientific revolutions. 2nd ed., enlarged. Chicago Univ. Press, Chicago.

Kuhn, TS (1996) Die Struktur wissenschaftlicher Revolutionen. 13. Aufl. Suhrkamp Verlag, Frankfurt am Main.

Küpfmüller, K, Mathis, W, Reibiger, A (2013) Theoretische Elektrotechnik: eine Einführung. 19., aktualis. Aufl. Springer Vieweg, Berlin [u.a.]

Lange, K, Kühn, S, Filevich, E (Juni 2015) "Just Another Tool for Online Studies" (JATOS): An Easy Solution for Setup and Management of Web Servers Supporting Online Studies. PLoS ONE 10(6): 1–14.

LaPiere, RT (1934) Attitudes vs. actions. Social forces 13(2): 230–237.

Lederman, R, Shanks, G, Gibbs, MR (2003), „Meeting privacy obligations: the implications for information systems development", In: *ECIS 2003 Proceedings*, S. 96.

Lee, AS (1999) Rigor and relevance in MIS research: Beyond the approach of positivism alone. Mis Quarterly 23(1): 29–33.

Lee, J, Nah, J, Park, Y, Sugumaran, V (2011), „Electric car sharing service using mobile technology", In: *CONF-IRM 2011 Proceedings*.

Lee, Y, Kozar, KA, Larsen, KR (2003) The technology acceptance model: past, present, and future. Communications of the Association for Information Systems 12(1): 50.

Legris, P, Ingham, J, Collerette, P (2003) Why do people use information technology? A critical review of the technology acceptance model. Information & management 40(3): 191–204.

Lehner, F, Hildebrand, K, Maier, R (1995) Wirtschaftsinformatik: Theoretische Grundlagen Hanser Fachbuch, München; Wien.

Li, L (2010), *A Critical Review of Technology Acceptance Literature*, Techn. Ber., S. 2011.

London, KR (1976) The people side of systems: the human aspects of computer systems McGraw-Hill.

Lucke, D (1995) Akzeptanz: Legitimität in der „Abstimmungsgesellschaft“ Leske + Budrich.

Mählmann, J, Groß, PO, Breitner, MH (2012), „Analysis and Discussion of Critical Success Factors of E-mobility Interconnected IS Infrastructure“, In: *Tagungsband der Multikonferenz Wirtschaftsinformatik 2012: Neue Mobilität und Erneuerbare Energien*.

Malhotra, NK, Mukhopadhyay, S, Liu, X, Dash, S (2012) One, few or many? International Journal of Market Research 54(6).

Manz, U (1983), *Zur Einordnung der Akzeptanzforschung in das Programm sozialwissenschaftlicher Begleitforschung*.

Marakas, G, Hornik, S (1996) Passive resistance misuse: overt support and covert recalcitrance in IS implementation. Eur J Inf Syst 5(3): 208–219.

Markus, ML, Keil, M (1994) If we build it, they will come: Designing information systems that people want to use. Sloan Management Review 35(4): 11–11.

Martin, PY, Turner, BA (1986) Grounded Theory and Organizational Research. en. The Journal of Applied Behavioral Science 22(2): 141–157.

Martinovic, D, Bind, C, Reuss, H (2015), „Magnetic Field based Localization of the Charging Coil using Trilateration“, In: *Autoreg 2015- VDI-Berichte 2233*.

Martinovic, D, Grimm, M, Reuss, H (2014a), „Electric vehicle positioning concept for inductive charging purposes using magnetic fields“, In: *Proc. IEEE Power Energy Student Summit*.

Martinovic, D, Grimm, M, Reuss, HC (2014b) Electric Vehicle Positioning for Inductive Charging Purposes Using Magnetic Field Distortion Elimination in High-Permeability Environments. IEEE Transactions on Magnetics 50(11): 1–4.

Masnick, M (2011), *Could reddit Make Its Own 'Rome, Sweet Rome' And Compete With Warner Bros.?*

Mason, W, Suri, S (2011) Conducting behavioral research on Amazon's Mechanical Turk. Behavior Research Methods 44(1): 1–23.

Mason, W, Suri, S (2012) Conducting behavioral research on Amazon's Mechanical Turk. Behavior research methods 44(1): 1–23.

Masuch, N, Lützenberger, M, Ahrndt, S, Heßler, A, Albayrak, S (2011), „A context-aware mobile accessible electric vehicle management system", In: *Computer Science and Information Systems (FedCSIS), 2011 Federated Conference on*, IEEE, S. 305–312.

Melão, N, Pidd, M (2000) A conceptual framework for understanding business processes and business process modelling. en. Information Systems Journal 10(2): 105–129.

Moller, C, Chaudhry, S (2012) Advances in Enterprise Information Systems II CRC Press.

Moore, P (2012), *EasyJet to Bring in Allocated Seating on All Flights*, http://corporate.easyJet.com/media/latest-news/news-year-2012/05-09-2012-en.aspx, Unternehmensnachrichten.

Morana, S, Schacht, S, Maedche, A (2016), „Exploring the Design, Use, and Outcomes of Process Guidance Systems-A Qualitative Field Study", In: *Tackling Society's Grand Challenges with Design Science: 11th International Conference, DESRIST 2016, St. John's, NL, Canada, May 23-25, 2016, Proceedings 11*, Springer, S. 81–96.

Müller-Böling, D (1986) Akzeptanzfaktoren der Bürokommunikation Oldenbourg Wissenschaftsverlag, München; Wien.

Müllerleile, T, Ritter, S, Englisch, L, Nissen, V, Joenssen, D (2015), „The Influence of Process Acceptance on BPM: An Empirical Investigation", In: *Business Informatics (CBI), 2015 IEEE 17th Conference on*, Bd. 1, S. 125–132.

Müllerleile, T, Nissen, V (2014) When processes alienate customers: towards a theory of process acceptance. S-BPM ONE - scientific research : 6th International Conference, S-BPM ONE 2014, Eichstätt, Germany, April 22 - 23, 2014 ; Proceedings 22(23): 171–180.

Mullinix, KJ, Leeper, TJ, Druckman, JN, Freese, J (Dez. 2015) The Generalizability of Survey Experiments. Journal of Experimental Political Science 2(02): 109–138.

Muñoz-Gama, J, Carmona, J (2010), „A fresh look at precision in process conformance", In: *Business Process Management*, Springer, S. 211–226.

Nguyen, H, Dumas, M, La Rosa, M, Maggi, FM, Suriadi, S (2014), „Mining business process deviance: a quest for accuracy", In: *On the Move to Meaningful Internet Systems: OTM 2014 Conferences*, Springer, S. 436–445.

Niazi, M, Wilson, D, Zowghi, D (2006) Critical success factors for software process improvement implementation: an empirical study. Software Process: Improvement and Practice 11(2): 193–211.

Nissen, V, Müllerleile, T, Kazakowa, E, Lezina, T (2016) Analyzing Process Acceptance with IT-enabled experimental Research. Vestnik Economics 5(3).

Nordsieck, F (1932) Die schaubildliche Erfassung und Untersuchung der Betriebsorganisation, mit 115 Schaubildern und Darstellungen Poeschel.

Norman, DA (2002) The design of everyday things Basic books.

Object Modeling Group (2014), *Process Model and Notation (BPMN) - Normative Document v. 2.02.*

Oh, J, Wang, G (2012), „Evaluating crowdsourcing through amazon mechanical turk as a technique for conducting music perception experiments", In: *Proceedings of the 12th International Conference on Music Perception and Cognition*, S. 1–6.

Ohno, T (1988) Toyota Production System: Beyond Large-scale Production Productivity Press, Cambridge, Mass.

Oppenheimer, DM, Meyvis, T, Davidenko, N (2009) Instructional manipulation checks: Detecting satisficing to increase statistical power. Journal of Experimental Social Psychology 45(4): 867–872.

Österle, H, Becker, J, Frank, U, Hess, T, Karagiannis, D, Krcmar, H, Loos, P, Mertens, P, Oberweis, A, Sinz, EJ (2010), *Memorandum zur gestaltungsorientierten Wirtschaftsinformatik*, Techn. Ber.

Ould, MA (1995) Business Processes: Modelling and Analysis for Re-Engineering and Improvement. Auflage: 1. Auflage John Wiley & Sons, Chichester ; New York.

Paolacci, G, Chandler, J (2014) Inside the turk understanding mechanical turk as a participant pool. Current Directions in Psychological Science 23(3): 184–188.

Parasuraman, A, Zeithaml, VA, Berry, LL (1988) Servqual. Journal of retailing 64(1): 12–40.

Peppard, J, Rowland, P (1995) The essence of business process re-engineering Prentice Hall Hemel Hempstead.

Pitches, D, Burls, A, Fry-Smith, A (2003) How to make a silk purse from a sow's ear—a comprehensive review of strategies to optimise data for corrupt managers and incompetent clinicians. BMJ 327(7429): 1436–1439.

Pohl, K, Rupp, C (2015) Basiswissen Requirements Engineering: Aus- und Weiterbildung zum "Certified Professional for Requirements Engineering"; Foundation Level nach IREB-Standard. 4. Aufl. dpunkt-Verlag Heidelberg.

Popper, KR (2014) The Logic of Scientific Discovery Martino Fine Books.

Puscher, F (2009) Outsourcing an die Community. c't - magazin für computer technik (9): 82–85.

Rack, O, Christophersen, T (2009), „Experimente", In: *Methodik der empirischen Forschung* Albers, S (Hrsg), Wiesbaden: Gabler, S. 17–32.

Recker, J (2014), *Positive Deviance in Evidence-driven Process Improvement: Or, how to find success in your own company*, EU BPM Roundtable Liechtenstein.

Reichwald, R, Piller, F (2009) Interaktive Wertschöpfung : Open Innovation, Individualisierung und neue Formen der Arbeitsteilung 2. Auflage, Gabler, Wiesbaden.

Reichwald, R (1978) Zur Notwendigkeit der Akzeptanzforschung bei der Entwicklung neuer Systeme der Bürotechnik Hochschule d. Bundeswehr.

Reijers, HA, Mansar, SL (2005) Best practices in business process redesign: an overview and qualitative evaluation of successful redesign heuristics. Omega 33(4): 283–306.

REN21 (2011), *Renewables 2011 Global StatusReport*, Techn. Ber., REN21.

Renn, O, Zwick, MM (1997) Risiko- und Technikakzeptanz: mit 15 Tabellen Springer, Berlin [u.a.

Rescher, N (1996) Process Metaphysics: An Introduction to Process Philosophy State University of New York Press.

Rogers, EM (2003) Diffusion of Innovations. Auflage: 5th Edition Free Press, New York.

Roof, K (2017) RIP Juicero, the 400 venture-backed juice machine. (1.9.2017), Abgerufen: 10.9.2017.

Rosenberg, MJ, Hovland, CI, McGuire, WJ, Abelson, RP, Brehm, JW (1960) Attitude organization and change Yale University Press New Haven.

Ross, J, Irani, L, Silberman, M, Zaldivar, A, Tomlinson, B (2010), „Who are the crowdworkers?: shifting demographics in mechanical turk“, In: *CHI'10 extended abstracts on Human factors in computing systems*, ACM, S. 2863–2872.

Rossiter, JR (2002) The C-OAR-SE procedure for scale development in marketing. International Journal of Research in Marketing 19(4): 305–335.

Rozinat, A, van der Aalst, WMP (2008) Conformance checking of processes based on monitoring real behavior. Information Systems 33(1): 64–95.

Rozycki, E, Keller, S, Cybulski, J (2012), „Business process affordances through the lens of activity theory“, In: *ACIS 2012: Location, location, location: Proceedings of the 23rd Australasian Conference on Information Systems 2012*, ACIS, S. 1–10.

Rupp, RO, Russell, JR (1994) The golden rules of process redesign. Quality Progress 27(12): 85.

Sauer, A, Luz, F, Suda, M, Weiland, U (2005), *Steigerung der Akzeptanz von FFH-Gebieten*, Techn. Ber.

Schäfer, M, Keppler, D (2013) Modelle der technikorientierten Akzeptanzforschung: Überblick und Reflexion am Beispiel eines Forschungsprojekts zur Implementierung innovativer technischer Energieeffizienz-Maßnahmen. Zentrum Technik und Gesellschaft, TU Berlin (34/2013).

Schallmo, D, Rusnjak, A, Anzengruber, J, Werani, T, Jünger, M (2016) Digitale Transformation von Geschäftsmodellen: Grundlagen, Instrumente und Best Practices Springer-Verlag.

Schelling, FWJv (1803) Ideen zu einer Philosophie der Natur als Einleitung in das Studium dieser Wissenschaft

Scheurenbrand, J, Engel, C, Peters, F, Kuehl, N (2015), „Holistically defining e-Mobility: a modern approach to systematic literature reviews", In: S. 17–27.

Schmelzer, HJ, Sesselmann, W (2013) Geschäftsprozessmanagement in der Praxis: Kunden zufrieden stellen - Produktivität steigern - Wert erhöhen. 8. Aufl. Carl Hanser Verlag GmbH & Co. KG.

Schneider, W (1971) Attitude and Attitude Change John Wiley und Sons, Inc., New York.

Schneider, W (2011) Wörter machen Leute: Magie und Macht der Sprache. Auflage: 17. Piper Taschenbuch, München u.a.

Schnell, M (2008), „Akzeptanz des Qualifizierungsangebotes Web TV", Diss., Universität Duisburg-Essen, Fakultät für Bildungswissenschaften.

Schönecker, H (1982), „Akzeptanzforschung als regulativ bei Entwicklung, Verbreitung und Anwendung technischer Innovationen", In: *Neue Systeme der Bürotechnik: Beiträge zur Büroarbeitsgestaltung aus Anwendersicht (Band 1)* Reichwald, R (Hrsg), Erich Schmidt Verlag, S. 49–71.

Schreiner, M, Hess, T, Benlian, A (2015), *Gestaltungsorientierter Kern oder Tendenz zur Empirie? Zur neueren methodischen Entwicklung der Wirtschaftsinformatik*, Working Papers 1/2015, University of Munich, Munich School of Management, Institute for Information Systems und New Media.

Schwarz, A, Chin, W (2007) Looking Forward: Toward an Understanding of the Nature and Definition of IT Acceptance. Journal of the Association for Information Systems 8(4).

Shapiro, DN, Chandler, J, Mueller, PA (2013) Using Mechanical Turk to Study Clinical Populations. Clinical Psychological Science 1(2).

Silva, L (2007) Post-positivist review of technology acceptance model. Journal of the Association for Information Systems 8(4): 2.

Simon, B (2001) E-Learning an Hochschulen. Gestaltungsräume und Erfolgsfaktoren von Wissensmedien. Auflage: 1. Aufl. EUL Verlag, Lohmar; Köln.

Simon, C, Mendling, J (2006), „Verification of Forbidden Behavior in EPCs", In: *Lecture Notes in Informatics: Modellierung 2006*, P–82.

Singh, H (2010), „Emergence and Consequences of Drift in Organizational Information Systems", Diss., Michigan State University.

Snow, R, O'Connor, B, Jurafsky, D, Ng, AY (2008), „Cheap and fast—but is it good?: evaluating non-expert annotations for natural language tasks", In: *Proceedings of the conference on empirical methods in natural language processing*, Association for Computational Linguistics, S. 254–263.

Spindler, H (2014) Single-Page-Web-Apps - JavaScript im Einsatz: Webseiten erstellen mit AngularJS, Meteor und jQuery Mobile Franzis Verlag GmbH, Haar bei München.

Spohrer, J, Vargo, SL, Caswell, N, Maglio, PP (2008), „The service system is the basic abstraction of service science", In: *Hawaii international conference on system sciences, proceedings of the 41st annual*, IEEE, S. 104–104.

Standage, T (2003) The Turk: The Life and Times of the Famous Eighteenth-Century Chess-Playing Machine. First Edition edition Berkley Trade, New York.

Steyer, M, Softic, V (2015) AngularJS: Moderne Webanwendungen und Single Page Applications mit JavaScript O'Reilly Vlg. GmbH & Company.

Strauss, A (1990) Basics of Qualitative Research: Grounded Theory Procedures and Techniques SAGE Publications Inc.

Strauss, AL (1987) Qualitative Analysis for Social Scientists Cambridge University Press.

Sun, C, Du, J, Chen, N, Khoo, SC, Yang, Y (2013), „Mining explicit rules for software process evaluation“, In: *Proceedings of the 2013 International Conference on Software and System Process*, ACM, S. 118–125.

Suriadi, S, Wynn, M, Ouyang, C, Hofstede, A ter, Dijk, N van (2013) Understanding Process Behaviours in a Large Insurance Company in Australia: A Case Study. In: Salinesi, C; Norrie, MC; Pastor, Ó; Hutchison, D; Kanade, T; Kittler, J; Kleinberg, JM; Mattern, F; Mitchell, JC; Naor, M; Nierstrasz, O; Pandu Rangan, C; Steffen, B; Sudan, M; Terzopoulos, D; Tygar, D; Vardi, MY, Weikum, G (Hrsg) Advanced Information Systems Engineering. Bd. 7908, Lecture Notes in Computer Science, Springer Berlin Heidelberg, Berlin, Heidelberg.

Swinnen, J, Depaire, B, Jans, MJ, Vanhoof, K (2012), „A Process Deviation Analysis–A Case Study“, In: *Business Process Management Workshops*, Springer, S. 87–98.

Tarasiewicz, P, Böhm, R (2014) AngularJS: Eine praktische Einführung in das JavaScript-Framework Dpunkt.Verlag GmbH.

Taylor, S, Todd, PA (1995) Understanding Information Technology Usage: A Test of Competing Models. Information Systems Research 6(2): 144–176.

Thomas, G, James, D (2006) Reinventing grounded theory: Some questions about theory, ground and discovery. British Educational Research Journal 32(6): 767–795.

Thompson, RL, Higgins, CA (1991) Personal Computing: Toward a Conceptual Model of Utilization. MIS Quarterly 15(1): 125–143.

Triandis, HC, Gelfand, MJ (1998a) Converging measurement of horizontal and vertical individualism and collectivism. Journal of personality and social psychology 74(1): 118–128.

Triandis, HC, Gelfand, MJ (1998b) Converging measurement of horizontal and vertical individualism and collectivism. Journal of personality and social psychology 74(1): 118.

Tripathi, A, Tahmasbi, N, Khazanchi, D, Najjar, L (2014), „Crowdsourcing typology: a review of is research and organizations“, In: *Proceedings of the Midwest Association for Information Systems (MWAIS)*.

Tsikritsis, N, Heineke, J (2004) The Impact of Process Variation on Customer Dissatisfaction: Evidence from the U.S. Domestic Airline Industry. Decision Sciences 35(1): 129–142.

Tukey, JW (1949) Comparing individual means in the analysis of variance. Biometrics 5(2): 99–114.

Universität Stuttgart (2011), *Elektroautors kabellos laden, Pressemitteilung 108*, Techn. Ber.

Universität Stuttgart, (2015), *Get to the point with electric cars, Pressemitteilung 84*, Techn. Ber.

Valiris, G, Glykas, M (1999) Critical review of existing BPR methodologies: the need for a holistic approach. Business process management journal 5(1): 65–86.

van der Aalst, WMP (2011) Process Mining: Discovery, Conformance and Enhancement of Business Processes. Auflage: 1 Springer Berlin Heidelberg.

van der Aalst, WMP (2012) Business Process Management: A Comprehensive Survey. ISRN Software Engineering 2013(507984): 1–37.

van der Aalst, WMP, Dumas, M, Ouyang, C, Rozinat, A, Verbeek, HMW (2005) Choreography conformance checking: An approach based on bpel and petri nets. BPM Reports(0525).

van der Aalst, WMP, Hofstede, T, Arthur, H, Weske, M (2003), „Business process management: A survey“, In: *Business process management*, Springer, S. 1–12.

van der Aalst, WMP, Weijters, T, Maruster, L (2004) Workflow Mining: Discovering Process Models from Event Logs. IEEE Trans. on Knowl. and Data Eng. 16(9): 1128–1142.

van der Aalst, W (2001) Re-engineering knock-out processes. Decision Support Systems 30(4): 451–468.

Venkatesh, V, Bala, H (2008) Technology acceptance model 3 and a research agenda on interventions. Decision sciences 39(2): 273–315.

Venkatesh, V, Davis, FD (2000) A theoretical extension of the technology acceptance model: four longitudinal field studies. Management science 46(2): 186–204.

Venkatesh, V, Morris, MG, Davis, GB, Davis, FD (2003) User Acceptance of Information Technology: Toward a Unified View. MIS Q. 27(3): 425–478.

Vom Brocke, J, Seidel, S, Recker, J (2012) Green business process management: towards the sustainable enterprise Springer Science & Business Media.

Vos, MC, Behrendt, MD, Melles, DC, Mollema, FP, Groot, W de, Parlevliet, G, Ott, A, Horst-Kreft, D, Belkum, A van, Verbrugh, HA (2009) 5 years of experience implementing a methicillin-resistant Staphylococcus aureus search and destroy policy at the largest university medical center in the Netherlands. Infection Control & Hospital Epidemiology 30(10): 977–984.

Wagner, JA, Humphrey, SE, Meyer, CJ, Hollenbeck, JR (2012) Individualism - collectivism and team member performance: Another look. Journal of Organizational Behavior 33(7): 946–963.

Wagner, S, Brandt, T, Neumann, D (2013), „Beyond Mobility-An Energy Informatics Business Model For Vehicles In The Electric Age.“, In: *ECIS*, S. 154.

Wambsganß, P, Parspour, N (2009), *Kontaktlose Energieübertragung*, Techn. Ber., S. 22–28.

Webster, J, Watson, RT (2002) Analyzing the past to prepare for the future: Writing a literature review. Management Information Systems Quarterly 26(2): 3.

Westerman, G, Calméjane, C, Bonnet, D, Ferraris, P, McAfee, A (2011) Digital Transformation: A roadmap for billion-dollar organizations. MIT Center for Digital Business and Capgemini Consulting 1(1): 1–68.

Whooley, O (2010) Diagnostic ambivalence: psychiatric workarounds and the Diagnostic and Statistical Manual of Mental Disorders. Sociology of Health & Illness 32(3): 452–469.

Wieland, A, Marcus Wallenburg, C (2013) The influence of relational competencies on supply chain resilience: a relational view. International Journal of Physical Distribution & Logistics Management 43(4): 300–320.

Wieland, A, Wallenburg, CM (2013) The influence of relational competencies on supply chain resilience: a relational view. International Journal of Physical Distribution Logistics Management 43(4): 300–320.

Williamson, OE (1998) The Economic Institutions of Capitalism Free Press.

Wixom, BH, Todd, PA (2005) A Theoretical Integration Of User Satisfaction and Technology Acceptance. Information Systems research 16(1): 85–102.

Wu, HH, Gilchrist, A, Sealy, K, Israelsen, P, Muhs, J (2011), „A review on inductive charging for electric vehicles“, In: *Electric Machines & Drives Conference (IEMDC), 2011 IEEE International*, IEEE, S. 143–147.

Yousafzai, SY, Foxall, GR, Pallister, JG (2007) Technology acceptance: a meta-analysis of the TAM: Part 1. en. Journal of Modelling in Management 2(3): 251–280.

Yu-Yuan Hung, R (2006) Business process management as competitive advantage: a review and empirical study. Total Quality Management & Business Excellence 17(1): 21–40.

Zairi, M (1997) Business process management: a boundaryless approach to modern competitiveness. Business Process Management Journal 3(1): 64–80.

Ziemendorf, B (2009) Emotionale Akzeptanz in Veränderungsprozessen: Entwicklung eines didaktischen Konzeptes. 1. Aufl. Lang, Peter Frankfurt, Frankfurt am Main ; New York.

Zimmer, M, Heinrich, J, Parspour, N (2014), „Design of a 3 kW primary power supply unit for inductive charging systems optimized for the compatibility to receiving units with 20 kw rated power“, In: *Electric Drives Production Conference (EDPC), 2014 4th International*, IEEE, S. 1–5.

Zimmermann, E (1972) Das Experiment in den Sozialwissenschaften Teubner, Stuttgart.

Zoellner, J, Rau, I, Schweizer-Ries, P (2009), *Projektendbericht: Erneuerbarer Energien und sozialwissenschaftliche Fragen.*

A Anhang

A.1 Fragebogen: Experiment AMT

Prozessakzeptanz:

Imagine you're involved in this process. What would you think?

- I think this way of managing claims is useful.
- I think this way of managing claims is important.
- I think this way of managing claims is complicated.
- I think this way of managing claims is laborious.
- I think this way of managing claims takes a long time.
- I think I'm happy with the result.
- I think this way of managing claims is decent.
- Overall I approve / reject this way of managing claims. [1-5]

Imagine you're involved in this process. What would you feel?

- I would feel comfortable during the process.
- I would feel included.
- I would feel informed.
- This claims management process is troublesome.
- This claims management process is stressful.
- I consider the claims management unpleasant.
- I consider the claims management inconvenient.
- I would feel insecure working the claims management process.
- I would feel annoyed working the claims management process.
- Overall I had a bad / good feeling [1-5]

Imagine you're involved in this process. What would you do?

- I would stand up for the maintaining of this claim managing process.
- I would manage claims exactly like this again.

T. Müllerleile, *Prozessakzeptanz*, Forschung zur Digitalisierung der Wirtschaft | Advanced Studies in Business Digitization, https://doi.org/10.1007/978-3-658-27103-9

- I would have a proposal for modification.
- I would like to delegate the process to another co-worker.
- I would complain about this way of managing claims.
- I would prefer another way of managing claims.
- I would stand up for the disposition of this claim management process.
- Overall I would like to maintain the claims like suggested in the scenario [1-5]

Demographische Informationen:

- Gender [m/f]
- Age [Integer]
- Education [Type of Degree]
- Country

Kollektivismus / Individualismus nach Triandis et al.

Horizontal individualism items:

1. I'd rather depend on myself than others.
2. I rely on myself most of the time; I rarely rely on others.
3. I often do "my own thing."
4. My personal identity, independent of others, is very important to me.

Vertical individualism items:

1. It is important that I do my job better than others.
2. Winning is everything.
3. Competition is the law of nature.
4. When another person does better than I do, I get tense and aroused.

Horizontal collectivism items:

1. If a coworker gets a prize, I would feel proud.
2. The well-being of my coworkers is important to me.
3. To me, pleasure is spending time with others.
4. I feel good when I cooperate with others.

Vertical collectivism items:

1. Parents and children must stay together as much as possible.
2. It is my duty to take care of my family, even when 1 have to sacrifice what I want.
3. Family members should stick together, no matter what sacrifices are required.
4. It is important to me that I respect the decisions made by my groups.

"Machiavellian Personality Scale"nach Dahling et al.

Desire for Control subscale:

1. I like to give the orders in interpersonal situations.
2. I enjoy having control over other people.
3. I enjoy being able to control the situation.

Distrust of Others subscale:

1. People are only motivated by personal gain.
2. I dislike committing to groups because I dont't trust others.
3. Team memers backstab each other all the time to get ahead.
4. If I show any weakness at work, other people will take advantage of it.
5. Other people are always planning ways to take advantage of the situation at my expense.

Wille zur Kooperation nach Wieland und Wallenburg

1. No matter who is at fault, problems are joint responsibilities.
2. One party will not take unfair advantage of a strong bargaining position.
3. We are willing to make cooperative changes.
4. We do not mind owing each other favors.

TU Ilmenau WID, Universität Stuttgart IVK
Ladeverfahren

1 Ihre Daten

Gruppe: ☐ Name: ☐

2 Was haben Sie während der Durchführung empfunden?

2.1 Bitte nehmen Sie zu den folgenden Aussagen Stellung:

Bei der Durchführung habe ich mich wohl gefühlt.	Ja	☐	☐	Nein
Ich fühle mich einbezogen.	Ja	☐	☐	Nein
Ich fühle mich informiert.	Ja	☐	☐	Nein
Dieses Ladeverfahren ist lästig.	Ja	☐	☐	Nein
Dieses Ladeverfahren stresst mich.	Ja	☐	☐	Nein
Ich betrachte dieses Ladeverfahren als unangenehm.	Ja	☐	☐	Nein
Ich betrachte dieses Ladeverfahren als umständlich.	Ja	☐	☐	Nein
Ich empfinde Unsicherheit.	Ja	☐	☐	Nein

2.2 Insgesamt hatte ich ein...

schlechtes Gefühl. ☐ ☐ ☐ ☐ ☐ gutes Gefühl.

3 Was haben Sie während der Durchführung gedacht?

3.1 Bitte nehmen Sie zu den folgenden Aussagen Stellung:

Ich denke dieses Ladeverfahren ist nützlich.	Ja	☐	☐	Nein
Ich denke dieses Ladeverfahren ist wichtig.	Ja	☐	☐	Nein
Dieses Ladeverfahren ist kompliziert.	Ja	☐	☐	Nein
Dieses Ladeverfahren ist mühselig.	Ja	☐	☐	Nein
Dieses Ladeverfahren dauert lange.	Ja	☐	☐	Nein
Ich bin mit dem Ergebnis zufrieden.	Ja	☐	☐	Nein
Dieses Ladeverfahren ist annehmbar.	Ja	☐	☐	Nein

3.2 Insgesamt...

lehne ich das Ladeverfahren ab. ☐ ☐ ☐ ☐ ☐ stimme ich dem Ladeverfahren zu.

4 Wie denken Sie über eine erneute Durchführung?

4.1 Bitte nehmen Sie zu den folgenden Aussagen Stellung:

Ich würde mich für die Beibehaltung dieses Ladeverfahrens einsetzen.	Ja	☐	☐	Nein
Ich würde das Ladeverfahren genauso wieder durchführen.	Ja	☐	☐	Nein
Ich hätte einen Änderungsvorschlag.	Ja	☐	☐	Nein
Ich würde das Laden des Fahrzeuges gerne delegieren.	Ja	☐	☐	Nein
Ich würde mich über das Ladeverfahren beschweren.	Ja	☐	☐	Nein
Ich würde ein anderes Ladeverfahren bevorzugen.	Ja	☐	☐	Nein
Ich würde mich für die Abschaffung dieses Ladeverfahrens einsetzen.	Ja	☐	☐	Nein

4.2 Insgesamt, würde ich das Ladeverfahren gerne wie vorgeschlagen ausführen.

Unwahrscheinlich ☐ ☐ ☐ ☐ ☐ Wahrscheinlich

TU Ilmenau WID, Universität Stuttgart IVK
Ladeverfahren

5 Ihre Meinung ist uns wichtig.

5.1 Haben Sie weitere Anmerkungen?

6 Vielen Dank für Ihre Teilnahme!

18108 WIDBIPOL001 2566872848 0002

A.1.1 Daten der Experimente

Tab. A.1 Herkunft der Teilnehmer

	Land	Häufigkeit	%
1	United States	1031	43.50
2	India	585	24.68
3	Canada	86	3.63
4	United Kingdom	56	2.36
5	Venezuela	44	1.86
6	Brazil	42	1.77
7	Philippines	41	1.73
8	Italy	26	1.10
9	Nigeria	24	1.01
10	South Africa	19	0.80
11	Australia	17	0.72
12	Greece	16	0.68
13	Pakistan	16	0.68
14	Romania	16	0.68
15	Mexico	13	0.55
16	United Arab Emirates	13	0.55
17	France	12	0.51
18	Kenya	12	0.51
19	Morocco	12	0.51
20	Indonesia	11	0.46
21	Spain	11	0.46

Tab. A.1 Herkunft der Teilnehmer

	Land	Häufigkeit	%
22	Egypt	10	0.42
23	Ireland	10	0.42
24	Russian Federation	10	0.42
25	Turkey	9	0.38
26	Ukraine	9	0.38
27	Yugoslavia	9	0.38
28	Bulgaria	8	0.34
29	Colombia	8	0.34
30	Jamaica	8	0.34
31	Belgium	7	0.30
32	Malaysia	7	0.30
33	Albania	6	0.25
34	Algeria	6	0.25
35	Germany	6	0.25
36	Latvia	6	0.25
37	Lithuania	6	0.25
38	Poland	6	0.25
39	Viet Nam	6	0.25
40	Portugal	6	0.25
41	Bangladesh	5	0.21
42	Finland	5	0.21
43	New Zealand	5	0.21
44	American Samoa	4	0.17

Tab. A.1 Herkunft der Teilnehmer

	Land	Häufigkeit	%
45	Slovenia	4	0.17
46	Switzerland	4	0.17
47	Trinidad and Tobago	4	0.17
48	Argentina	4	0.17
49	Bosnia and Herzegowina	4	0.17
50	France, Metropolitan	4	0.17
51	Denmark	3	0.13
52	Dominican Republic	3	0.13
53	Guatemala	3	0.13
54	Hong Kong	3	0.13
55	Hungary	3	0.13
56	Sri Lanka	3	0.13
57	Sweden	3	0.13
58	Zimbabwe	3	0.13
59	Croatia (Hrvatska)	3	0.13
60	Chile	2	0.08
61	Costa Rica	2	0.08
62	Czech Republic	2	0.08
63	Israel	2	0.08
64	Netherlands	2	0.08
65	Singapore	2	0.08
66	Botswana	2	0.08
67	Jordan	2	0.08

Tab. A.1 Herkunft der Teilnehmer

	Land	Häufigkeit	%
68	Norway	2	0.08
69	Saint Vincent and the Grenadines	2	0.08
70	Slovakia (Slovak Republic)	2	0.08
71	Uruguay	2	0.08
72	Macedonia, The Former Yugoslav Republic of	2	0.08
73	Azerbaijan	1	0.04
74	China	1	0.04
75	Cuba	1	0.04
76	Dominica	1	0.04
77	Estonia	1	0.04
78	Japan	1	0.04
79	Korea, Republic of	1	0.04
80	Malta	1	0.04
81	Nepal	1	0.04
82	Panama	1	0.04
83	Zambia	1	0.04
84	Bahamas	1	0.04
85	Cyprus	1	0.04
86	Georgia	1	0.04
87	Ghana	1	0.04
88	Iraq	1	0.04
89	Lebanon	1	0.04
90	Malawi	1	0.04

Tab. A.1 Herkunft der Teilnehmer

	Land	Häufigkeit	%
91	Mauritius	1	0.04
92	Peru	1	0.04
93	Saudi Arabia	1	0.04
94	Bahrain	1	0.04
95	Barbados	1	0.04
96	Kazakhstan	1	0.04
97	Oman	1	0.04
98	Tunisia	1	0.04
99	Turkmenistan	1	0.04
100	Uganda	1	0.04

Tab. A.2 Subjekt: Ausbildungsgrad der Teilnehmer

	Land	Häufigkeit	%
	Abschluss	n	%
2	Master	447	18.86
3	Some college credit, no degree	376	15.86
4	High school diploma	212	8.95
5	Associate degree	136	5.74
6	Professional degree	100	4.22
7	Trade/technical/vocational training	65	2.74

Tab. A.2 Subjekt: Ausbildungsgrad der Teilnehmer

	Land	Häufigkeit	%
8	Some high school, no diploma	45	1.90
9	Doctorate degree	43	1.81
10	No schooling completed	5	0.21
11	School (8th grade)	4	0.17

The manufacturer's authorised representative in the EU is Springer Nature Customer Service Centre GmbH, Europaplatz 3, 69115 Heidelberg, Germany. If you have any concerns regarding our products, please contact ProductSafety@springernature.com

Printed and bound by CPI Group (UK) Ltd, Croydon, CR0 4YY

19/08/2026

02200191-0003